例说 TI ARM Cortex – M3
——基于 LM3S9B96

孙雪飞　胡　巍　编著

北京航空航天大学出版社

内 容 简 介

本书共分为 3 篇,第 1 篇为硬件篇,介绍 HelloM3 - 9B9X 平台;第 2 篇为软件篇,介绍开发软件的使用以及下载调试的技巧,并详细介绍了驱动库的使用方法;第 3 篇为实践篇,通过 28 个实例带领读者深入学习 LM3S9B96 微控制器。

本书附带的光盘中包含 HelloM3 - 9B9X 平台的原理图以及所有实例的完整代码,并且都有详细的注释。对于其他型号的微控制器(如 LM3S811)只须修改很少部分便可运行,有些外设功能代码甚至不需要改动。

本书条理清楚,实践性强,主要面向 Cortex - M3 的初学者,尤其对 LM3S9B96 微控制器感兴趣的读者。

图书在版编目(CIP)数据

例说 TI ARM Cortex - M3 :基于 LM3S9B96 / 孙雪飞
胡巍编著. --北京 :北京航空航天大学出版社,2013.1
    ISBN 978 - 7 - 5124 - 1028 - 2

Ⅰ. ①例… Ⅱ. ①孙… ②胡… Ⅲ. ①单片微型计算
机 Ⅳ. ①TP368.1

中国版本图书馆 CIP 数据核字(2012)第 291218 号

例说 TI ARM Cortex - M3
——基于 LM3S9B96

孙雪飞　胡　巍　编著

责任编辑　董立娟

*

北京航空航天大学出版社出版发行

北京市海淀区学院路 37 号(邮编 100191)　http://www.buaapress.com.cn
发行部电话:(010)82317024　传真:(010)82328026
读者信箱:emsbook@gmail.com　邮购电话:(010)82316936
涿州市新华印刷有限公司印装　各地书店经销

*

开本:710×1 000　1/16　印张:19　字数:405 千字
2013 年 1 月第 1 版　2013 年 1 月第 1 次印刷　印数:3 000 册
ISBN 978 - 7 - 5124 - 1028 - 2　定价:45.00 元(含光盘 1 张)

前　言

Cortex－M3 处理器采用 ARMv7－M 架构,包括所有的 16 位 Thumb 指令集和基本的 32 位 Thumb－2 指令集架构。Thumb－2 在 Thumb 指令集架构(ISA)上进行了大量的改进,具有更高的代码密度并提供 16/32 位指令的更高性能。

德州仪器(TI)拥有 170 款以上基于 ARM Cortex－M3 的 Stellaris 系列微控制器。Stellaris 系列微控制器具有运行速度高达 80 MHz 的 Cortex－M3 内核、嵌入式闪存、SRAM 和 ROM、32 通道 DMA、低压降稳压器、电池备份低功耗休眠功能、集成掉电复位和上电复位功能、模拟比较器、同步双路 ADC 功能、GPIO、看门狗和通用计时器(包括适用于安全关键型应用、具有独立时钟的秒表看门狗定时器)、一个 16 MHz 软件微调 1% 精密振荡器以及一个多用途外围设备接口(拥有支持 SDRAM、SRAM/闪存、主机总线和 M2M 的模式)。此系列还集成了多种串行接口,其中包括 10/100M 以太网、MAC＋PHY、CAN、USB OTG、USB 主机/设备、SSI/SPI、UART、I^2C 和 I^2S。最后,Stellaris 系列还具有专为密集型工业电机控制(包括运动控制 PWM 和正交编码器输入)而设计的外设。

为什么选择 ARM 架构?

嵌入式系统的设计人员能以其当前 8 位和 16 位微控制器设计的价格购买到 32 位 ARM 内核微控制器,从而获得更高的性能。

为什么选择 Cortex－M3?

Cortex－M3 是 MCU 版本的 ARMv7－M 指令集架构系列内核,特点如下:
- ➤ 针对单周期闪存的使用进行了优化;
- ➤ 确定的快速中断处理:始终为 12 个周期,或仅为 6 个周期(使用末尾连锁);
- ➤ 具有时钟门控的用于实现低功耗的 3 种休眠模式;
- ➤ 单周期乘法指令和硬件除法;
- ➤ 连动运算;
- ➤ ARM Thumb2 混合 16/32 位指令集;

> 1.25 DMIPS/MHz 优于 ARM7 和 ARM9；
> 为微控制器市场提供了 ARM7 所不具有的额外调试支持（包括数据监视点和闪存修复功能）。

为什么选择德州仪器的 Stellaris 系列？

> Stellaris 系列拥有超过 170 款成员器件供用户选择；
> 实时 MCU GPIO，所有 GPIO 都可以产生中断，并且具有 5 V 容限和可编程驱动强度及转换率控制；
> 高级通信功能，包括 10/100M 以太网 MAC/PHY 和 CAN 控制器；
> 硬件和软件中的精密运动控制支持；
> 模拟比较器和 ADC 功能提供了用于平衡硬件和软件性能的片上系统选项；
> 可使用 StellarisWare 软件的高级 API 接口轻松进行开发，该接口可与 Stellaris 外设集相连。

因此，本书选择 Stellaris 系列微控制器作为本书的实验平台，而 LM3S9B96 又是 Stellaris 系列中性能非常出色的微控制器，可以完成以太网、USB、CAN 等复杂的实验功能。

全书配有 28 个例程，每个例程均配有软、硬件设计，并在光盘中附上例程代码（带有详细注释和说明）。28 个例程几乎涵盖了 LM3S 系列单片机的全部内部资源，不论您是初学者，还是经验丰富的工程师，本书都非常适合阅读。书中的每个例程笔者都在开发板上调试通过。本书使用 HelloM3－9B9X 开发板作为实验平台，对于没有该开发板的读者，也可以使用自己的一套开发板，代码一般都是可以通用的，读者只需把底层驱动稍作修改即可。

最后，衷心感谢北京航空航天大学出版社的大力支持；感谢北京锐鑫同创科技有限公司胡巍、岳彩领、杨毕宣的技术支持及提供开发板；感谢大连奥飞电子有限公司吴学洙、赵崇的技术支持；还要感谢日冲信息有限公司戚喜译的技术支持；也要特别感谢我的爱人给予支持和帮助。

由于时间有限，以及笔者水平所限，难免会有出错的地方，如果大家在阅读过程中发现了错误或者不了解的地方，请大家不吝指教，我的联系方式：reayfei@163.com。在这里向大家表示真心的感谢！

作者

2012.10

目　录

第 3 篇　实践篇

第1篇　硬件篇

第**1**章

实验平台简介

本书选用 HelloM3 – 9B9X 开发板作为实验平台。下面介绍该开发板的详细配置，为以后的实验提供硬件基础。

1.1 HelloM3 – 9B9X 开发板简介

HelloM3 – 9B9X 开发板是锐鑫同创公司推出的一款基于 TI 德州仪器 Stellaris 系列高端 LM3S9B96 微控制器（Cortex – M3 内核）的全功能开发平台，是通过 EPI 接口支持 SDRAM 的 Cortex – M3 开发评估平台。LM3S9B96 是 TI 推出的 Stellaris 系列 Tempest 家族中功能最强大的一款，速度高达 80 MHz(100M MIPS)、256 KB 的程序存储区 ROM、96 KB 的数据存储区 RAM,同时支持 10/100M 以太网、USB OTG、2.8 英寸 TFT 触摸屏、SD 卡、I²S 音频,通过底板扩展支持 2 路 CAN、2 路 232、1 路 485、1 路 IrDA、6 个功能按键、4 个 LED、SPI 接口 FLASH、I²C 接口 EEP-ROM、蜂鸣器、电机控制接口等资源,功能强大,接口丰富,配套丰富的例程,几乎可评估和学习 Stellaris 系列的所有功能。

1.2 HelloM3 – 9B9X 接口

HelloM3 – 9B9X 开发板底板的接口如图 1.1 所示。HelloM3 – 9B9X 开发板核心板的接口如图 1.2 所示。

1.3 HelloM3 – 9B9X 开发板资源

1. 电 源

HelloM3 – 9B9X 开发板有外部 5 V 直流电源或 USB 接口两种供电方式,通过

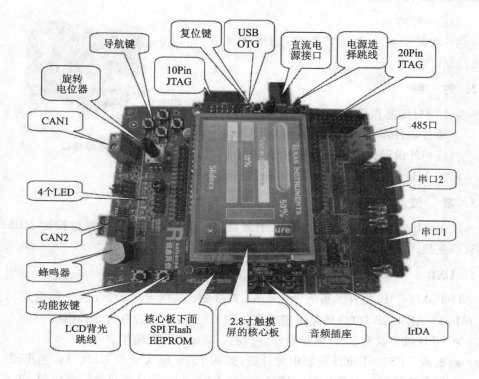

图 1.1　底板接口示意图

图 1.2　核心板接口示意图

核心板 JP19 选择：

> 将电源选择跳线插到核心板 JP19 的 EXT 端,选择外部供电方式,当使用 USB 的 Host 模式时,只能采用外部供电方式;

> 将电源选择跳线插到核心板 JP19 的 USB 端,选择 USB 供电方式,供电电流

小于 500 mA。

注：电源插座为内正外负型，如图 1.3 所示。

图 1.3　电源接口

2. 时　钟

➢ 16 MHz 晶振作为 MCU 的主时钟，可通过软件配置内部 PLL，为 MCU 内核和外设提供更高频率的时钟。

➢ 25 MHz 晶振为以太网 PHY 提供精确时钟。

3. 复　位

HelloM3 - 9B9X 开发板为低电平复位，可通过核心板上的复位按键 RESET (SW1)复位。

4. USB

HelloM3 - 9B9X 开发板的全速 USB 支持 Host、Device、OTG 这 3 种模式，5 脚的 MINI - AB USB OTG 插座可通过提供的 USB 线支持所有这 3 种模式。

➢ USB 接口具有 ESD 防护器件，可高达 15 kV ESD 防护。

➢ 板载 TPS2051 电流限制电源开关，监测 Host 模式下的 USB 口。当 USB 外设电流超过 1 A 或长时间超过 500 mA 时，电源开关将迅速切断电源，并通过 USB0PFLT 将故障状态告知 MCU。

MCU 引脚与 USB 接口对应关系如表 1.1 所列。

表 1.1　MCU 引脚 USB 对应功能

MCU 引脚	功　能	MCU 引脚	功　能
Pin 70 USB0DM	USB Data—	Pin 67 USB0VBUS	VBUS 电平监测
Pin 71 USB0DP	USB Data＋	Pin 72 USB0EPE	Host 电源使能信号（高有效）
Pin 73 USB0RBIAS	USB 偏置电阻	Pin 65 USB0PFLT	Host 电源故障信号（低有效）
Pin 66 USB0ID	OTGID 信号		

5. 人机接口 LCD

HelloM3 - 9B9X 开发板提供了带有触摸的 2.8 英寸、26 万色 QVGA TFT 液晶屏（分辨率 320×240）。MCU 通过 PD 口与液晶屏数据口并行连接，其余接口如表 1.2 所列。

注：LCD 的背光默认由核心板上的 JP21 控制，安装短路环打开背光，去掉短路环关闭背光；也可由 I/O 口 PH7 控制背光，需要将核心板上的 JP11 短路，同时去除 JP21 的短路环。

表 1.2　MCU 引脚 LCD 对应功能

MCU 引脚	功　能	MCU 引脚	功　能
PE2/AIN9	Touch X+	PH6	LCD Write
PE3/AIN8	Touch Y+	PJ7	LCD Read
PE6	Touch Y−	PF0	LCD Data/Control Select
PE7	Touch X−	PH7	Backlight Control
PB7	LCD Reset		

6. 10/100M 以太网

得益于 LM3S9B9X 集成了 MAC 和 PHY 的强大功能，HelloM3 - 9B9X 只增加了集成变压器的 RJ45 网口和一些阻容器件，便构成了完整的 10/100M 以太网接口；TX 和 RX 采用差分布线连接到 RJ45 网口上，LM3S9B9X 集成的 PHY 具有 MDI/MDI - X 交叉切换功能，TX 和 RX 可以通过软件设置进行交换，既可以直连接入互联网，也可以与其他以太网设备互连，而不需要交叉网线，只需要通过软件设置 TX 和 RX 交换。

7. SDRAM

HelloM3 - 9B9X 通过 LM3S9B9X 的高速并行总线接口 EPI 扩展了 8 MB 的 SDRAM(4M×16 bit)，可通过软件将 SDRAM 地址映射到 0x60000000 或 0x80000000。

8. I²S 音频

HelloM3 - 9B9X 配合 TI 的 CODEC 芯片 TLV320AIC23，具有高性能音频播放能力，标准的 3.5 耳机输出插座，可直接连接所有标准耳机，而 LINE OUT 输出可连接外部音响。

9. MICRO SD 卡

HelloM3 - 9B9X 采用 SPI(SSI0)方式与 MICRO SD 卡槽连接，支持 TF 卡，用于存储图片、数据等。

10. 2 路 CAN

HelloM3 - 9B9X 通过底板扩展了 2 路 CAN2.0A/B 总线通信接口，最高支持 1 Mbit/s 的稳定高速传输。2 路 CAN 总线的支持可方便评估和学习 CAN 总线通信。CAN 相关跳线见表 1.3。

11. RS232 串口

HelloM3 - 9B9X 通过底板扩展了 2 路 RS232 通信接口 CN0 和 CN1，为 DB9 公头；与计算机相连使用母-母交叉线。RS232 相关跳线见表 1.4。

表 1.3　CAN 相关跳线

跳线编号	默认状态	描述说明
JP11	断开	将 CAN1 的收发数据通过收发器接入 MCU,使用 CAN1 时需短路该跳线
JP13	断开	
JP12	短路	终端电阻选择跳线,当 CAN1 不是终端节点时,应断开该跳线
JP14	断开	将 CAN2 的收发数据通过收发器接入 MCU,使用 CAN2 时需短路该跳线
JP16	断开	
JP15	短路	终端电阻选择跳线,当 CAN2 不是终端节点时,应断开该跳线

表 1.4　RS232 相关跳线

跳线编号	默认状态	描述说明
JP21	短路	将串口 USART1 的收发数据通过电平转换芯片接入 LM3S9B9X 的 UARTO
JP22	短路	
JP14	断开	将串口 USART2 的收发数据通过电平转换芯片接入 LM3S9B9X 的 UART1,使用 USART2 时需短路该跳线
JP16	断开	

12. RS485

HelloM3 - 9B9X 通过底板扩展了 1 路 RS485 通信接口。RS485 相关跳线见表 1.5。

表 1.5　RS485 相关跳线

跳线编号	默认状态	描述说明
JP17	短路	将 RS485 的收发数据通过电平转换芯片接入 LM3S9B9X 的 UART1
JP20	短路	
JP18	短路	连接到 RS485 的收发控制端

13. IrDA

HelloM3 - 9B9X 通过底板扩展了 1 路 IrDA 红外通信接口。IrDA 相关跳线见表 1.6。

表 1.6　IrDA 相关跳线

跳线编号	默认状态	描述说明
JP8	断开	将 IrDA 的收发数据通过红外收发芯片接入 LM3S9B9X 的 UARTO,使用 IrDA 功能时需短路该跳线,同时将 UARTO 配置为 IrDA 模式
JP10	断开	

14. 功能按键

HelloM3-9B9X通过底板扩展了6个AD按键,通过AD采样识别键值,大大节省了LM3S9B9X并不宽裕I/O口,底板上的SW1、SW2可用于用户功能按键,SW3、SW4、SW5、SW6可用于导航,方便用户学习和开发人机界面的应用。

功能按键相关跳线见表1.7。

表1.7　功能按键相关跳线

跳线编号	默认状态	描述说明
JP4	短路	通过AD采样识别键值,实现6个用户按键

15. LED灯

HelloM3-9B9X通过底板扩展了4个LED。LED相关跳线见表1.8。

表1.8　LED灯相关跳线

跳线编号	默认状态	描述说明
JP3	短路	通过GPIO点亮LED
JP5	短路	通过GPIO点亮LED
JP6	断开	通过GPIO点亮LED
JP7	断开	通过GPIO点亮LED

16. 旋转电位器

HelloM3-9B9X通过底板扩展杆状旋转电位器。旋转电位器相关跳线见表1.9。

表1.9　旋转电位器相关跳线

跳线编号	默认状态	描述说明
JP1	短路	通过AD采样识别电位器的分压

17. SPI串行Flash

HelloM3-9B9X在底板上通过SSI0扩展了1 MB的串行Flash,可用于存储图片、网页映像、字体等数据。SPI Flash相关跳线见表1.10。

表1.10　SPI串行Flash相关跳线

跳线编号	默认状态	描述说明
JP23	短路	SPI串行Flash的片选信号

18. I²C EEPROM

HelloM3 - 9B9X 在底板上通过 I2C0 扩展了 256 B 的串行 Flash,可用于参数存储等。

19. 蜂鸣器

HelloM3 - 9B9X 在底板上扩展了蜂鸣器。蜂鸣器相关跳线见表 1.11。

表 1.11 蜂鸣器相关跳线

跳线编号	默认状态	描述说明
JP2	断开	通过 GPIO 控制蜂鸣器发声

20. JTAG 接口

HelloM3 - 9B9X 核心板具有 10 PIN 简化 JTAG 调试接口,可在核心板单独使用时进行仿真调试;底板上扩展 20 PIN 标准 JTAG 调试接口,方便使用标准接口的调试工具。

10 PIN 的简化 JTAG 接口如图 1.4 所示,20 PIN 的标准 JTAG 接口如图 1.5 所示。

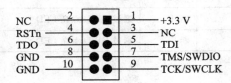

图 1.4 简化 JTAG 接口

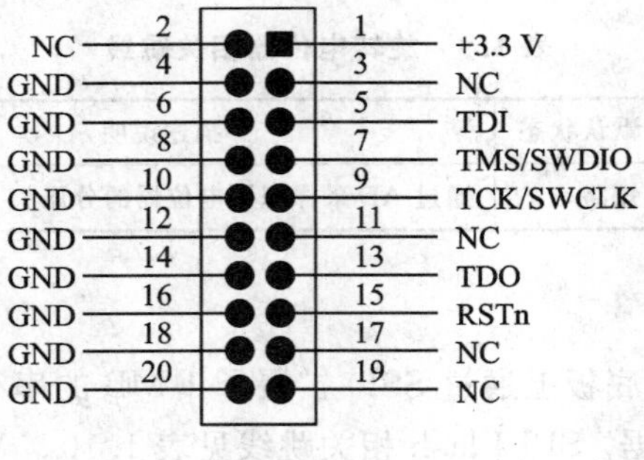

图 1.5 标准 JTAG 接口

21. 电机控制接口

HelloM3 - 9B9X 预留了 26 PIN 的电机控制接口,用于扩展电机控制的应用。电机控制接口见表 1.12。

表 1.12　电机控制接口

接口序号	功　　能	MCU 引脚	接口序号	功　　能	MCU 引脚
1	PWM0	PG0	14	霍尔传感器输入	PJ5
2	PWM1	PG1	15	霍尔传感器输入	PJ6
3	PWM2	PH0	16	GND	
4	PWM3	PH1	17	正交编码器 PHA	PC4
5	PWM4	PE0	18	正交编码器 PHB	PC6
6	PWM5	PE1	19	正交编码器 IDX	PD7
7	PWM6	PA4	20	GND	
8	PWM7	PA5	21	AD 输入	PB4
9	FAULT 紧急刹车信号	PH3/PH5/PH6/PB6	22	AD 输入	PB5
10	GND		23	AD 输入	PE4
11	霍尔传感器输入	PJ2	24	AD 输入	PE5
12	霍尔传感器输入	PJ3	25	5V 输出	
13	霍尔传感器输入	PJ4	26	GND	

第 2 章

LM3S9B96 和 JTAG 接口

本章详细介绍 LM3S9B96 的高性能处理器、丰富的外设功能以及其 JTAG 接口。

2.1 LM3S9B96 性能

➢ ARM Cortex – M3 处理器核心
　　— 80 MHz 运行速度,性能 100 DMIPS
　　— ARM Cortex 系统滴答定时器(SysTick)
　　— 集成嵌套向量中断控制器(NVIC)
➢ 片上存储器
　　— 256 KB 单周期 Flash 存储器,速度可达 50 MHz;50 MHz 以上采用预取指
　　　技术改善性能
　　— 96 KB 单周期 SRAM
　　— 装有 StellarisWare 软件包的内部 ROM:
　　　● Stellaris 外设驱动库
　　　● Stellaris 引导装载程序
　　　● SafeRTOS 核心
　　　● 高级加密标准(AES)密码表
　　　● 循环冗余检验(CRC)错误检测功能
➢ 片外设备接口(EPI)
　　— 8/16/32 位外部设备专用并行总线
　　— 支持 SDRAM、SRAM/Flash memory、FPGA、CPLD
➢ 高级串行通信集成
　　— 硬件支持 IEEE 1588 PTP 的集成 MAC 和 PHY 的 10/100 M 以太网

　　— 两路 CAN 2.0 A/B 控制器

　　— USB 2.0 OTG/Host/Device

　　— 3 路支持 IrDA 和 ISO 7816 的 UART(其中一路带有完全调制解调器控制
　　　的 UART)

　　— 两路 I²C 模块

　　— 两路同步串行接口模块(SSI)

　　— 内部集成电路音频(I²S)接口模块

➢ 系统集成

　　— 直接存储器访问控制器(DMA)

　　— 系统控制和时钟,包括片上的 16 MHz 精密振荡器

　　— 4 个 32 位定制器(可用作 8 个 16 位),具有实时时钟能力

　　— 8 个捕获/比较/PWM 引脚(CCP)

　　— 2 个看门狗定时器

　　　● 1 个定时器使用主时钟振荡器

　　　● 1 个定时器使用内部时钟振荡器

　　— 多达 65 个 GPIO 口,具体数目取决于配置

　　　● 高度灵活的引脚复用,可配置为 GPIO 或任一外设功能

　　　● 可独立配置的 2、4 或 8 mA 端口驱动能力

　　　● 高达 4 个 GPIO 具有 18 mA 驱动能力

➢ 高级电机控制

　　— 8 路高级 PWM 输出,可用于电机和能源应用

　　— 4 个 fault 输入,可用于低延时的紧急停机

　　— 2 个正交编码输入(QEI)

➢ 模拟

　　— 2 个 10 位模数转换器(ADC),具有 16 个模拟输入通道,采样率 10^6 次/秒

　　— 3 个模拟比较器

　　— 16 个数字比较器

　　— 片上电压稳压器

➢ JTAG 和 ARM 串行线调试(SWD)

➢ 100 脚 LQFP 和 108 脚 BGA 封装

➢ 工业(−40～85℃)温度范围

LM3S9B96 针对工业应用设计,包括远程监控、电子贩售机、测试和测量设备、网络设备和交换机、工厂自动化、HVAC 和建筑控制、游戏设备、运动控制、医疗器械以及火警安防。

另外,LM3S9B96 的优势还在于能够方便运用多种 ARM 的开发工具、片上系统(SoC)的底层 IP 应用方案以及广大的用户群体。另外,该微控制器使用了兼容

ARM 的 Thumb 指令集的 Thumb2 指令集来减少存储容量的需求,并以此达到降低成本的目的。LM3S9B96 微控制器与 Stellaris 系列的所有成员是代码兼容的,为用户提供了灵活性,能够适应各种精确的需求。

2.2　LM3S9B96 引脚图

LM3S9B96 引脚如图 2.1 所示。

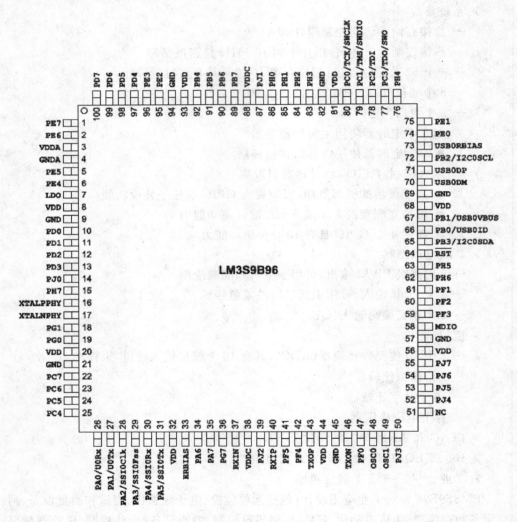

图 2.1　LM3S9B96 引脚图

2.3　JTAG 接口

JTAG(Joint Test Action Group,联合测试行动组)是一种国际标准测试协议(IEEE 1149.1 兼容)。标准的 JTAG 接口是 4 线——TMS、TCK、TDI、TDO,分别为模式选择、时钟、数据输入和数据输出线。

JTAG 的主要功能有两种:一种用于测试芯片的电气特性,检测芯片是否有问题;另一种用于 Debug,对各类芯片以及其外围设备进行调试。一个含有 JTAG De-bug 接口模块的 CPU,只要时钟正常,就可以通过 JTAG 接口访问 CPU 的内部寄存器、挂在 CPU 总线上的设备以及内置模块的寄存器。

JTAG 的基本原理是在器件内部定义一个 TAP(TestAccess Port,测试访问口),通过专用的 JTAG 测试工具对内部节点进行测试。JTAG 测试允许多个器件通过 JTAG 接口串联在一起,形成一个 JTAG 链,从而实现对各个器件分别测试。现在,JTAG 接口还常用于实现 ISP(In-System Programmable),对 FLASH 等器件进行编程。

LM3S9B96 的 JTAG 接口如图 2.2 所示。

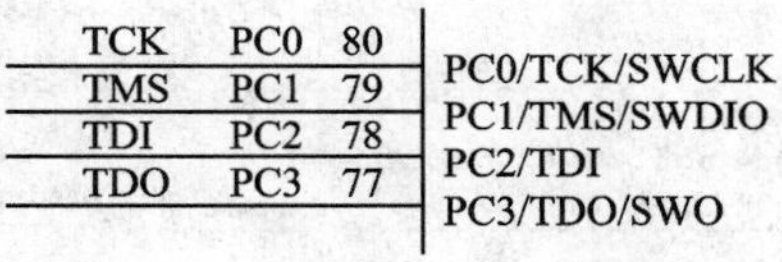

TCK	PC0	80	PC0/TCK/SWCLK
TMS	PC1	79	PC1/TMS/SWDIO
TDI	PC2	78	PC2/TDI
TDO	PC3	77	PC3/TDO/SWO

图 2.2　LM3S9B96 的 JTAG 接口

目前,最常见的通用 JTAG 调试工具有以下两种:

1. J-link 调试器

J-Link 是 SEGGER 公司为 ARM 开发的调试工具,支持 ARM7、ARM9、Cor-tex-M3 内核,支持 ADS、IAR、Keil 等开发环境。JTAG 下载的速度可以达到400～600 KB/s。

J-LINK 仿真器 V8 版,SWD 硬件接口支持 1.2～5.0 V 的目标板;使用双色 LED 可以指示更多的工作状态,增强了 JTAG 驱动能力,提高了目标板的兼容性。

2. U-link 调试器

U-Link 是 Keil 公司开发的用于 ARM 和某些增强型 8051 调试的工具,仅仅支持 Keil,而且 JTAG 下载速度仅有 20～30 KB/s。

3. SWD 串行线调试接口

SWD 串行线调试接口能够使用 JTAG 仿真模式的情况下,是可以直接使用 SWD 模式的。SWD 模式比 JTAG 在高速模式下面更加可靠。在大数据量的情况下

JTAG 下载程序会失败，但是 SWD 发生的几率会小很多。

JLINK V8 支持 SWD 模式，速度可以达到 10M，需要的硬件接口为 VCC、GND、RST、SWDIO、SWDCLK。ULINK 2 支持 SWD 模式，速度可以达到 10M，需要的硬件接口为 GND、RST、SWDIO、SWDCLK。

在 Keil 中 SWD 模式的设置方法：打开工程 OPTION 设置，选择 Debug 选项，如图 2.3 所示。

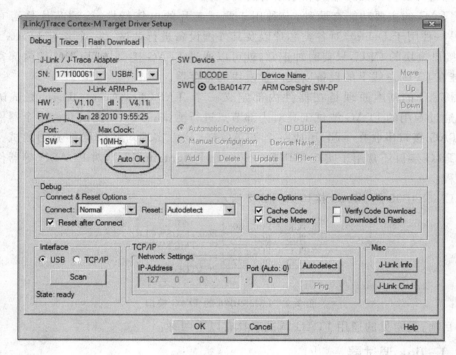

图 2.3　SWD 模式的设置

速度可根据实际需求来设置，如果板子供电系统不是特别稳定，纹波比较大或者仿真线比较长，则 Max Clock 可以设置成 500 kHz 或者 1 MHz，如果环境很好当然可以选择 10 MHz。

第 2 篇　软件篇

第 **3** 章

Keil RealView MDK

本章介绍 Keil RealView MDK 软件的使用技巧、常见问题解决办法，加深读者的理解。

3.1 概　述

RealView MDK 开发套件源自德国 Keil 公司，被全球超过 10 万的嵌入式开发工程师验证和使用，是 ARM 公司推出的针对各种嵌入式处理器的软件开发工具。RealView MDK 集成了业内领先的技术，融合了中国多数软件开发工程师所需的特点和功能，包括 μVision4 集成开发环境与 RealView 编译器，支持 ARM7、ARM9 和 Cortex‐M3 核处理器，自动配置启动代码，集成 Flash 烧写模块，强大的 Simulation 设备模拟，性能分析等功能；与 ADS 相比，可将性能改善超过 20%。

3.2 新建工程

步骤如下：

① 新建一个文件夹用于存放工程文件，文件夹命名为 TEST，放在 C 盘（可由用户选择）。

② 运行 Keil RealView MDK 软件，选择 Project→New μVision Project 菜单项，则弹出如图 3.1 所示界面，在文件名中输入 my project，单击"保存"。

③ 为工程选择相应微控制器，此处选择 Texas Instruments 菜单下的 LM3S9B96，如图 3.2 所示。

④ μVision 自动添加启动代码，选择"是"，如图 3.3 所示。

⑤ 创建一个带有 main 函数的 C 文件。创建一个新文件（选择 File→New 菜单项），然后保存为 main.c 格式在用户的工程目录中，如图 3.4 所示。

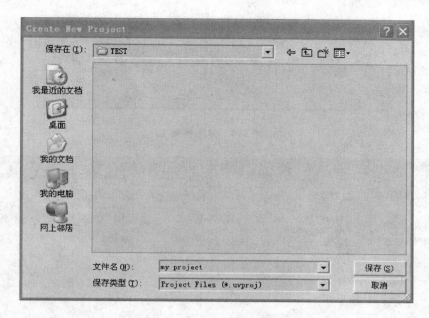

图 3.1　保存工程界面

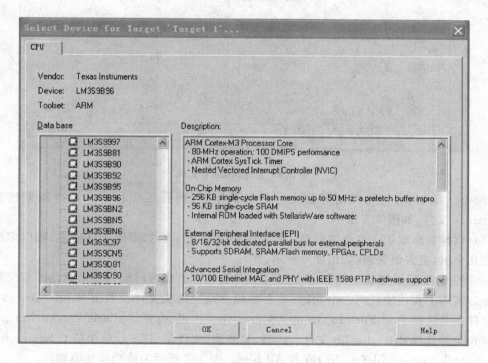

图 3.2　器件选择界面

一旦保存了，双击"Source Group 1"或者右击文件夹并选择 Add File to Group

图 3.3　提示界面

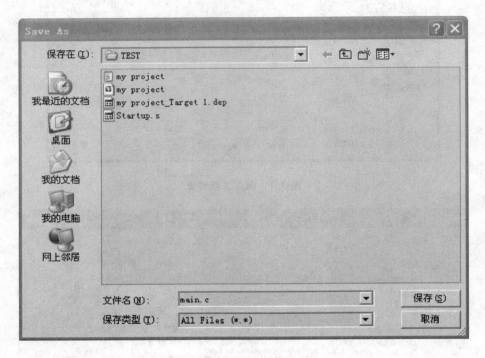

图 3.4　新建 main. c 文件

'Source Group 1'；当弹出寻找文件的对话框时，浏览工程目录并选择刚创建的 main. c 文件，如图 3.5 所示。

　　这样就添加了一个源文件到工程里的源文件组里。如果源文件较多，可以多建立几个组，更方便管理，如图 3.6 所示。

　　⑥ 为工程添加 driverlib. lib。这个文件在编译链接的时候为整个驱动源程序服务。实际上要使用任何一个功能，就需要包含适当的头文件。右击 Source Group 1 文件夹并选择 Add Files to Group 'Source Group 1'；打开 StellarisWare\driverlib\rvmdk 并选择 driverlib. lib 文件。注意，要修改"文件类型"下拉框中的 C Source file（∗. c）为 Library file（∗. lib）或者 All files。图 3.7 所示为成功添加驱动库。

　　⑦ 在 Include Paths 设置好工程中使用的头文件的目录。头文件的目录路径在 StellarisWare 文件夹内，需要添加的路径为 C：\StellarisWare\driverlib 或 C：\Stel-

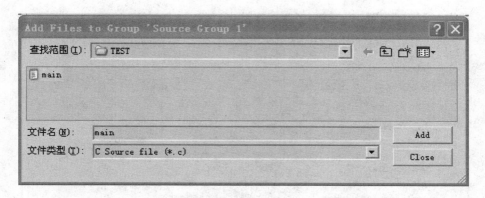

图 3.5　Add File to Group'Source Group 1'

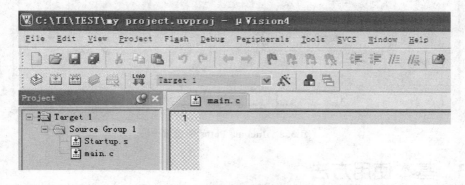

图 3.6　加入源文件

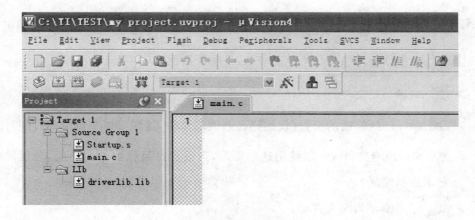

图 3.7　添加驱动库

larisWare\inc 等。Inc 文件夹存放头文件、硬件寄存器定义等。设置如图 3.8 所示。

　　至此，就可以开始编写代码了，一个工程也建立完成了。不过，仿真时还需要参考第 4 章调试与下载，设置好 OPTION 中的 Debug 选项。

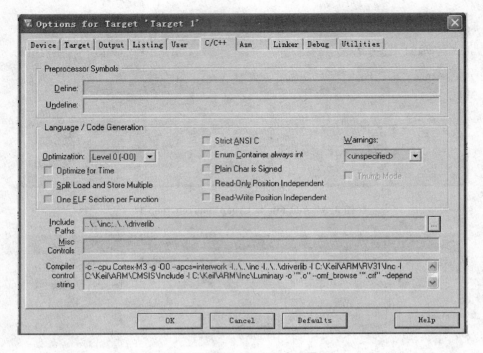

图 3.8　Include Paths 中设置

3.3　基本使用方法

3.3.1　编译快捷按钮

➢ 　编译当前文件；

➢ 　编译已经修改的文件（仅编译已修改的文件，这样可以节省编译时间）；

➢ 　编译所有文件（一般使用这个即可，当设置过目标配置选项后，必须使用它来重新编译）；

➢ 　停止编译当前文件；

➢ 　程序下载按钮。

3.3.2　调试快捷按钮

➢ 单击此按钮进入调试界面。

➢ ● 设置断点。单击要设计断点的代码行然后再单击此按钮,则为该代码行设置了断点,再次单击则取消所设置的断点。通常设置断点是在 debug 窗口的要设断点代码处双击,再次双击取消设置断点。

➢ ○ 使能/禁止断点。将鼠标定位到一个已经设置了断点的代码行处,单击此按钮,则该断点被禁止;再次单击该按钮,则断点使能。

➢ ⌀ 使能/禁止所有断点。

➢ ⌀ 取消所有断点。

3.3.3　配置快捷按钮

单击 🔧 按钮,则弹出如图 3.9 所示的界面。

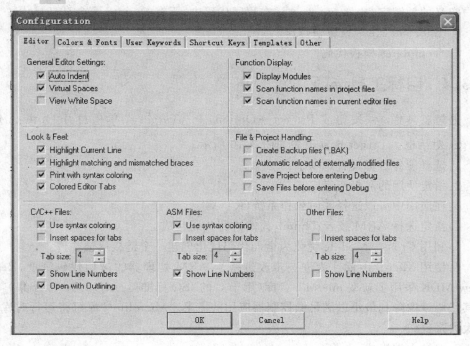

图 3.9　配置界面

① Editor,编辑选项卡。用来设置一些编辑信息,例如缩进的设置、显示行号设置、界面显示效果等。

② Colors & Fonts 设置代码、关键的颜色和字体。如果默认的关键字颜色、代码颜色,代码字体、大小不符合用户的习惯,可以在这里进行更改。

③ User Keywords 设置用户关键字。它可以使自定义的关键字像系统关键字一样高亮显示。要写一个移植性比较高的程序,通常一些和编译器无关的变量类型需要这样定义:

```
typedef unsigned char uint8;        /* 无符号 8 位整型变量 */
typedef signed char int8;           /* 有符号 8 位整型变量 */
    typedef unsigned short uint16;  /* 无符号 16 位整型变量 */
```

然后在其他模块中都是这样定义一个无符号 8 位整形变量:

```
uint8 test;                         /* 定义变量 */
```

这样就会有一个问题呢? 就是 uint8 虽然是用户定义的关键字,但是它并不能像系统关键字那样高亮显示。怎么办呢? 有办法解决,而且就是在这个标签卡中就可完成。方法:打开 User Keywords 标签卡。在左侧窗口选择文件类型,比如"ARM:Editor C File",在右侧窗口单击 █ 按钮,新建一个用户关键字编辑框,输入用户定义的关键字,比如 uint8,这样在程序代码中,所有的 uint8 都会高亮显示。

④ Shortcut Keys 设置快捷键。

⑤ Templates 模板代码。

3.3.4 目标工具选项

通过工具栏 █ 按钮或 Project→Options for Target 菜单项打开 Options for Target 对话框。Target 选项设置如图 3.10 所示。

1:选择硬件目标设置选项卡。

2:指定使用的晶振频率。

3:在应用中可以选择实时操作系统(RTOS)。

4:指定选择 ARM 或者 Thumb 模式进行代码生成。

5:利用 Cross - Module 优化为全局代码优化创建一个链接反馈文件。

6:使用 MicroLib 库。为进一步改进基于 ARM 处理器的应用代码密度,Real-View MDK 采用了新型 microlib C 库(用于 C 的 ISO 标准运行时库的一个子集),并将其代码镜像降到最小以满足微控制器应用的需求。Microlib C 库可将运行时库代码大大降低。

7:选择大端模式。

8:利用交叉模块优化创建一个链接反馈文件以实现全局代码优化。

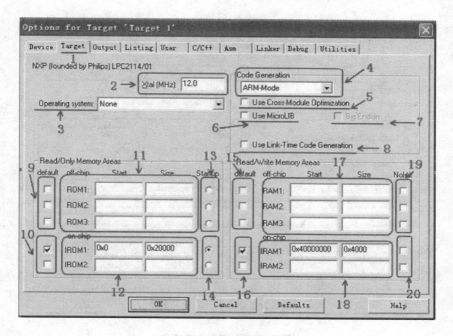

图 3.10　目标工具配置界面

11：片外 ROM 设置，最多支持 3 块 ROM(Flash)，在 Start 一栏输入起始地址，在 Size 一栏输入大小。若是有多片片外 ROM，需要在 13 区域设置一个作为启动存储块，程序从该块启动；有几块 ROM 需要选中对应的 9 区域。

12：片内 ROM 设置。设置方法同片外 ROM，只是程序的存储区在芯片内集成。

17：片外 RAM 设置。基本同片外 ROM，只是若选中 19、20 区域后，对应的 RAM 不会被默认初始化为 0。

18：片内 RAM 设置。设置方法与片外 RAM 相同，只是数据的存储区域在芯片内集成。

C/C++选项卡如图 3.11 所示。

1：选择 C/C++选项卡。

2：定义预处理符号。假如有一段代码使用了条件编译，如下所示：

```
# if ABC
void delay_tus(uint32? dly)
{
    uint8 i;
    for (; dly>0; dly--)
    for (i = 0; i<4; i++);
}
# endif
```

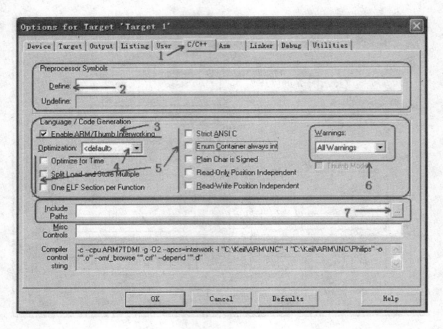

图 3.11　C/C++选项卡

要让编译器编译这段代码,有两种方法:

① 使用＃define ABC。

② 在图 3.11 中 2 区域所示的编辑框中输入 ABC。多个符号用逗号隔开。

3:使能/禁止 ARM 状态与 Thumb 状态交互。为了更好地优化存储空间时使能该选项。

4:设置优化级别,共 4 级。Level 0 为不优化,Level 3 为最高级别优化。一般选择 default ,即 Level 2 级优化。

5:附加的优化选项。

6:输出警告信息设置。为了更好的检查程序,设置成 All 即可。

7:头文件路径设置。

3.4　Keil RealView MDK 使用技巧

3.4.1　快速定位函数/变量被定义的地方

在调试代码或编写代码的时候,一定有想看看某个函数是在哪个地方定义的,具体里面的内容是怎么样的,也可能想看看某个变量或数组是在哪个地方定义的等。尤其在调试代码或者看别人代码的时候,如果编译器没有快速定位的功能,就只能慢慢找,代码量比较少还好;如果代码量很大,有时候要花很久的时间来找这个函数到底在哪里。MDK 提供了快速定位的功能。只要把光标放到这个函数/变量的上面右击,则弹出如图 3.12 所示,选择 Go To Definition of 'XXX'(XXX 是你要定位的函数或变量的名字),其对应的快捷键是 F12。

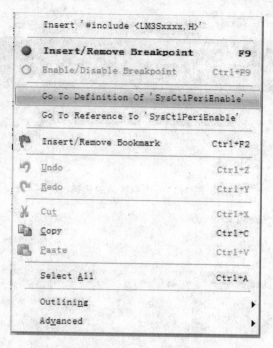

图 3.12　快速定位函数/变量被定义的地方

上面演示的是一个变量的定义的查找,也可以按这样的操作来快速定位函数被定义的地方,大大缩短了查找代码的时间。其快捷键也是 F12。快速定位函数/变量是最常用也必须要用的技巧。

3.4.2　快速注释与快速消注释

在调试代码的时候,可能会想注释某一片的代码来看看执行的情况,Keil RealView MDK 提供了这样的快速注释/消注释块代码的功能。也是通过右键实现的。这个操作比较简单,选中要注释的代码区右击,选择 Advanced→Comment Selection 就可以了。

比如要注释掉图 3.13 中所选区域的代码:

选中之后右击,选择 Advanced→Comment Selection 就可以把这段代码注释掉了。执行这个操作以后的结果如图 3.14 所示。

消注释的方法:选中被注释掉的地方,然后右击,再选择 Advanced→Uncomment Selection 即可。

```
int main(void)
{
    jtagWait();                                    // 防止JTAG失效
    clockInit();                                   // 时钟初始化：外部16MHz晶振

    SysCtlPeriEnable(LED_PERIPH_F);                // 使能LED_1所在的GPIO端口
    GPIOPinTypeOut(LED_PORT_F, LED_1);             // 设置LED_1所在管脚为输出

    GPIOPinWrite(LED_PORT_F, LED_1, 0x00);         // 点亮LED，表明已复位
    SysCtlDelay(150 * (TheSysClock / 500));
    GPIOPinWrite(LED_PORT_F, LED_1, 0xFF);         // 熄灭LED
    SysCtlDelay(150 * (TheSysClock / 500));
    wdogInit( );                                   // 看门狗初始化

    for (;;)
    {
        wdogFeed( );                               // 喂狗，每喂一次LED闪一下
        SysCtlDelay(20* (TheSysClock / 500));      // 延时超过350ms就会复位
    }
}
```

图 3.13　选中区域的代码

```
int main(void)
{
    jtagWait();                                    // 防止JTAG失效
    clockInit();                                   // 时钟初始化：外部16MHz晶振

    SysCtlPeriEnable(LED_PERIPH_F);                // 使能LED_1所在的GPIO端口
    GPIOPinTypeOut(LED_PORT_F, LED_1);             // 设置LED_1所在管脚为输出

//  GPIOPinWrite(LED_PORT_F, LED_1, 0x00);         // 点亮LED，表明已复位
//  SysCtlDelay(150 * (TheSysClock / 500));
//  GPIOPinWrite(LED_PORT_F, LED_1, 0xFF);         // 熄灭LED
//  SysCtlDelay(150 * (TheSysClock / 500));
//  wdogInit( );                                   // 看门狗初始化

    for (;;)
    {
        wdogFeed( );                               // 喂狗，每喂一次LED闪一下
        SysCtlDelay(20* (TheSysClock / 500));      // 延时超过350ms就会复位
    }
}
```

图 3.14　注释后的代码

第**4**章

调试和下载

本章介绍 LM3S9B96 的代码下载及调试,包括硬件调试和软件调试。下载代码到 MCU 可以使用 MDK 下载按钮或者使用下载软件 LM Flash Programmer。

4.1 工程配置

4.1.1 设置晶振频率

选择 Project→Options for Target 'Target 1'菜单项,则弹出如图 4.1 所示对话框。

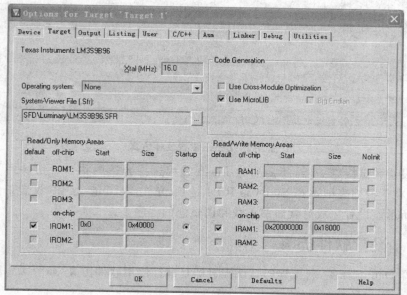

图 **4.1** **Options for Target 'Target 1'**

在 Xtal(MHz)里设置开发板晶振频率为 16.0,这里晶振的值用来计算 Flash 编程持续的时间。同样也要检查 ROM/RAM 的大小,确保与开发板上的器件匹配(一般选择了器件后会自动设置好,无须更改)。最后选中 Use MicroLIB 单选框可以减小代码的大小和内存占用。

4.1.2 设置硬件仿真

选择 Debug 标签。新工程的默认配置是选择使用软件仿真,这并不允许调试实际的硬件。单击选择右边的 Use 单选框,根据使用 RS - LMlink 仿真器作为调试接口(ICDI),所以在下拉列表中选择 Stellaris ICDI 选项;如果使用的是 J - Link 仿真器,则应该选择 Cortex - M/R J - LINK/JTrace 选项,如图 4.2 所示。

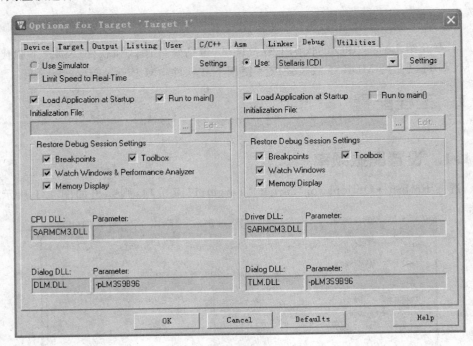

图 4.2 Debug 设置硬件仿真

像设置调试接口一样,还需要为 Flash 编程选择合适的接口。切换到 Utilities 选项卡,在下拉列表中选择 Stellaris ICDI 选项,单击 Settings 按钮,设置好参数,如图 4.3 所示。设置完成后就能够下载和调试您的程序了。

4.1.3 设置软件仿真

选择 Debug 标签,新工程的默认配置即是选择使用软件仿真,如图 4.4 所示。

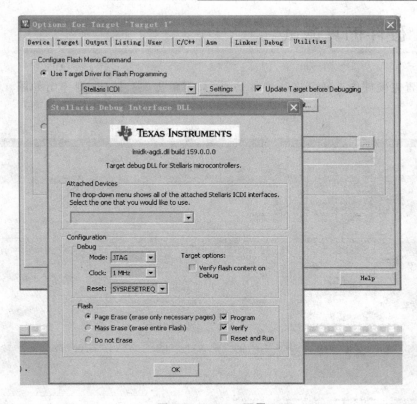

图 4.3　Utilities 配置

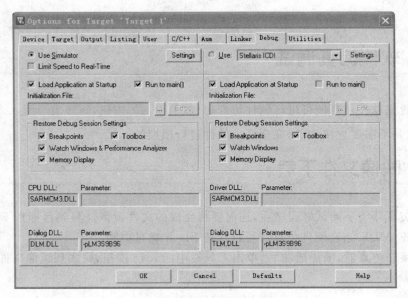

图 4.4　Debug 设置软件仿真

4.2 硬件仿真调试

配置完硬件仿真便可进行硬件仿真，只需单击 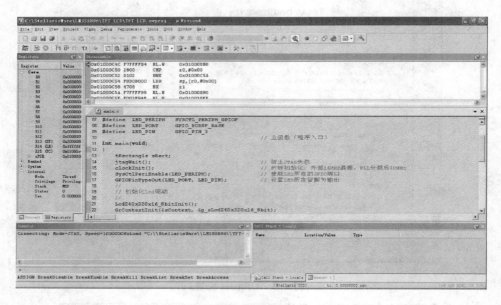 按钮，则弹出如图 4.5 所示界面。

图 4.5　Debug 界面

4.3 软件仿真调试

配置完软件仿真便可进行软件仿真，只需单击 按钮，则弹出与图 4.5 一样的界面，只是不需要连接硬件，完全是由软件进行模拟的。

4.4 映像文件下载

在仿真环境下调试好程序后，还需要将生成的文件镜像烧写到目标板 Flash 中。RealView MDK 结合硬件仿真器可以支持 Flash 烧写功能。

连接好仿真器，编译成功后，单击工具栏中的 load 按钮，则实现镜像文件下载。

4.5 下载软件 LM Flash Programmer

LM Flash Programmer 软件用来对 TI 的 LM 系列 MCU(例如 LM3S9B96)的 Flash 进行编程和 MAC Address(网络物理地址)进行修改。

选择 Program 选项卡,单击 Browse,添加要烧写的 .bin 文件,然后单击 Program 按钮即可,如图 4.6 所示。

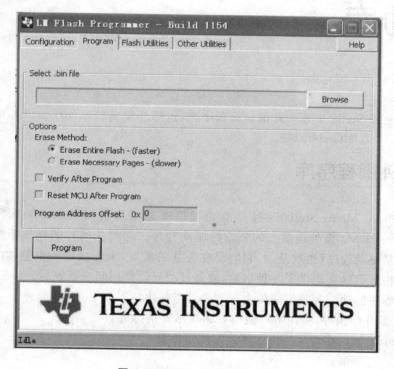

图 4.6 LM Flash Programmer

第 **5** 章

驱动库

本章介绍 Stellaris 系列外围驱动程序库,包括外设驱动库(driverlib)、图形驱动库(grlib)、USB 库(usblib)等。

5.1 外围程序库

Luminary Micro Stellaris 外围驱动程序库是用来访问 Stellaris 系列的基于 ARM Cortex - M3 微处理器上的外设的驱动程序。尽管从纯粹的操作系统的理解上它们不是驱动程序(也就是说,它们没有公共的接口,未连接到一个整体的设备驱动程序结构),但确实提供了一种机制,使器件的外设使用起来很容易。

驱动程序的功能和组织结构由下列设计目标决定:

➢ 全部用 C 编写,实在不可能用 C 语言编写的除外;

➢ 演示了如何在常用的操作模式下使用外设;

➢ 很容易理解;

➢ 从内存和处理器使用的角度,驱动程序都很高效;

➢ 尽可能自我完善(self - contained);

➢ 只要可能,可以在编译中处理的计算都在编译过程中完成,不占用运行时间;

➢ 可以用多个工具链来构建。

这些设计目标会得到一些以下的结果:

➢ 站在代码大小和/或执行速度的角度,驱动程序不必达到它们所能实现的最高效率。虽然执行外设操作的最高效率的代码都用汇编编写,然后进行裁减来满足应用的特殊要求,但过度优化驱动程序的大小会使它们变得更难理解。

➢ 驱动程序不支持硬件的全部功能。尽管现有的代码可以作为一个参考,在它们的基础上增加对附加功能的支持,但是一些外设提供的复杂功能是库中的驱动程序不能使用的。

➢ API 有一种方法，可以移走所有的错误检查代码。由于错误代码通常只在初始程序开发的过程中使用，所以可以把它移走以改善代码大小和速度。

对于许多应用来说，驱动程序可以直接使用。但是，在某些情况下，为了满足应用的功能、内存或处理要求，必须增加驱动程序的功能或改写驱动程序。如果这样，现有的驱动程序就只能用作如何操作外设的一个参考。

支持以下工具链：

➢ Keil RealView 微控制器开发工具；

➢ Stellaris EABI 的 CodeSourcery Sourcery G++；

➢ IAR Embedded Workbench；

➢ Code Red Technologies tools。

5.2　源代码

下面简单描述一下外设驱动程序库源代码的组织结构。

EULA. txt	包括这个软件包的使用在内的最终用户许可协议的完整文本。
Makefile	编译驱动程序库的规则。
asmdefs. h	汇编语言源文件使用的一组宏。
boards/	这个目录包含运行在各种 Luminary Micro 开发评估板上的示例应用的源代码。
boot_loader/	该目录包含引导加载程序的源代码。
codered/	该目录包含 Code Red Technologies 工具链特有的源文件。
ewarm/	该目录包含 IAR Embedded Workbench 工具链特有的源文件。
gcc/	该目录包含 GNU 工具链特有的源文件。
grlib/	该目录包含 Stellaris Graphics 数据库。
hw_ *. h	头文件，每个外设含有一个，描述了每个外设的所有寄存器以及寄存器中的位字段。驱动程序使用这些头文件来直接访问一个外设，应用代码也可以使用这些头文件，从而将外设驱动程序库 API 忽略。
inc/	该目录保持了直接寄存器，用于访问编程模块的部分指定头文件。
makedefs	make files 使用的一组定义。
rvmdk/	该目录包含 Keil RealView 微控制器开发工具特有的源文件。
src/	该目录包含驱动程序的源代码。
third_party/	该目录包含 Stellaris 微控制器家族已使用（ported）的第三方软件包，每个软件包都有其功能性的文件描述。

usblib/	该目录包含 Stellaris USB 驱动程序库。
utils/	该目录包含一组实用程序函数,供示范应用使用。

5.3　编程模型

外设驱动程序库提供支持两个编程模型:直接寄存器访问模型和软件驱动程序模型。根据应用的需要或者开发者所需要的编程环境,每个模型可以独立使用或组合使用。

每个编程模型有优点也有弱点。使用直接寄存器访问模型通常得到比使用软件驱动程序模型更少和更高效的代码。然而,直接寄存器访问模型一定要求了解每个寄存器、位段、它们之间的相互作用以及任何一个外设适当操作所需的先后顺序的详细内容;而开发者使用软件驱动程序模型,则不需要知道这些详细内容,通常只需更短的时间开发应用。

在直接寄存器访问模型下,通过直接向外设寄存器写入数值,应用就可以对外设进行编程,所提供的宏集大大简化了这个处理过程。这些宏存储在 inc 目录下的特定部分的头文件中(part – specific header files),头文件的名称必须与器件型号相一致(如 LM3S9B96 微处理控制器的头文件名为 inc/lm3s9b96.h)。通过包含与正在使用的器件名称相匹配的头文件,就可以使用这些宏来访问这器件中的所有寄存器,包括这些寄存器在内的位段。

以_R 结尾的值是用来访问寄存器的值。例如,SSI0_CR0_R 用来访问在 SSI0 模块的 CR0 寄存器。

所有寄存器的位字段命名时,首先是模型的名,然后是寄存器的名,后面再跟着出现在数据手册的位字段名。例如,在 SSI 模型中的 CR0 寄存器的 SCR 位字段命名为 SSI_CR0_SCR。

GPIO 模块具有多个不包含位字段定义的寄存器。对于这些寄存器,寄存器位代表着单独的 GPIO 引脚;因此这些寄存器的位 0 与器件的 PX0 引脚相对应(X 由一个 GPIO 模块字母所取代),位 1 与 PX1 引脚相对应等。

在软件驱动程序模型下,可以使用外设提供的 API 函数来控制外设。由于这些驱动在它们的正常操作模式下能够提供对外设进行完全的控制,因此可以写整个应用,而无需直接访问硬件。

5.4　图形驱动库

图形库(grlib)提供一套比较完整的 MCU 图形显示方案,既可以进行基础的图形、文字绘制,也可以轻松实现 PC 机上常见的、基于消息的控件(Widget)。

图形库可以分成 3 层,分别是:

① 显示驱动层(Display Driver Layer),底层及硬件相关。

② 基本图形层(Graphics Primitives Layer),硬件无关。

③ 控件层(Widget Layer),硬件无关。

5.4.1　显示驱动层

显示驱动层提供了和硬件通信的基本功能,直接和硬件通信。提供了两种驱动,分别是图形输出驱动、用户输入驱动。图形库应用中,用户输入不是必须的。

图形输出驱动和显示屏控制器打交道,实现诸如在屏幕上画点之类的基本作用(毕竟再复杂的图像也是一个点一个点画出来的),参考 LM3S9B96 开发板的驱动有如下的显示驱动程序:路径 C:\StellarisWare\LM3S9B96\drivers

lcd. c320x240x16 _8bit. c

它们就是开发板上 320×240 彩色 LCD 显示屏的驱动。打开驱动程序,能找到如下对象:

tDisplay g_sLcd240x320x16_8bit;

对象中定义了显示相关的参数(如尺寸、屏幕的横竖等),并实现了下面的函数:

Formike240x320x16_LGDP4535PixelDraw	(绘制点)
Formike240x320x16_LGDP4535PixelDrawMultiple	(绘制多个点)
Formike240x320x16_LGDP4535LineDrawH	(绘制水平线)
Formike240x320x16_LGDP4535LineDrawV	(绘制垂直线)
Formike240x320x16_LGDP4535RectFill	(填充方块)
Formike240x320x16_LGDP4535ColorTranslate	(颜色变换)
Formike240x320x16_LGDP4535Flush	(使绘图结果生效)

它们实现了基本的绘图功能,在基本图形层中,这些函数将被调用来直接控制LCD,在屏幕上显示点(Pixel)、线(Line)以及面(Rect)等。所以移植的时候,这些函数需要充分调试,以保证能正确画出所需图形。

响应用户输入事件用的硬件驱动(如触摸屏幕驱动),也算作显示的驱动的一部分,归在显示驱动层。在 LM3S9B96 开发板上,提供了触摸屏的驱动——touch. c。

里面的函数与 Stellaris 图形库直接相关,用户需要用到的主要是 TouchScreen-CallbackSet。

在触摸功能初始化的时候,这个函数通过回调,将用户动作事件和 Stellaris 图形库的事件响应函数连接在一起。

当用户动作时,输入驱动可以调用 Stellaris 图形库的 WidgetPointerMessage 函数,传入动作的信息(如动作的 x、y 坐标,动作方式等)。图形库会处理这些信息,进行画面更新,响应用户的动作。

5.4.2 基本图形层

只能画点、线、面显然是不够的。Stellaris 图形库的基本图形层实现了形状、文字以及图片的绘制功能。如果只需要基本的图形显示功能,则可以仅使用该层而不用控件层。

5.4.3 控件层

对 PC 上的按钮、点选框等控件,想必读者应该相当熟悉了。控件层的作用就是实现这些类似的功能。Stellaris 图形库可以实现的控件有:

画布	(Canvas)
控件容器	(Container)
按钮	(Push Button)
图形按钮	(Image Button)
选择/多选框	(Checkbox)
单选框	(Radio Button)
列表框	(ListBox)
拖滑/迷度条	(Slider)

StellarisWare 图形库实现了这些控件的自动绘制、事件响应,使用户无需花费太多时间在重复繁琐的用户输入处理工作上,为应用带来极大方便。

5.4.4 在工程中添加图形库

在项目中添加 StellarisWare 驱动库和图形库,分别在 StellarisWare/driverlib 和 StellarisWare/grlib 下面,找为 Keil(rvmdk)已编译好的库。因为是在 Cortex – M3 平台上,所以用- cm3 版本。

除了图形库和驱动库,还需要有相应硬件的驱动程序。LM3S9B96 开发板的驱动程序可以在 StellarisWare/boards/drivers 找到源代码,将 set_pinout. c 以及 lcd. c320x240x16 _8bit. c 两个驱动加入项目。注意,这里的 set_pinout. c 只是用于初始化 LM3S9B96 开发板的外围功能,可理解为显示驱动程序的一部分。

使用以下代码进行显示驱动的初始化,放在系统时钟配置部分之后:

```
// 初始化显示驱动
PinoutSet();
Lcd240x320x16_8bitInit();
```

5.4.5 基本图形绘制

在 StellarisWare 图形库中,绘图设备由绘图上下文(tContext)这个对象指定。各类绘图函数都需要提供这个对象(如 GrRectFill)。

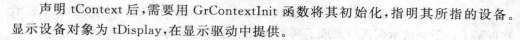

声明 tContext 后,需要用 GrContextInit 函数将其初始化,指明其所指的设备。显示设备对象为 tDisplay,在显示驱动中提供。

```
tContext sContext;                              //声明绘图上下文
GrContextInit(&sContext, &g_sLcd240x320x16_8bit);  //初始化 StellarisWare 图形库
                                                //上下文
```

1. 颜色设置

通过以下两个函数可以设置绘图的颜色:

```
GrContextForegroundSet(pContext, ulValue)   (设置前景色)
GrContextBackgroundSet(pContext, ulValue)   (设置背景色)
```

前一个是前景色,指的是绘制的图形戒文字的颜色。后一个是背景色,但不是屏幕背景的颜色,而是绘制时可能用到的颜色设置,如文字的底色等。

pContext 指前面声明的 tContext 对象的指针。ulValue 是颜色值,为 24 bit 颜色,用 unsigned long 表示,高 8 bit 无效。如 0x00FF0000 代表纯红色,0x0000FF00 代表纯绿色,0x000000FF 代表纯蓝色。StellarisWare 图形库中也定义了一些常用的颜色,如 ClrBlue、ClrYellow 等。这些颜色(及图片)可以在图形库说明手册的附录中找到,也可以在 grlib.h 文件中找到这些定义。

2. 绘制基本图形

下面的函数实现了圆形的绘制。其中,GrCircleDraw 画的是空心圆,GrCircleFill 画的是实心圆。圆的颜色就是 GrContextForegroundSet 设置的颜色。Radius 表示要绘制的圆形的半径。

```
void GrCircleDraw (const tContext * pContext, long lX, long lY, long lRadius)
void GrCircleFill (const tContext * pContext, long lX, long lY, long lRadius)
```

GrRectDraw 实现了空心方框的绘制,GrRectFill 实现了绘制实心方框。

```
void GrRectDraw (const tContext * pContext, const tRectangle * pRect)
void GrRectFill (const tContext * pContext, const tRectangle * pRect)
```

pRect 用于描述方框大小和位置,其定义如下:

```
typedef struct
{
    short sXMin; // 方框的最小 X 位置
    short sYMin; // 方框的最小 Y 位置
    short sXMax; // 方框的最大 X 位置
    short sYMax; // 方框的最大 Y 位置
}tRectangle;
```

绘制完成后,调用 GrFlush(const tContext * pContext)来确保图形都正常显示在屏幕上。下面的示例代码完成了两个不同颜色圆形的绘制:

```
// 声明绘图上下文
tContext sContext;
// 初始化 StellarisWare 图形库上下文
GrContextInit(&sContext, & g_sLcd240x320x16_8bit);
// 设置画笔为黄色
GrContextForegroundSet(&sContext, ClrYellow);
// 画一个实心圆
GrCircleFill(&sContext, 80, 120, 40);
// 设置画笔为白色
GrContextForegroundSet(&sContext, ClrBlue);
// 画一个空心圆
GrCircleDraw(&sContext, 240, 120, 40);
// 确保图形被绘制在屏幕上
GrFlush(&sContext);
```

3. 绘制文字

文字的绘制需要先设置字体,其他方面则和图形绘制相类似,如设置颜色。这里背景色也会用到。当文字背景色不透明时,就会填充文字底色。

设置字体的函数为:

GrContextFontSet(tContext * pContext, const tFont * pFont)

其中,tFont 定义了字体。StellarisWare 图形库已经内置了上百种字体,这些字体可以在手册附录中查到名称及示例。常见的字体名如 g_sFontCm12、g_sFontCmss18i、g_sFontCmsc20b 等。结尾的 b、i 分别表示加粗和斜体,数字是字体大小,Font 后是字体名称。例如,g_sFontCmss18i 表示 18 像素的斜体 Cmss 字体。

绘制文字的函数主要有以下两种:

GrStringDraw(const tContext * pContext, const char * pcString,
long lLength, long lX, long lY, unsigned long bOpaque);
GrStringDrawCentered(const tContext * pContext, const char * pcString,
long lLength, long lX, long lY, unsigned long bOpaque);

其中,pcString 是指向文本的指针,lLength 表示要显示的文字的长度,lX、lY 是位置。Opaque 表示是否绘制文字底色(背景色),为 0 (false)时不绘制,为 1(true)时绘制底色。Draw 和 DrawCentered 的区别是对齐方式。Draw 是文字最左侧坐标为 X,而 DrawCentered 是字符串的中间位置坐标为 X。下面的示例代码完成了文字绘制:

```
// 声明绘图上下文
tContext sContext;
```

```
// 初始化 StellarisWare 图形库上下文
GrContextInit(&sContext, & g_sLcd240x320x16_8bit);
// 设置画笔为黄色
GrContextForegroundSet(&sContext, ClrYellow);
// 设置字体为 Cm,18 号,粗体
GrContextFontSet(&sContext, &g_sFontCm18b);
// 输出文字
GrStringDraw(&sContext, "Hello World!", 12, 80, 150, true);
// 确保图形被绘制在屏幕上
GrFlush(&sContext);
```

4. 绘制图片

图片绘制要用到下面的函数:

GrImageDraw(const tContext * pContext, const unsigned char * pucImage, long lX, long lY)

其中,lX、lY 表示图片的位置;pucImage 是图片的数据。

5.5　USB 库

USB 库函数可以应用在 Stellaris 系列处理器上,为 USB 设备、USB 主机、OTG 开发提供 USB 协议框架和 API 函数。

使用 USB 库函数进行开发,开发人员可以不深入研究 USB 协议(包括枚举过程、中断处理、数据处理等),只使用库函数提供的 API 接口函数就完成开发工作。使用 USB 库函数方便、快捷、缩短开发周期,并且不易出现 bug,虽然占用内存较大,但是 Stellaris USB 处理器的存储空间达 128 KB 以上,远远超过 USB 库程序需要的存储空间,所以使用 USB 库函数开发是比较好的方法。

USB 库提供 3 层 API,底层为 USB 设备 API,提供最基础的 USB 协议和类定义;USB 设备驱动是在设备 API 基础上扩展的各种设备驱动,比如 HID、CDC 等类驱动;为了方便开发人员使用,还提供设备类 API 以扩展 USB 库的使用范围,进一步减轻开发人员的负担,在不用考虑更底层驱动情况下完成 USB 工程开发。

开发人员可以利用最底层的 API 驱动函数、USB 设备驱动函数和设备类驱动函数,进行 USB 开发。设备类驱动主要提供各种 USB 设备类的驱动,比如 Audio 类驱动、HID 类驱动、Composite 类驱动、CDC 类驱动、Bulk 类驱动、Mass Storage 类驱动这 6 种基本类驱动。

开发人员可以利用最底层的 API 驱动函数、USB 设备驱动函数、设备类驱动函数和设备类 API,进行 USB 开发。设备类 API 主要提供各种 USB 设备类操作相关的函数,比如 HID 中的键盘、鼠标操作接口。

第 3 篇　实践篇

第**6**章

系统时钟配置

6.1 时钟系统

图 6.1 为 LM3S9B96 主时钟树逻辑图。时钟来源是主振荡器（MOSC）或 16 MHz 内部振荡器（IOSC），最终产生的系统时钟（System Clock）用于 Cortex - M3 处理器内核以及大多数片内外设；PWM（脉宽调制）时钟在系统时钟基础上进一步分频获得；ADC 时钟是恒定分频的 16 MHz 输出，要求启用锁相环 PLL。

精确内部振荡器（PIOSC）是一个片上时钟源，在 POR 期间和之后，微控制器使用该时钟源。它不需要使用任何外部元件，可以提供一个室温 16 MHz（±1%）、整个温度范围±3%的时钟。PIOSC 是为需要精确时钟源并减少系统开销的应用而考虑的。如果需要主振荡器，软件必须在复位后使能主振荡器，并在改变时钟参考前让主振荡器达到稳定。PIOSC 时钟特性如表 6.1 所列。

表 6.1 PIOSC 时钟特性

参数符合	参数名称	最小值	标称值	最大值
$f_{PIOSG25}$	内部 16 MHz 精密振荡器频率偏差（出厂时按 25℃校准）	—	±0.25%	±1%
f_{PIOSGT}	内部 16 MHz 精密振荡器频率在整个工作温度规格范围内的偏差（出厂时按 25℃校准）	—	—	±3%

主振荡器（MOSC）可通过两种方式提供一个频率精确的时钟源：外部单端时钟源连接到 OSC0 输入引脚，或者外部晶振串接在 OSC0 输入引脚和 OSC1 输出引脚间。如果 PLL 正在使用，晶振的值必须是 3.579 545～16.384 MHz（包括）之间一个支持的频率。如果 PLL 不使用，晶振可以是 1～16.384 MHz 之间的任何一个支持的频率。单端时钟源的范围从 DC 到微控制器规定的速度。支持的晶振在 RCC 寄

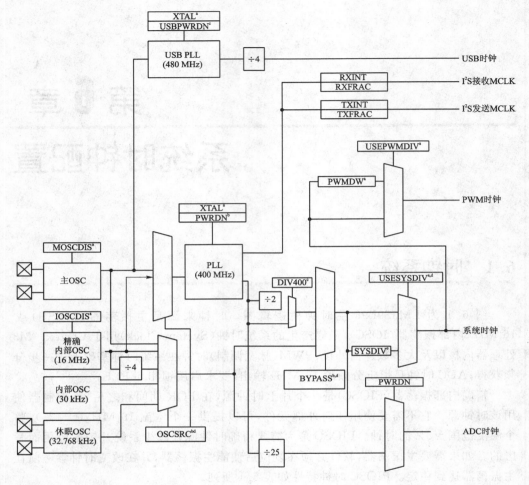

注：

a. 由 RCC 寄存器的位控制。

b. 由 RCC 寄存器的位或 RCC2 寄存器位控制（如果被 RCC2 寄存器 USERCC2 取代）。

c. 由 RCC2 寄存器的位控制。

d. 在深度睡眠模式中也可以被 DSLPCLKCFG 控制。

e. 由 RCC 寄存器的 SYSDIV 域以及 RCC2 寄存器的 SYSDIV2 域控制（如果被 USERCC2 位取代）；或者由
SYSDIV2 以及 SYSDIV2LSB 控制（如果 USERCC2 以及 DIV400 都是位）。

图 6.1　主时钟树逻辑图

存器的 XTAL 位域列出。注意，MOSC 必须对 USB PLL 提供一个时钟源。

内部 30 kHz 振荡器提供一个 30 kHz(±50%)的工作频率，用于深度睡眠省电模式期间。该省电模式受益于精简的内部配电系统，同时也允许 MOSC 和 PIOSC 关闭。内部 30 kHz 时钟特性如表 6.2 所列。

表6.2　内部30 kHz时钟特性

参数符合	参数名称	最小值	标称值	最大值	单　位
$f_{IOSG30kHZ}$	内部30 kHz振荡器频率	15	30	45	kHz

内部系统时钟(SysClk)源于上述任一时钟源,同时增加两项:主内部PLL输出和4分频的精确内部振荡器(4 MHz(±1%))。PLL时钟参考频率必须在范围3.579 545～16.384 MHz(包括)内。

6.2　时钟API函数

SysCtlClockSet()是个功能复杂的库函数,负责系统时钟功能的设置,详见表6.3的描述。

表6.3　函数 SysCtlClockSet( )

功　能	系统时钟设置
原　型	void SysCtlClockSet(unsigned long ulConfig)
参　数	ulConfig:时钟配置字,应当取下列各组数值之间的"或运算"组合形式: ● 系统时钟分频值 SYSCTL_SYSDIV_1 // 振荡器不分频(不可用于PLL) SYSCTL_SYSDIV_2 // 振荡器2分频(不可用于PLL) SYSCTL_SYSDIV_3 // 振荡器3分频(不可用于PLL) SYSCTL_SYSDIV_4 // 振荡器4分频,或对PLL的分频结果为50 MHz SYSCTL_SYSDIV_5 // 振荡器5分频,或对PLL的分频结果为40 MHz … SYSCTL_SYSDIV_64 // 振荡器64分频,或对PLL的分频结果为3.125 MHz 注:对Sandstorm家族最大分频数只能取到16。不同型号PLL输出为200 MHz或400 MHz,但分频时都按200 MHz计算,这保持了软件上的兼容性。由于Cortex－M3内核最高工作频率为50 MHz,因此启用PLL时必须进行4以上的分频(硬件会自动阻止错误的软件配置)。 ● 使用OSC还是PLL SYSCTL_USE_PLL // 采用锁相环PLL作为系统时钟源 SYSCTL_USE_OSC // 采用OSC(主振荡器或内部振荡器)作为系统时钟源 注:如果选用PLL作为系统时钟,则本函数将轮询PLL锁定中断状态位来确定PLL是何时锁定的,PLL锁定时间不会超过0.5 ms。由于启用PLL时会消耗较大的功率,因此在启用PLL之前,要求必须先将LDO电压设置在2.75 V,否则可能造成芯片工作不稳定。 ● OSC时钟源选择 SYSCTL_OSC_MAIN　 // 主振荡器作为OSC SYSCTL_OSC_INT　 // 内部12 MHz振荡器作为OSC SYSCTL_OSC_INT4　 // 内部12 MHz振荡器4分频后作为OSC SYSCTL_OSC_INT30 // 内部30 kHz振荡器作为OSC SYSCTL_OSC_EXT32 // 外接32.768 kHz有源振荡器作为OSC

参　　数	注:内部 12 MHz、30 kHz 振荡器有±30％的误差,对时钟精度有要求严格的场合不适宜采用。采用内部 30 kHz 和外部 32.768 kHz 振荡器,能够明显节省功耗,但是 Sandstorm 家族不支持这两种低频振荡器。采用外部 32.768 kHz 振荡器时,不能直接用晶体而必须是从 XOSC0 引脚输入的有源振荡信号,并且要保证冬眠模块(Hibernation Module)VBAT 引脚的正常供电。 ● 外接晶体频率 　　SYSCTL_XTAL_1MHZ　　// 外接晶体 1 MHz 　　SYSCTL_XTAL_1_84MHZ // 外接晶体 1.8432 MHz 　　SYSCTL_XTAL_2MHZ　　// 外接晶体 2 MHz 　　SYSCTL_XTAL_2_45MHZ // 外接晶体 2.4576 MHz 　　SYSCTL_XTAL_3_57MHZ // 外接晶体 3.579545 MHz 　　SYSCTL_XTAL_3_68MHZ // 外接晶体 3.6864 MHz 　　SYSCTL_XTAL_4MHZ　　// 外接晶体 4 MHz 　　SYSCTL_XTAL_4_09MHZ // 外接晶体 4.096 MHz 　　SYSCTL_XTAL_4_91MHZ // 外接晶体 4.9152 MHz 　　SYSCTL_XTAL_5MHZ　　// 外接晶体 5 MHz 　　SYSCTL_XTAL_5_12MHZ // 外接晶体 5.12 MHz 　　SYSCTL_XTAL_6MHZ　　// 外接晶体 6M Hz 　　SYSCTL_XTAL_6_14MHZ // 外接晶体 6.144 MHz 　　SYSCTL_XTAL_7_37MHZ // 外接晶体 7.3728 MHz 　　SYSCTL_XTAL_8MHZ　　// 外接晶体 8 MHz 　　SYSCTL_XTAL_8_19MHZ // 外接晶体 8.192 MHz 　　SYSCTL_XTAL_10MHZ　 // 外接晶体 10 MHz 　　SYSCTL_XTAL_12MHZ　 // 外接晶体 12 MHz 　　SYSCTL_XTAL_12_2MHZ // 外接晶体 12.288 MHz 　　SYSCTL_XTAL_13_5MHZ // 外接晶体 13.56 MHz 　　SYSCTL_XTAL_14_3MHZ // 外接晶体 14.31818 MHz 　　SYSCTL_XTAL_16MHZ　 // 外接晶体 16 MHz 　　SYSCTL_XTAL_16_3MHZ // 外接晶体 16.384 MHz 注:对于 2008 年新推出的 DustDevil 家族,外接晶体频率可以达到 16.384 MHz,以前的型号只能达到 8.192 MHz,具体以《数据手册》为准。启用 PLL 时,支持的晶振频率必须在 3.57~8.192 MHz 之间,否则可能造成失锁。 ● 振荡源禁止 　　SYSCTL_INT_OSC_DIS　 // 禁止内部振荡器 　　SYSCTL_MAIN_OSC_DIS // 禁止主振荡器 注:禁止不用的振荡器可以节省功耗。为了能够使用外部时钟源,主振荡器必须被使能,试图禁止正在为芯片提供时钟的振荡器则被硬件阻止
返　　回	无

示　例	`// 采用 6MHz 晶振作为系统时钟`
	`SysCtlClockSet(SYSCTL_USE_OSC |`
	`            SYSCTL_OSC_MAIN |`
	`            SYSCTL_XTAL_6MHZ|`
	`            SYSCTL_SYSDIV_1);`
	
	`// 采用 16 MHz 晶振 4 分频作为系统时钟`
	`ysCtlClockSet(SYSCTL_USE_OSC |`
	`            SYSCTL_OSC_MAIN |`
	`            SYSCTL_XTAL_16MHZ |`
	`            SYSCTL_SYSDIV_4);`
	`// 采用内部 12 MHz 振荡器作为系统时钟`
	`SysCtlClockSet(SYSCTL_USE_OSC | SYSCTL_OSC_INT | SYSCTL_SYSDIV_1);`
	
	`// 采用内部 12MHz 振荡器 4 分频作为系统时钟`
	`SysCtlClockSet(SYSCTL_USE_OSC | SYSCTL_OSC_INT4 | SYSCTL_SYSDIV_1);`
	
	`// 采用内部 30kHz 振荡器作为系统时钟`
	`SysCtlClockSet(SYSCTL_USE_OSC | SYSCTL_OSC_INT30 | SYSCTL_SYSDIV_1);`
	`// 外接 6 MHz 晶体，采用 PLL 作为系统时钟，分频结果为 20 MHz`
	`SysCtlLDOSet(SYSCTL_LDO_2_75V);`
	`SysCtlClockSet(SYSCTL_USE_PLL |`
	`            SYSCTL_OSC_MAIN |`
	`            SYSCTL_XTAL_6MHZ|`
	`            SYSCTL_SYSDIV_10);`

SysCtlClockGet()函数用来获取已设置的系统时钟频率，详见表 6.4 的描述。

表 6.4　函数 SysCtlClockGet( )

功　能	获取系统时钟速率
原　型	unsigned long SysCtlClockGet(void)
参　数	无
返　回	返回当前配置的系统时钟速率，单位：Hz
说　明	如果在调用本函数之前从没有通过调用函数 SysCtlClockSet( )来配置时钟，或者时钟直接由一个晶体（或外部时钟源）来提供而该晶体（或外部时钟源）并不属于支持的标准晶体频率，则不返回精确的结果

6.3 软件设计

文件 systemInit. c 如下：

```
# include "systemInit.h"
// 定义全局的系统时钟变量
unsigned long TheSysClock = 16000000UL;
// 定义 KEY_SW1
# define KEY_PERIPH SYSCTL_PERIPH_GPIOB
# define KEY_PORT    GPIO_PORTB_BASE
# define KEY_PIN     GPIO_PIN_5


// 防止 JTAG 失效
void jtagWait(void)
{
SysCtlPeriEnable(KEY_PERIPH);                  //使能 KEY_SW1 所在的 GPIO 端口
GPIOPinTypeIn(KEY_PORT, KEY_PIN);              //设置 KEY_SW1 所在引脚为输入
if (GPIOPinRead(KEY_PORT, KEY_PIN) == 0x00)    //若复位时按下 KEY_SW1，则进入
{
for(;;);                                       //死循环，以等待 JTAG 连接
}
SysCtlPeriDisable(KEY_PERIPH);                 //禁止 KEY_SW1 所在的 GPIO 端口
}


// 系统时钟初始化
void clockInit(void)
{
SysCtlLDOSet(SYSCTL_LDO_2_75V);                //配置 PLL 前须将 LDO 设为 2.75 V
SysCtlClockSet(SYSCTL_USE_PLL|                 //系统时钟设置，采用 PLL
         SYSCTL_OSC_MAIN|                      //主振荡器
         SYSCTL_XTAL_16MHZ|                    //外接 16 MHz 晶振
         SYSCTL_SYSDIV_6);                     //分频结果为 33.33 MHz
TheSysClock = SysCtlClockGet();                //获取当前的系统时钟频率
}
```

文件 main. c 如下：

```
int main(void)
{
jtagWait();                                    //防止 JTAG 失效
clockInit();                                   //时钟初始化：分频后 33.33 MHz
SysCtlPeriEnable(LED_PERIPH);                  //使能 LED 所在的 GPIO 端口
```

```
GPIOPinTypeOut(LED_PORT, LED_PIN);              //设置 LED 所在引脚为输出

for (;;)
{
  GPIOPinWrite(LED_PORT, LED_PIN, 0x00);        //点亮 LED
  SysCtlDelay(100 * (TheSysClock / 99));        //延时约 1000ms
  GPIOPinWrite(LED_PORT, LED_PIN, 0xFF);        //熄灭 LED
  SysCtlDelay(100 * (TheSysClock / 99));        //延时约 1000ms
    }
}
```

6.4　下载验证

例程演示了系统时钟设置函数 SysCtlClockSet() 的用法。在程序中,函数 GPI-OPinWrite() 可以使 LED 指示灯改变状态,其中采用固定周期数的延时函数 Sy-sCtlDelay()。在主循环里,系统时钟采用不同的配置,结果 LED 闪烁速度随之改变,如图 6.2 所示。

图 6.2　LED 闪烁指示时钟频率

第 **7** 章

跑马灯实验

本章介绍 LM3S9B96 的 I/O 口操作方法。例程实现功能：LED1、LED2、LED3、LED4 间隔 100 ms 顺序点亮,实现跑马灯效果。

7.1　LM3S9B96 的 GPIO

LM3S9B96 的 GPIO 模块包括 9 个物理 GPIO 模块,每个模块对应一个单独的 GPIO 端口(端口 A、端口 B、端口 C、端口 D、端口 E、端口 F、端口 G、端口 H、端口 J)。GPIO 模块支持高达 65 个可编程的输入/输出引脚,具体取决于正在使用的外设。

GPIO 模块具有如下特性：

➢ 65 个输入/输出引脚,具体取决外设的配置;

➢ 高度灵活的复用引脚,可以用作 GPIO 或是一种或多种的外设功能;

➢ 配置为输入模式,可承受 5 V 电压;

➢ 两种方式访问 GPIO 端口,即 APB(先进外设总线)和 AHB(先进高性能总线);

➢ 可编程控制的 GPIO 中断

　　— 产生中断屏蔽;

　　— 上升沿、下降沿或是双边沿(上升沿和下降沿)触发;

　　— 高电平或低电平触发;

➢ 读/写操作时刻可过地址线进行位屏蔽的操作;

➢ 可用于启动一个 ADC 采样序列;

➢ 配置为数字输入的引脚均为施密特触发;

➢ 可编程控制的 GPIO 引脚配置

　　— 弱上拉或下拉电阻;

　　— 数字通信时可配置为 2 mA、4 mA 或 8 mA 驱动电流,对于需要大电流的应用最多可以有 4 个引脚,可以配置为 18 mA;

— 8 mA 驱动的斜率控制；

— 开漏使能；

— 数字输入使能。

7.2 GPIO 的 API 函数

本实验中涉及 SysCtlPeripheralEnable()、GPIOPinTypeGPIOOutput()、GPIOPinWrite()、SysCtlDelay()函数，下面详细介绍各函数功能。

下面 5 个函数名称太长，所以实际编程中常常采用简短的定义：

```
# define   SysCtlPeriEnable    SysCtlPeripheralEnable
# define   SysCtlPeriDisable   SysCtlPeripheralDisable
# define   GPIOPinTypeIn       GPIOPinTypeGPIOInput
# define   GPIOPinTypeOut      GPIOPinTypeGPIOOutput
# define   GPIOPinTypeOD       GPIOPinTypeGPIOOutputOD
```

1. 使能 GPIO

LM3S9B96 所有片内外设只有在使能以后才可以工作，否则被禁止。暂时不用的片内外设被禁止后可以节省功耗。GPIO 也不例外，复位时所有 GPIO 模块都被禁止，在使用 GPIO 模块之前必须首先要使能。例如：

```
SysCtlPeriEnable(LED_PERIPH_F);       //使能 LED_1,LED_2 所在的 GPIOF 端口
SysCtlPeriEnable(LED_PERIPH_A);       //使能 LED_3,LED_4 所在的 GPIOA 端口
```

2. GPIO 基本设置

GPIO 引脚的方向可以设置为输入方向或输出方向。GPIO 引脚的电流驱动强度可以选择 2 mA、4 mA、8 mA 或者带转换速率控制的 8 mA 驱动。驱动强度越大表明带负载能力越强，但功耗也越高。绝大多数应用场合选择 2 mA 驱动即可满足要求。GPIO 引脚类型可以配置成输入、推挽、开漏 3 大类，每一类当中还有上拉、下拉的区别。对于配置用作输入端口的引脚，端口可按照要求设置，但是对输入唯一真正有影响的是上拉或下拉终端的配置。

3. GPIO 引脚类型设置

函数 GPIOPinTypeGPIOOutput()用来配置 GPIO 引脚的类型，详见表 7.1 的描述。

表 7.1 函数 **GPIOPinTypeGPIOOutput( )**

功　能	设置所选 GPIO 端口指定的引脚为推挽输出模式
原　型	GPIOPinTypeGPIOOutput(unsigned long ulPort,unsigned char ucPins)
参　数	ulPort：所选 GPIO 端口的基址
	ucPins：指定引脚的位组合表示
返　回	无

4. GPIO 引脚读/写

对 GPIO 引脚的读/写操作是通过函数 GPIOPinWrite() 和 GPIOPinRead() 实现的,这是两个非常重要而且很常用的库函数,详见表 7.2 和表 7.3 的描述。

表 7.2 函数 GPIOPinWrite()

功 能	向所选 GPIO 端口的指定引脚写入一个值,以更新其状态
原 型	void GPIOPinWrite(unsigned long ulPort, unsigned char ucPins, unsigned char ucVal)
参 数	ulPort:所选 GPIO 端口的基址 ucPins:指定引脚的位组合表示 ucVal:写入指定引脚的值 　　注:ucPins 指定引脚对应的 ucVal 中的位如果是 1,则置位相应的引脚;如果是 0,则清零相应的引脚; ucPins 未指定的引脚不受影响
返 回	无

示 例	GPIOPinWrite(GPIO_PORTA_BASE,GPIO_PIN_3,0x00);　　//清除 PA3
	GPIOPinWrite(GPIO_PORTB_BASE,GPIO_PIN_5,0x00);　　// 置位 PB5
	// 同时置位 PD2、PD6
	GPIOPinWrite(GPIO_PORTD_BASE,GPIO_PIN_2 | GPIO_PIN_6,0xFF);
	//变量 ucData 输出到 PA0～PA7
	GPIOPinWrite(GPIO_PORTA_BASE,0xFF,ucData);

表 7.3 函数 GPIOPinRead()

功 能	读取所选 GPIO 端口指定引脚的值
原 型	long GPIO PinRead(unsigned long ulPort, unsigned char ucPins)
参 数	ulPort:所选 GPIO 端口的基址 ucPins:指定引脚的位组合表示
返 回	返回 1 个位组合的字节。该字节提供了由 ucPins 指定引脚的状态,对应的位值表示 GPIO 引脚的高低状态。ucPins 未指定的引脚位值时为 0。返回值已强制转换为 long 型,因此位 31:8 应该忽略

示 例	//读取 PA4,返回值保存在 ucData 里,可能的值是 0x00 或 0x10
	ucData＝GPIOPinRead(GPIO_PORTA_BASE,GPIO_PIN_4);
	//同时读取 PB1、PB2 和 PB6,返回 PB1、PB2 和 PB6 的位组合保存在 ucData 里
	ucData＝GPIOPinRead(GPIO_PORTB_BASE,GPIO_PIN_1|GPIO_PIN_2|GPIO_PIN_6);
	//读取整个 PF 端口
	ucData＝GPIOPinRead(GPIO_PORTF_BASE,0xFF)

5. 延时函数 SysCtlDelay()

函数 SysCtlDelay() 提供了一个产生恒定长度延时的方法。它是用汇编编写的,以保持跨越工具链的延时一致,从而避免了在应用上依据工具链来调节延时的要求。循环占用 3 个周期/循环。详见表 7.4 的描述。

表 7.4　函数 SysCtlDelay( )

功 能	产生恒定长度延时
原 型	void SysCtlDelay(unsigned long ulCount)
参 数	ulCount:要执行的延时循环反复的次数
返 回	无

7.3　硬件设计

硬件部分电路原理图如图 7.1 所示。注意连接好 JP5、JP3、JP6、JP7 短接帽。

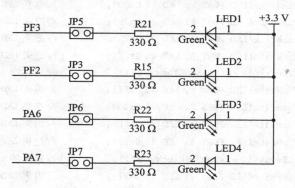

图 7.1　LED 原理图

7.4　软件设计

文件 main.c 如下:

```
# include "systemInit.h"
// 定义 LED
# define   LED_PERIPH_F          SYSCTL_PERIPH_GPIOF
# define   LED_PORT_F            GPIO_PORTF_BASE
# define   LED_PERIPH_A          SYSCTL_PERIPH_GPIOA
# define   LED_PORT_A            GPIO_PORTA_BASE
# define   LED_1                 GPIO_PIN_3
# define   LED_2                 GPIO_PIN_2
# define   LED_3                 GPIO_PIN_6
# define   LED_4                 GPIO_PIN_7
```

```
// 主函数(程序入口)
int main(void)
{
    jtagWait();                                 //防止 JTAG 失效
    clockInit();                                //时钟初始化:PLL 分频后 33.33 MHz
    SysCtlPeriEnable(LED_PERIPH_F);             //使能 LED_1,LED_2 所在的 GPIO 端口
    GPIOPinTypeOut(LED_PORT_F, LED_1);          //设置 LED_1 所在引脚为输出
    GPIOPinTypeOut(LED_PORT_F, LED_2);          //设置 LED_2 所在引脚为输出
    SysCtlPeriEnable(LED_PERIPH_A);             //使能 LED_3,LED_4 所在的 GPIO 端口
    GPIOPinTypeOut(LED_PORT_A, LED_3);          //设置 LED_3 所在引脚为输出
    GPIOPinTypeOut(LED_PORT_A, LED_4);          //设置 LED_4 所在引脚为输出

    for (;;)
    {
        GPIOPinWrite(LED_PORT_F, LED_1, 0x00);    //点亮 LED_1
        GPIOPinWrite(LED_PORT_F, LED_2, 0xFF);    //熄灭 LED_2
        GPIOPinWrite(LED_PORT_A, LED_3, 0xFF);    //熄灭 LED_3
        GPIOPinWrite(LED_PORT_A, LED_4, 0xFF);    //熄灭 LED_4
        SysCtlDelay(10 * (TheSysClock / 99));     //延时约 100 ms
        GPIOPinWrite(LED_PORT_F, LED_1, 0xFF);    //熄灭 LED_1
        GPIOPinWrite(LED_PORT_F, LED_2, 0x00);    //点亮 LED_2
        GPIOPinWrite(LED_PORT_A, LED_3, 0xFF);    //熄灭 LED_3
        GPIOPinWrite(LED_PORT_A, LED_4, 0xFF);    //熄灭 LED_4
        SysCtlDelay(10 * (TheSysClock / 99));     //延时约 100 ms
        GPIOPinWrite(LED_PORT_F, LED_1, 0xFF);    //熄灭 LED_1
        GPIOPinWrite(LED_PORT_F, LED_2, 0xFF);    //熄灭 LED_2
        GPIOPinWrite(LED_PORT_A, LED_3, 0x00);    //点亮 LED_3
        GPIOPinWrite(LED_PORT_A, LED_4, 0xFF);    //熄灭 LED_4
        SysCtlDelay(10 * (TheSysClock / 99));     //延时约 100 ms
        GPIOPinWrite(LED_PORT_F, LED_1, 0xFF);    //熄灭 LED_1
        GPIOPinWrite(LED_PORT_F, LED_2, 0xFF);    //熄灭 LED_2
        GPIOPinWrite(LED_PORT_A, LED_3, 0xFF);    //熄灭 LED_3
        GPIOPinWrite(LED_PORT_A, LED_4, 0x00);    //点亮 LED_4
        SysCtlDelay(10 * (TheSysClock / 99));     //延时约 100 ms
    }
}
```

7.5　下载验证

　　例程演示了 GPIO 引脚的改写操作。在程序当中,PF2、PF3、PA6、PA7 引脚分别接低电平点亮 LED 指示灯。初始状态是 PF2 高电平、PF3 高电平、PA6 高电平、

PA7 高电平。在主循环里，通过函数 GPIOPinWrite( )不断对其中一个端口置 0 其余端口置 1，并通过函数 SysCtlDelay( )延时约 100 ms，于是会观察到 4 只 LED 在不断流水一样点亮。下载后运行如图 7.2 所示。

(a) 程序运行LED1被点亮

(b) 100 ms后LED2被点亮

图 7.2　LED 跑马灯

第**8**章

UART 实验

本章介绍 LM3S9B96 微控制器的串口使用方法。例程实现串口发送数据给计算机,计算机通过串口调试软件显示接收到的字符。

8.1　UART

计算机与外部设备连接基本上使用两类接口:串行接口与并行接口。并行接口是指数据的各个位同时进行传送,特点是传输速度快,但当传输距离远、位数又多时,通信线路变复杂且成本提高。串行通信是指数据一位位地顺序传送,适合于远距离通信,通信线路简单,只要一对传输线就可以实现双向通信,从而大大降低了成本。串行通信又分为异步与同步两类。UART(Universal Asynchronous Receiver/Transmitter,通用异步收发器)是设备间进行异步通信的关键模块,作用如下所示:

➢ 处理数据总路线和串行口之间的串/并、并/串转换;

➢ 通信双方只要采用相同的帧格式和波特率,就能在未共享时钟信号的情况下仅用两根信号线(Rx 和 Tx)完成通信过程;

➢ 采用异步方式将数据收发完毕后,可通过中断或置位标志位的方式通知微控制器进行处理,大大提高微控制器的工作效率。

若加入一个合适的电平转换器,如 MAX232、SP3485,则 UART 还能用于RS232、RS485 通信,或与计算机的端口连接。UART 应用非常广泛,如手机、工业控制、PC 等场合。

1. RS485

RS485 采用差分信号负逻辑,+2~+6 V 表示"0",−6~−2 V 表示"1"。RS485 有两线制和四线制两种接线,四线制是全双工通信方式,两线制是半双工通信方式。RS485 通信网络中一般采用主从通信方式,即一个主机带多个从机。很多情况下,连接 RS485 通信链路时只是简单地用一对双绞线将各个接口的"A"、"B"端连接起来。而忽略了信号地的连接,这种连接方法在许多场合是能正常工作的,但却埋下了很大的隐患,这是因为:

① 共模干扰问题:RS485 接口采用差分方式传输信号,并不需要相对于某个参照点来检测信号,系统只须检测两线之间的电位差就可以了。但人们往往忽视了收发器有一定的共模电压范围,RS485 收发器共模电压范围为 $-7 \sim +12$ V,只有满足上述条件,整个网络才能正常工作。当网络线路中共模电压超出此范围时就会影响通信的稳定可靠,甚至损坏接口。

② EMI 问题:发送驱动器输出信号中的共模部分需要一个返回通路,如没有一个低阻的返回通道(信号地),就会以辐射的形式返回源端,整个总线就会像一个巨大的天线向外辐射电磁波。

RS485 是现在流行的一种布网方式,特点是实施简单方便,而且现在支持RS485 的仪表很多,特别是在油品行业。

2. Modbus 协议

Modbus 协议是应用于电子控制器的一种通用语言。通过此协议,控制器之间可以通信、控制器经由网络(例如以太网)和其他设备之间也可以通信。它已经成为一种通用工业标准。有了它,不同厂商生产的控制设备可以连成工业网络,从而集中监控。

Modbus 可以支持多种电气接口,如 RS232、RS485 等,还可以在各种介质上传送,如双绞线、光纤、无线等。

控制器能设置为两种传输模式(ASCII 或 RTU)中的任何一种在标准的 Modbus网络通信。用户选择想要的模式,包括串口通信参数(波特率、校验方式等),配置每个控制器的时候,在一个 Modbus 网络上的所有设备都必须选择相同的传输模式和串口参数。有关协议详细说明请参考 Modbus 协议手册。

8.2　LM3S9B96 的 UART

LM3S9B96 控制器包括 3 个具有以下特征的通用异步收发器(UART):

➤ 可编程的波特率发生器,在常规模式(16 分频)下最高可达 5 Mbps,在高速模式(8 分频)下最高可达 10 Mbps;

➤ 相互独立的 16×8 发送(TX)FIFO 和接收(RX)FIFO,可降低中断服务对CPU 的占用;

➤ FIFO 长度可编程,包括提供传统双缓冲接口的 1 字节深的操作;

➤ FIFO 触发水平可设为 1/8、1/4、1/2、3/4 和 7/8;

➤ 标准的异步通信位:起始位、停止位和奇偶校验位;

➤ 行中止的产生和检测；

➤ 完全可编程的串行接口特性；

　— 5、6、7 或 8 个数据位；

　— 偶校验、奇校验、粘着或无奇偶校验位的产生/检测；

　— 产生 1 或 2 个停止位；

➤ IrDA 串行红外（SIR）编解码器：

　— 可选择采用 IrDA 串行红外（SIR）输入输出或普通 UART 输入输出；

　— 支持 IrDA SAR 编解码功能，半双工时数据传输率最高 115.2 kbps；

　— 支持标准的 3/16 位时间以及低功耗位时间（1.41～2.23 μs）；

　— 可编程的内部时钟发生器，允许对参考时钟进行 1～256 分频以得到低功
　　耗模式的位持续时间；

➤ 支持与 ISO 7816 智能卡的通信；

➤ 完善支持调制解调器握手信号（在 UART1 模块上）；

➤ 支持 LIN 协议；

➤ 提供标准的基于 FIFO 深度的中断以及发送结束中断；

➤ 用微型直接内存访问（μDMA）有效的传输数据；

　— 相互独立的发送通道和接收通道；

　— 当接收 FIFO 中有数据时产生单次请求；当接收 FIFO 到达预设的触发深
　　度时产生猝发请求；

　— 当发送 FIFO 中有空闲单元时产生单次请求；当发送 FIFO 到达预设的触
　　发深度时产生猝发请求。

8.3　UART 功能

1. 发送/接收逻辑

　　发送逻辑对从发送 FIFO 读取的数据执行"并—串"转换。控制逻辑输出串行位
流时，最先输出起始位，之后按照控制寄存器的配置依次输出若干数据位（最低有效
位在前）、奇偶校验位和停止位，如图 8.1 所示。

图 8.1　UART 字符帧

　　检测到有效的起始脉冲后，接收逻辑会对接收到的位流执行"串—并"转换。此
外还会进行溢出、奇偶校验和线路中止检测以及帧错误检查，并将这些状态随数据一

同写入接收 FIFO 中。

2. 波特率的产生

波特率除数(baud – rate divisor)是一个 22 位数,由 16 位整数和 6 位小数组成。波特率发生器使用这两个值组成的数字来决定位周期。通过带有小数波特率的除法器,在足够高的系统时钟速率下,UART 可以产生所有标准的波特率,而误差很小。

波特率除数公式:

$$BRD = BRDI + BRDF = UARTSysClk/(ClkDiv * BaudRate)$$

其中,BRD 是 22 位的波特率除数,由 16 位整数和 6 位小数组成,BRDI 是 BRD 的整数部分,BRDF 是 BRD 的小数部分,UARTSysClk 是与 UART 相连的系统时钟,ClkDiv 为 16 或 8,BaudRate 是波特率(9 600、38 400、115 200 等)。

3. 数据收发

发送时,数据被写入发送 FIFO。如果 UART 被使能,则按照预先设置好的参数(波特率、数据位、停止位、校验位等)开始发送数据,一直到发送 FIFO 中没有数据。一旦向发送 FIFO 写数据(如果 FIFO 未空),UART 的忙标志位 BUSY 就有效,并且在发送数据期间一直保持有效。BUSY 位仅在发送 FIFO 为空,且已从移位寄存器发送最后一个字符,包括停止位时才变无效;也就是 UART 不再使能,它也可以指示忙状态。BUSY 位的相关库函数是 UARTBusy()。

在 UART 接收器空闲时,如果数据输入变成“低电平”,即接收到了起始位,则接收计数器开始运行,并且数据在 Baud16 的第 8 个周期被采样。如果 Rx 在 Baud16 的第 8 周期仍然为低电平,则起始位有效,否则会被认为是错误的起始位并将其忽略。

如果起始位有效,则根据数据字符被编程的长度,在 Baud16 的每第 16 个周期对连续的数据位(即一个位周期之后)进行采样。如果奇偶校验模式使能,则还会检测奇偶校验位。

最后,如果 Rx 为高电平,则有效的停止位被确认,否则发生帧错误。当接收到一个完整的字符时,将数据存放在接收 FIFO 中。

4. 中断控制

出现以下情况时,可使 UART 产生中断:

➢ FIFO 溢出错误;

➢ 线中止错误(line – break,即 Rx 信号一直为 0 的状态,包括校验位和停止位在内);

➢ 奇偶校验错误;

➢ 帧错误(停止位不为 1);

➢ 接收超时(接收 FIFO 已有数据但未满,而后续数据长时间不来);

➢ 发送；

➢ 接收。

由于所有中断事件在发送到中断控制器之前会一起进行"或运算"操作,所以任意时刻 UART 只能向控制器产生一个中断请求。通过查询中断状态函数 UARTIntStatus(),软件可以在同一个中断服务函数里处理多个中断事件(多个并列的 if 语句)。

5. FIFO 操作

FIFO 是 First－In First－Out 的缩写,译为"先进先出",是一种常见的队列操作。

UART 有 2 个 16 字节输入的 FIFO:一个用于发送,另一个用于接收,可以将两个 FIFO 分别配置为以不同深度触发中断。可供选择的配置包括:1/8、1/4、1/2、3/4 和 7/8 深度。例如,如果接收 FIFO 选择 1/4,则在 UART 接收到 4 个数据时产生接收中断。

(1) 发送 FIFO 的基本工作过程

只要有数据填充到发送 FIFO 里,则立即启动发送过程。由于发送本身是个相对缓慢的过程,因此在发送的同时其他待发送的数据还可以继续填充到发送 FIFO 里。发送 FIFO 被填满时就不能再继续填充了,否则会造成数据丢失,此时只能等待。这个等待并不会很久,以 9 600 的波特率为例,等待出现一个空位的时间在 1 ms 上下。发送 FIFO 会按照填入数据的先后顺序把数据一个个发送出去,直到发送 FIFO 全空为止。已发送出去的数据会被自动清除,在发送 FIFO 里同时会多出一个空位。

(2) 接收 FIFO 的基本工作过程

当硬件逻辑接收到数据时,则往接收 FIFO 里填充接收到的数据。程序应当及时取走这些数据,数据被取走也是在接收 FIFO 里被自动删除的过程,因此在接收 FIFO 里同时会多出一个空位。如果在接收 FIFO 里的数据未及时取走而造成接收 FIFO 已满,则以后再接收到数据时就会因无空位可以填充而造成数据丢失。

收发 FIFO 主要是为了解决 UART 收发中断过于频繁而导致 CPU 效率不高的问题而引入的。在进行 UART 通信时,中断方式比轮询方式要简便且效率高。但是,如果没有收发 FIFO,则每收发一个数据都要中断处理一次,效率仍然不够高。如果有了收发 FIFO,则可以在连续收发若干个数据(可多至 14 个)后才产生一次中断然后一并处理,这就大大提高了收发效率。

8.4 UART 的 API 函数

本实验涉及 UARTConfigSet()、UARTEnable()、UARTCharPut()、UARTCharGet()函数,下面详细介绍各函数功能。

8.4.1　UART 的配置函数

函数 UARTConfigSet( ) 将配置 UART 在指定的数据格式下工作。波特率由 ulBaud 参数提供,数据格式由 ulConfig 参数提供。

uart. h 中提供一个宏来把最初的 API 映射到这个新的 API 中,详见表 8.1 的描述。

表 8.1　宏函数 UARTConfigSet( )

功　能	UART 配置(自动获取时钟速率)
原　型	# define UARTConfigSet(a,b,c)　　　　UARTConfigSetExpClk(a,SysCtlClockGet( )b,c)
参　数	ulBase:UART 端口的基址,取值 UART0_BASE、UART1_BASE 或 UART2_BASE ulUARTClk:提供给 UART 模块的时钟速率,即系统时钟频率 ulBaud:期望设定的波特率 ulConfig:UART 端口的数据格式,取下列各组数值之间的"或运算"组合形式: ● 数据字长度 UART_CONFIG_WLEN_8 // 8 位数据 UART_CONFIG_WLEN_7 // 7 位数据 UART_CONFIG_WLEN_6 // 6 位数据 UART_CONFIG_WLEN_5 // 5 位数据 ● 停止位 UART_CONFIG_STOP_ONE // 1 个停止位 UART_CONFIG_STOP_TWO // 2 个停止位(可降低误码率) ● 校验位 UART_CONFIG_PAR_NONE // 无校验 UART_CONFIG_PAR_EVEN　// 偶校验 UART_CONFIG_PAR_ODD　 // 奇校验 UART_CONFIG_PAR_ONE // 校验位恒为 1 UART_CONFIG_PAR_ZERO // 校验位恒为 0
返　回	无
说　明	本宏函数常常用来代替函数 UARTConfigSetExpClk( ),在调用之前应当先调用 SysCtlClock-Set( )函数设置系统时钟(不要使用误差很大的内部振荡器 IOSC、IOSC/4、INT30 等)

示　例	//配置 USRT0:波特率 9600,8 个数据位,1 个停止位,无校验
	　UARTConfigSet(UART0_BASE,9600,UART_CONFIG_WLEN_8 |
	　　　　　　　　　　　　　　　　UART_CONFIG_STOP_ONE |
	　　　　　　　　　　　　　　　　UART_CONFIG_PAR_NONE);
	
	//配置 USRT1:波特率最大,5 个数据位,1 个停止位,无校验
	　UARTConfigSet(UART1_BASE,SysCtlClockGet( )/16,UART_CONFIG_WLEN_5 |
	　　　　　　　　　　　　　　　　UART_CONFIG_STOP_ONE |
	　　　　　　　　　　　　　　　　UART_CONFIG_PAR_NONE);

续表 8.1

示 例	//配置 USRT2:波特率 2400,8 个数据位,2 个停止位,偶校验 UARTConfigSet(UART2_BASE,2400,UART_CONFIG_WLEN_8| 　　　　　　　　　　　 UART_CONFIG_STOP_TWO| 　　　　　　　　　　　 UART_CONFIG_PAR_EVEN);

8.4.2　使能发送和接收函数

函数 UARTEnable() 用来设置 UARTEN、TXE 和 RXE 位,并使能发送和接收的 FIFO,详见表 8.2 的描述。

表 8.2　函数 UARTEnable( )

功　能	使能指定 UART 端口的发送和接收操作
原　型	voidUARTEnable(unsigned long ulBase)
参　数	ulBase:UART 端口的基址,取值 UART0_BASE、UART1_BASE 或 UART2_BASE
返回	无

8.4.3　字符发送函数

函数 UARTCharPut() 用来把字符 ucData 发送到指定端口的发送 FIFO 中。如果发送 FIFO 中没有多余的可用空间,这个函数将会一直等待,直至在返回前发送 FIFO 中有可用的空间,详见表 8.3 的描述。

表 8.3　函数 UARTCharPut( )

功　能	发送 1 个字符到指定的 UART 端口(等待)
原　型	voidUARTCharPut(unsigned long ulBase,unsigned char ucData)
参　数	ulBase:UART 端口的基址,取值 UART0_BASE、UART1_BASE 或 UART2_BASE ucData:要发送的字符
返回	无(在未发送完毕前不会返回)

8.4.4　字符接收函数

函数 UARTCharGet() 以轮询的方式接收数据,如果接收 FIFO 里有数据则读出数据并返回,如果没有数据则一直等待。详见表 8.4 的描述。

表 8.4　函数 UARTCharGet( )

功　能	从指定的 UART 端口接收 1 个字符(等待)
原　型	long UARTCharGet(unsigned long ulBase)
参　数	ulBase:UART 端口的基址,取值 UART0_BASE、UART1_BASE 或 UART2_BASE
返　回	读取到的字符,并自动转换为 long 型(在未收到字符之前会一直等待)

8.5　硬件设计

本例程只使用到 USART1 端口,硬件部分电路原理图如图 8.2 所示。注意连接好 JP21、JP22 短接帽。

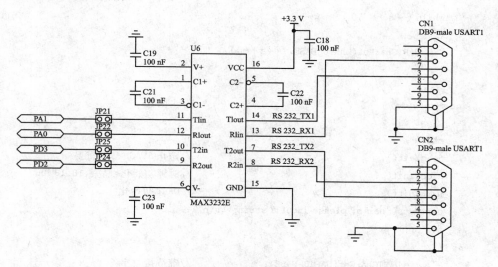

图 8.2　UART 与电脑连接的典型应用电路

8.6　软件设计

文件 main.c 如下:

```
# include    "systemInit.h"
# include    <uart.h>

void uartInit(void)                          //UART 初始化
{
    SysCtlPeriEnable(SYSCTL_PERIPH_UART0);    //使能 UART 模块
    SysCtlPeriEnable(SYSCTL_PERIPH_GPIOA);    //使能 RX/TX 所在的 GPIO 端口
```

```
        GPIOPinTypeUART(GPIO_PORTA_BASE,            //配置 RX/TX 所在引脚为
                        GPIO_PIN_0 | GPIO_PIN_1);   //UART 收发功能
        UARTConfigSet(UART0_BASE,                   //配置 UART 端口
                      9600,                         //波特率:9600
                      UART_CONFIG_WLEN_8 |          //数据位:8
                      UART_CONFIG_STOP_ONE |        //停止位:1
                      UART_CONFIG_PAR_NONE);        //校验位:无
        UARTEnable(UART0_BASE);                     //使能 UART 端口
    }


    void uartPuts(const char * s)                   //通过 UART 发送字符串
    {
        while ( * s ! = '\0')
        {
            UARTCharPut(UART0_BASE, * (s + + ));
        }
    }
    int main(void)                                  //主函数
    {
        char c;
        jtagWait();                                 //防止 JTAG 失效,重要
        clockInit();                                //时钟初始化:晶振,18.18 MHz
        uartInit();                                 //UART 初始化
        uartPuts("hello, please input a string:\r\n");
        for (;;)
        {
            c = UARTCharGet(UART0_BASE);            //等待接收字符
            UARTCharPut(UART0_BASE, c);             //回显
            if (c == '\r')                          //如果遇到回车<CR>
            {
                UARTCharPut(UART0_BASE, '\n');      //多回显一个换行<LF>
            }
        }
    }
```

8.7 下载验证

例程是 USART1 端口简单收发的工程,演示了基本 UART 的配置方法以及库函数 UARTCharPut()和 UARTCharGet()的用法。在主循环里用 UARTCharGet

（）等待接收一个字符，然后用 UARTCharPut（）回显，如果遇到回车＜CR＞则多回显一个换行＜LF＞。下载后运行如图 8.3 所示。

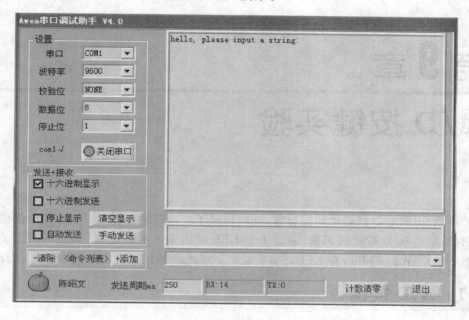

图 8.3　下载验证

第 9 章

A/D 按键实验

本章介绍 A/D 按键的实现过程,同时提供了一种新的按键的识别方式。例程实现功能:6 个 A/D 按键的识别,通过 4 个 LED 状态来显示按键的结果。SW1-关闭所有 LED,SW2-打开所有 LED,SW5、6、3、4 分别对应 LED1、LED2、LED3、LED4。

9.1 A/D 按键

一般来说普通 I/O 口识别按键的方式会占用比较多的引脚,而用 I^2C 等接口的键盘则需要键盘支持相应的接口,而用 A/D 按键方式最大的好处在于只需要一个带有 A/D 功能的引脚,这对引脚紧张的芯片来说是一种非常好的方式。当然,使用 A/D 按键也有一些需要注意的地方:外接按键的数量受 A/D 限制,分辨率越高,外接按键可以越多,反之就少;如果按键质量较差,则长时间使用后会产生接触电阻的问题。如果分辨率太小则可接的按键数量会有一定的限制,而接触电阻的问题只能换用质量好的按键。

9.2 ADC 的 API 函数

本实验中涉及 ADCSequenceConfigure()、ADCSequenceStepConfigure()、ADCSequenceEnable()、ADCIntEnable()、ADCProcessorTrigger()函数,将在第 23 章详细介绍各函数功能。

9.3 硬件设计

注意连接好 JP4 跳线帽,主要原理就是通过几组不同的电阻把电源分压,然后 ADC 采集该电压的值,根据分压的范围确定是哪个按键按下。按键部分原理图如

图 9.1 所示。

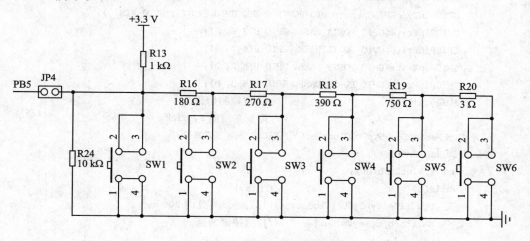

图 9.1 按键部分原理图

9.4 软件设计

文件 main.c 如下：

```
volatile unsigned long g_ulADKeyUpdateTicks = 100;
#define TICKS_PER_SECOND 1000
unsigned char g_ucKeyValue, g_ucFirstKeyValue, g_ucLastKeyValue;

void ADKeyInit(void){                                      //初始化 AD 按键
    SysCtlPeripheralEnable(SYSCTL_PERIPH_ADC0);            //使能 ADC0 外设
    SysCtlPeripheralEnable(SYSCTL_PERIPH_GPIOB);           //使能 GPIO B 外设
    GPIOPinTypeADC(GPIO_PORTB_BASE, GPIO_PIN_5);           //配置 PB5 为 ADC 引脚
    ADCSequenceConfigure(ADC0_BASE, 1, ADC_TRIGGER_PROCESSOR, 0);
    ADCSequenceStepConfigure(ADC0_BASE, 1, 0,
                        ADC_CTL_CH11 | ADC_CTL_END | ADC_CTL_IE);
    ADCSequenceEnable(ADC0_BASE, 1);
    ADCIntEnable(ADC0_BASE, 1);        //使能 ADC0 模块的第一个采样序列中断
    IntEnable(INT_ADC1);               //使能中断
    }
int main(void){                            //主函数
    SysCtlClockSet(SYSCTL_SYSDIV_4  | SYSCTL_USE_PLL |  SYSCTL_OSC_MAIN  | SYSCTL
_XTAL_16MHZ);                               //系统运行在 50 MHz
    //使能并点亮所有 LED
    SysCtlPeripheralEnable(SYSCTL_PERIPH_GPIOA);
    SysCtlPeripheralEnable(SYSCTL_PERIPH_GPIOF);
```

```
    GPIOPinTypeGPIOOutput(GPIO_PORTA_BASE, GPIO_PIN_6 | GPIO_PIN_7);
    GPIOPinTypeGPIOOutput(GPIO_PORTF_BASE, GPIO_PIN_2 | GPIO_PIN_3);
    GPIOPinWrite(GPIO_PORTA_BASE, GPIO_PIN_6, 0);
    GPIOPinWrite(GPIO_PORTA_BASE, GPIO_PIN_7, 0);
    GPIOPinWrite(GPIO_PORTF_BASE, GPIO_PIN_2, 0);
    GPIOPinWrite(GPIO_PORTF_BASE, GPIO_PIN_3, 0);
    ADKeyInit();                        //AD 按键初始化
                                        //配置并使能 SysTick
SysTickPeriodSet(SysCtlClockGet() / TICKS_PER_SECOND);
    SysTickEnable();
    SysTickIntEnable();
    while(1){                           //主循环
        SysCtlDelay(SysCtlClockGet()/15);      //延时 200 ms
        switch(g_ucKeyValue){          //检测按键的值
            default:
                break;
            case 0x01:
                GPIOPinWrite(GPIO_PORTA_BASE, GPIO_PIN_6, GPIO_PIN_6);
                GPIOPinWrite(GPIO_PORTA_BASE, GPIO_PIN_7, GPIO_PIN_7);
                GPIOPinWrite(GPIO_PORTF_BASE, GPIO_PIN_2, GPIO_PIN_2);
                GPIOPinWrite(GPIO_PORTF_BASE, GPIO_PIN_3, GPIO_PIN_3);
                break;
            case 0x02:
                GPIOPinWrite(GPIO_PORTA_BASE, GPIO_PIN_6, 0);
                GPIOPinWrite(GPIO_PORTA_BASE, GPIO_PIN_7, 0);
                GPIOPinWrite(GPIO_PORTF_BASE, GPIO_PIN_2, 0);
                GPIOPinWrite(GPIO_PORTF_BASE, GPIO_PIN_3, 0);
                break;
            case 0x03:
                GPIOPinWrite(GPIO_PORTA_BASE, GPIO_PIN_6,
                    GPIOPinRead(GPIO_PORTA_BASE, GPIO_PIN_6) ^ GPIO_PIN_6);
                break;
            case 0x04:
                GPIOPinWrite(GPIO_PORTA_BASE, GPIO_PIN_7,
                    GPIOPinRead(GPIO_PORTA_BASE, GPIO_PIN_7) ^ GPIO_PIN_7);
                break;
            case 0x05:
                GPIOPinWrite(GPIO_PORTF_BASE, GPIO_PIN_3,
                    GPIOPinRead(GPIO_PORTF_BASE, GPIO_PIN_3) ^ GPIO_PIN_3);
                break;
            case 0x06:
                GPIOPinWrite(GPIO_PORTF_BASE, GPIO_PIN_2,
```

```
                    GPIOPinRead(GPIO_PORTF_BASE, GPIO_PIN_2) ^ GPIO_PIN_2);
            break;
        }
    }
}


void ADKeyIntHandler(void)                          //ADC 采样中断处理函数
{
    unsigned short usValue;
    unsigned char ucKeyTemp;

    HWREG(ADC0_BASE + ADC_O_ISC) = 1 << 1;

    usValue = (unsigned short)HWREG(ADC0_BASE + ADC_O_SSFIFO1);

    if (usValue < 0x51)
        ucKeyTemp = 1;
    else if (usValue < 0xf4)
        ucKeyTemp = 2;
    else if (usValue < 0x191)
        ucKeyTemp = 3;
    else if (usValue < 0x229)
        ucKeyTemp = 4;
    else if (usValue < 0x2db)
        ucKeyTemp = 5;
    else if (usValue < 0x392)
        ucKeyTemp = 6;
        else
            ucKeyTemp = 0;

    if (ucKeyTemp == g_ucFirstKeyValue)
    {
        g_ucLastKeyValue = g_ucKeyValue;
        g_ucKeyValue = ucKeyTemp;
    }
    else
    {
        g_ucFirstKeyValue = ucKeyTemp;
        g_ucKeyValue = 0;
    }
}
void SysTickIntHandler(void){                       //SysTick 中断处理函数
```

```
if(g_ulADKeyUpdateTicks == 0)
{
    ADCProcessorTrigger(ADC0_BASE, 1);          //触发 ADC 采样
}
else
{
    g_ulADKeyUpdateTicks -- ;
}
}
```

9.5 下载验证

例程是采集 A/D 按键的工程。在程序当中,PF2、PF3、PA6、PA7 用来显示按键效果的 LED 指示灯。初始状态是所有 LED 都点亮。在主循环里,每秒检测 5 次按键的值,然后根据按键的值来控制 LED 的亮和灭。SW1 的功能是熄灭所有 LED,SW2 的功能是点亮所有的 LED,SW3 的功能是反转 LED3,SW4 的功能是反转 LED4,SW5 的功能是反转 LED1,SW6 的功能是反转 LED2。程序中 ADC 的采集是在 SysTick 中断里面进行的。在实际的项目中要结合自身的实际情况灵活运用。下载后运行如图 9.2 所示。

图 9.2 AD 按键实验

第 **10** 章

看门狗实验

本章介绍如何使用 LM3S9B96 微控制器的看门狗。例程通过每隔 500 ms 喂狗一次，LED1 点亮熄灭频率提示复位状态。

10.1　什么是看门狗

在实际的 MCU 应用系统中，常常会受到来自外界的某些干扰，有可能造成程序跑飞而进入死循环，从而导致整个系统陷入停滞状态并且不会自动恢复到可控的工作状态。所以出于对 MCU 运行安全的考虑，引入了一种专门的复位监控电路，俗称看门狗 WatchDog。看门狗电路所起的作用是一旦 MCU 运行出现故障，就强制对 MCU 进行硬件复位，使整个系统重新处于可控状态。要想精确恢复到故障之前的运行状态从技术上讲难度大成本高，而复位是最简单且可靠的处理手段。

10.2　看门狗基本原理

看门狗是一个定时器电路，一般有一个输入，叫喂狗；一个输出到 MCU 的 RST 端，MCU 正常工作的时候，每隔一段时间输出一个信号到喂狗端，给 WDT 清零。如果超过规定的时间不喂狗，一般在程序跑飞时，WDT 定时超过后，就会发出一个复位信号到 MCU，使 MCU 复位，防止 MCU 死机。看门狗的作用就是防止程序发生死循环，或者说程序跑飞。

看门狗真正的用法应当是：在不用看门狗的情况下，硬件和软件经过反复测试已经通过，而考虑到在实际应用环境中出现的强烈干扰可能造成程序跑飞的意外情况时再加入看门狗功能，以进一步提高整个系统的工作可靠性。可见，看门狗只不过是万不得已的最后手段而已。

但是，有相当多的工程师，尤其是经验不多者，在调试自己的系统时一出现程序跑飞,就马上引入看门狗来解决,而没有真正去思考程序为什么会跑飞。实际上,程序跑飞的大部分原因是程序本身存在 bug,或者已经暗示硬件电路可能存在故障,而并非受到了外部的干扰。如果试图用看门狗功能来"掩饰"此类潜在的问题,则是相当不明智的,也是危险的,因为潜在的系统设计缺陷可能一直伴随着产品最终到用户手中。

在调试自己的系统时,先不要使用看门狗,待完全调试通过已经稳定工作了,最后再补上看门狗功能。

10.3　LM3S9B96 的看门狗

LM3S9B96 微控制器有两个看门狗定时器模块,一个模块(WDT0)使用系统时钟计时,另一个模块(WDT1)使用 PIOSC 计时。

LM3S9B96 的看门狗定时器模块有以下特性:

➤ 带可编程装载寄存器的 32 位倒计数器;
➤ 带使能控制的独立看门狗时钟;
➤ 带中断屏蔽的可编程中断产生逻辑;
➤ 软件跑飞时由锁定寄存器提供保护;
➤ 带使能/禁止控制的复位产生逻辑;
➤ 在调试过程中用户可控制看门狗暂停。

看门狗定时器模块包括 32 位倒计数器(以 6 MHz 系统时钟为例,最长定时接近 12 min)、可编程的装载寄存器、中断产生逻辑、锁定寄存器以及用户使能的暂停控制。看门狗定时器具有"二次超时"特性。当 32 位计数器在使能后倒计数到 0 状态时,看门狗定时器模块产生第一个超时信号,并产生中断触发信号。在发生了第一个超时事件后,32 位计数器自动重装并重新递减计数。如果没有清除第一个超时中断状态,则当计数器再次递减到 0,且复位功能已使能时,则看门狗定时器向处理器发出复位信号。如果中断状态在 32 位计数器到达其第二次超时之前被清除(即喂狗),则自动重装 32 位计数器,并重新开始计数,从而可以避免处理器复位。

为了防止在程序跑飞时意外修改看门狗模块的配置,特意引入了一个锁定寄存器。在配置看门狗定时器之后,只要写入锁定寄存器一个不是 0x1ACCE551 的任何数值,看门狗模块的所有配置都会被锁定,拒绝软件修改。因此以后要修改看门狗模块的配置,包括清除中断状态(即喂狗操作),都必须要首先解锁。解锁方法是向锁定寄存器写入数值 0x1ACCE551。这是个很特别的数字,程序跑飞本身已是罕见的事件,而在一旦发生此罕见事件的情况下又恰好会把这个特别的数字写入锁定寄存器更是不可能。读锁定寄存器将得到看门狗模块是否被锁定的状态,而非写入的数值。

为了防止在调试软件时看门狗产生复位,看门狗模块还提供了允许其暂停计数的功能。

10.4 看门狗的 API 函数

本实验中涉及 WatchdogResetEnable（）、WatchdogStallEnable（）、Watch-dogReloadGet（）、WatchdogEnable（）、WatchdogLock（）、WatchdogUnlock（）、WatchdogIntClear（)函数，下面详细介绍各函数功能。

1. 看门狗复位函数

函数 WatchdogResetEnable()使能看门狗定时器的复位功能，一旦看门狗定时器产生了二次超时事件，则引起单片机复位，详见表 10.1 的描述。

表 10.1 函数 WatchdogResetEnable( )

功　能	使能看门狗定时器的复位功能
原　型	voidWatchdogResetEnable(unsigned long ulBase)
参　数	ulBase：看门狗定时器模块的基址，取值 WATCHDOG_BASE
返　回	无

2. 暂停看门狗函数

在进行单步调试时，看门狗定时器仍然会独立地运行，这将很快导致单片机复位，从而破坏调试过程。函数 WatchdogStallEnable()允许看门狗定时器暂停计数，可防止在调试时引起不期望的单片机复位，详见表 10.2 的描述。

表 10.2 函数 WatchdogStallEnable( )

功　能	允许在调试过程中暂停看门狗定时器
原　型	voidWatchdogStallEnable(unsigned long ulBase)
参　数	ulBase：看门狗定时器模块的基址，取值 WATCHDOG_BASE
返　回	无

3. 设置看门狗定时器的重载值函数

函数 WatchdogReloadSet()设置看门狗定时器的装载值，当计数第一次达到零时，这个函数设置载入看门狗定时器的值；如果调用这个函数时看门狗定时器正在运行，那么这个值将立刻被载入看门狗定时器计数器。如果参数 ulLoadVal 为 0，则立刻产生一个中断。注意，如果看门狗定时器已经被锁定了，那么这个函数就没有任何效果了。函数 WatchdogReloadGet()用于获取装载值，详见表 10.3 的描述。

表 10.3　函数 WatchdogReloadSet( )

功　能	设置看门狗定时器的重装值
原　型	void WatchdogReloadSet(unsigned long ulBase,unsigned long ulLoadVal)
参　数	ulBase:看门狗定时器模块的基址,取值 WATCHDOG_BASE ulLoadVal:32 位装载值
返　回	无

4. 使能看门狗函数

函数 WatchdogEnable()的作用是使能看门狗。该函数实际执行的操作是使能看门狗中断功能,即等同于函数 WatchdogIntEnable()。中断功能一旦被使能,则只有通过复位才能被清除。因此库函数里不会有对应的 WatchdogDisable()函数,详见表 10.4 的描述。

表 10.4　函数 WatchdogEnable( )

功　能	使能看门狗定时器
原　型	void WatchdogEnable(unsigned long ulBase)
参　数	ulBase:看门狗定时器模块的基址,取值 WATCHDOG_BASE
返　回	无

5. 看门狗锁定函数

函数 WatchdogLock()用来锁定看门狗定时器的配置,一旦锁定,则拒绝软件对配置的修改操作,详见表 10.5 的描述。

表 10.5　函数 WatchdogLock( )

功　能	使能看门狗定时器的锁定机制
原　型	void WatchdogLock(unsigned long ulBase)
参　数	ulBase:看门狗定时器模块的基址,取值 WATCHDOG_BASE
返　回	无

6. 看门狗解锁函数

函数 WatchdogUnlock()用来解除锁定,详见表 10.6 的描述。

7. 喂看门狗函数

函数 WatchdogIntClear()用来清除中断状态,即喂狗操作,详见表 10.7 的描述。

表 10.6 函数 WatchdogUnlock( )

功 能	解除看门狗定时器的锁定机制
原 型	voidWatchdogUnlock(unsigned long ulBase)
参 数	ulBase:看门狗定时器模块的基址,取值 WATCHDOG_BASE
返 回	无

表 10.7 函数 WatchdogIntClear( )

功 能	清除看门狗定时器的中断状态
原 型	voidWatchdogIntClear(unsigned long ulBase)
参 数	ulBase:看门狗定时器模块的基址,取值 WATCHDOG_BASE
返 回	无

10.5 软件设计

文件 main. c 如下：

```
# include "systemInit. h"
# include "watchdog. h"


# define   LED_PERIPH_F    SYSCTL_PERIPH_GPIOF        //定义 LED
# define   LED_PORT_F      GPIO_PORTF_BASE
# define   LED_1           GPIO_PIN_3


void wdogInit(void)                                   //看门狗初始化
{
    unsigned long ulValue = 350 * (TheSysClock / 5555);      //准备定时约 350 ms
    SysCtlPeriEnable(SYSCTL_PERIPH_WDOG);             //使能看门狗模块
    WatchdogResetEnable(WATCHDOG_BASE);              //使能看门狗复位功能
    WatchdogStallEnable(WATCHDOG_BASE);              //使能调试器暂停看门狗计数
    WatchdogReloadSet(WATCHDOG_BASE, ulValue);       //设置看门狗装载值
    WatchdogEnable(WATCHDOG_BASE);                   //使能看门狗
    WatchdogLock(WATCHDOG_BASE);                     //锁定看门狗
}


void wdogFeed(void)                                   //喂狗操作
{
```

```
        WatchdogUnlock(WATCHDOG_BASE);                    //解除锁定
        WatchdogIntClear(WATCHDOG_BASE);                  //清除中断状态,即喂狗操作
        WatchdogLock(WATCHDOG_BASE);                      //重新锁定
        GPIOPinWrite(LED_PORT_F, LED_1, 0x00);            //点亮 LED
        SysCtlDelay(20 * (TheSysClock/ 16665));           //短暂延时
        GPIOPinWrite(LED_PORT_F, LED_1, 0xFF);            //熄灭 LED
    }


    int main(void)                                        //主函数(程序入口)
    {
        jtagWait();                                       //防止 JTAG 失效
        clockInit();                                      //PLL 分频后 33.33 MHz
        SysCtlPeriEnable(LED_PERIPH_F);                   //使能 LED_1 所在的 GPIO 端口
        GPIOPinTypeOut(LED_PORT_F, LED_1);                //设置 LED_1 所在引脚为输出
        GPIOPinWrite(LED_PORT_F, LED_1, 0x00);            //点亮 LED,表明已复位
        SysCtlDelay(1500 * (TheSysClock / 16665));        //熄灭 LED
        GPIOPinWrite(LED_PORT_F, LED_1, 0xFF);
        SysCtlDelay(1500 * (TheSysClock/16665));
        wdogInit();                                       //看门狗初始化

        for (;;)
        {
            wdogFeed();                                   //喂狗,每喂一次 LED 闪一下
            SysCtlDelay(500 * (TheSysClock / 16665));     //延时超过 350 ms 就会复位
        }
    }
```

10.6 下载验证

例程演示了看门狗定时器的用法。函数 wdogInit()初始化看门狗模块,已知系统时钟为 33.33 MHz,设置的定时时间为 350 ms,使能复位功能,配置后锁定。函数 wdogFeed()是喂狗操作,解锁→喂狗→锁定,并且使 LED1 闪亮。程序开始便点亮 LED1,延时 1.5 s,再熄灭 1.5 s,表示已复位,直观效果是会使 LED1 快速闪烁。然后在主循环里每隔 500 ms 喂狗一次,由于看门狗具有二次超时特性,因此不会产生复位,除非喂狗间隔超过了 2×350 ms,如改为 SysCtlDelay(700□ (TheSysClock/ 16665)),则产生复位,效果是会使 LED1 闪烁变慢。下载后运行如图 10.1 所示。

图 10.1　看门狗实验

第**11**章

基于 **Timer** 的蜂鸣器实验

本章介绍基于 Timer 产生 PWM 波形驱动蜂鸣器的方法。蜂鸣器可以作为一种报警方式或提示作用等广泛应用在产品设计中。例程通过 PWM 驱动蜂鸣器发出不同频率的声音。

11.1 蜂鸣器

蜂鸣器主要分为压电式蜂鸣器和电磁式蜂鸣器两种类型。

① 压电式蜂鸣器,主要由多谐振荡器、压电蜂鸣片、阻抗匹配器及共鸣箱、外壳等组成。有的压电式蜂鸣器外壳上还装有发光二极管。

多谐振荡器由晶体管或集成电路构成。当接通电源后(1.5～15 V 直流工作电压),多谐振荡器起振,输出 1.5～2.5 kHz 的音频信号,阻抗匹配器推动压电蜂鸣片发声。

压电蜂鸣片由锆钛酸铅或铌镁酸铅压电陶瓷材料制成。在陶瓷片的两面镀上银电极,经极化和老化处理后,再与黄铜片或不锈钢片粘在一起。

② 电磁式蜂鸣器,由振荡器、电磁线圈、磁铁、振动膜片及外壳等组成。

接通电源后,振荡器产生的音频信号电流通过电磁线圈,使电磁线圈产生磁场。振动膜片在电磁线圈和磁铁的相互作用下,周期性地振动发声。

下面介绍如何区分有源蜂鸣器和无源蜂鸣器。

现在市场上出售的一种小型蜂鸣器因其体积小(直径只有 11 mm)、重量轻、价格低、结构牢靠,而广泛地应用在各种需要发声的电器设备、电子制作和单片机等电路中。

从外观上看,两种蜂鸣器好像一样,但仔细看,两者的高度略有区别,有源蜂鸣器高度为 9 mm,而无源蜂鸣器的高度为 8 mm。如将两种蜂鸣器的引脚都朝上放置时,可以看出有绿色电路板的一种是无源蜂鸣器,没有电路板而用黑胶封闭的一种是有源蜂鸣器。

　　进一步判断有源蜂鸣器和无源蜂鸣器,还可以用万用表电阻挡 R×1 挡测试:用黑表笔接蜂鸣器"＋"引脚,红表笔在另一引脚上来回碰触,如果触发出咔、咔声的且电阻只有 8 Ω(或 16 Ω)的是无源蜂鸣器;如果能发出持续声音的,且电阻在几百欧以上的,是有源蜂鸣器。

　　有源蜂鸣器直接接上额定电源(新的蜂鸣器在标签上都有注明)就可连续发声;而无源蜂鸣器则和电磁扬声器一样,需要接在音频输出电路中才能发声。

11.2　单片机如何驱动蜂鸣器

　　单片机驱动蜂鸣器的方式有两种:一种是 PWM 输出口直接驱动,另一种是利用 I/O 定时翻转电平产生驱动波形对蜂鸣器进行驱动。

　　PWM 输出口直接驱动是利用其本身可以输出一定的方波来直接驱动蜂鸣器。在单片机的软件设置中有几个系统寄存器是用来设置 PWM 口的输出的,可以设置占空比、周期等,通过设置这些寄存器产生符合蜂鸣器要求的频率的波形之后,只要打开 PWM 输出,PWM 输出口就能输出该频率的方波,这个时候利用这个波形就可以驱动蜂鸣器了。比如频率为 2 000 Hz 的蜂鸣器的驱动,可以知道周期为 500 μs,这样只需要把 PWM 的周期设置为 500 μs,占空比电平设置为 250 μs,就能产生一个频率为 2 000 Hz 的方波;通过这个方波再利用三极管就可以去驱动这个蜂鸣器了。

　　而利用 I/O 定时翻转电平来产生驱动波形的方式会比较麻烦一点,必须利用定时器来做定时,通过定时翻转电平产生符合蜂鸣器要求频率的波形,这个波形就可以用来驱动蜂鸣器了。比如为 2 500 Hz 蜂鸣器的驱动,可以知道周期为 400 μs,这样只需要驱动蜂鸣器的 I/O 口每 200 μs 翻转一次电平就可以产生一个频率为 2 500 Hz,占空比为 1/2 的方波,再通过三极管放大就可以驱动这个蜂鸣器了。

　　由于蜂鸣器的工作电流一般比较大,以致于单片机的 I/O 口是无法直接驱动的,所以要利用放大电路来驱动,一般使用三极管来放大电流就可以了。

11.3　Timer 的 API 函数

　　本实验中涉及 TimerConfigure()、TimerLoadSet()、TimerMatchSet()、TimerEnable()、TimerDisable()函数,下面详细介绍各函数功能。

11.3.1　配置与控制函数

　　函数 TimerConfigure()用来配置 Timer 的工作模式,这些模式包括:32 位单次触发定时器、32 位周期定时器、32 位 RTC 定时器、16 位输入边沿计数捕获、16 位输入边沿定时捕获和 16 位 PWM。对 16 位模式,Timer 被拆分为两个独立的定时/计数器 TimerA 和 TimerB,该函数能够分别对它们进行配置,详见表 11.1 的描述。

表 11.1　函数 TimerConfigure( )

功　能	配置 Timer 模块的工作模式
原　型	void TimerConfigure(unsigned long ulBase, unsigned long ulConfig)
参　数	ulBase:Timer 模块的基址,取值 TIMERn_BASE(n 为 0、1、2 或 3) ulConfig:Timer 模块的配置 在 32 位模式下应当取下列值之一: 　　TIMER_CFG_32_BIT_OS　　//32 位单次触发定时器 　　TIMER_CFG_32_BIT_PER　　//32 位周期定时器 　　TIMER_CFG_32_RTC　　　　//32 位 RTC 定时器 在 16 位模式下,一个 32 位的 Timer 被拆成两个独立运行的子定时器 TimerA 和 TimerB。 　　配置 TimerA 的方法是参数 ulConfig 先取值 TIMER_CFG_16_BIT_PAIR,再与下列值之一进行"或运算"的组合形式: 　　TIMER_CFG_A_ONE_SHOT //TimerA 为单次触发定时器 　　TIMER_CFG_A_PERIODIC //TimerA 为周期定时器 　　TIMER_CFG_A_CAP_COUNT //TimerA 为边沿事件计数器 　　TIMER_CFG_A_CAP_TIME //TimerA 为边沿事件定时器 　　TIMER_CFG_A_PWM　　　 //TimerA 为 PWM 输出 　　配置 TimerB 的方法是参数 ulConfig 先取值 TIMER_CFG_16_BIT_PAIR,再与下列值之一进行"或运算"的组合形式: 　　TIMER_CFG_B_ONE_SHOT　 //TimerB 为单次触发定时器 　　TIMER_CFG_B_PERIODIC　 //TimerB 为周期定时器 　　TIMER_CFG_B_CAP_COUNT　 //TimerB 为边沿事件计数器 　　TIMER_CFG_B_CAP_TIME　 //TimerB 为边沿事件定时器 　　TIMER_CFG_B_PWM　　　　 //TimerB 为 PWM 输出
返　回	无

示　例	// 配置 Timer0 为 32 位单次触发定时器
	TimerConfigure(TIMER0_BASE, TIMER_CFG_32_BIT_OS);
	
	// 配置 Timer1 为 32 位周期定时器
	TimerConfigure(TIMER1_BASE, TIMER_CFG_32_BIT_PER);
	
	// 配置 Timer2 为 32 位 RTC 定时器
	TimerConfigure(TIMER2_BASE, TIMER_CFG_32_RTC);
	
	// 在 Timer0 当中,配置 TimerA 为单次触发定时器(不配置 TimerB)
	TimerConfigure(TIMER0_BASE, TIMER_CFG_16_BIT_PAIR | TIMER_CFG_A_ONE_SHOT);
	
	// 在 Timer0 当中,配置 TimerB 为周期定时器(不配置 TimerA)
	TimerConfigure(TIMER0_BASE, TIMER_CFG_16_BIT_PAIR | TIMER_CFG_B_PERIODIC);

续表 11.1

示　例	// 在 Timer0 当中，配置 TimerA 为单次触发定时器，同时配置 TimerB 为周期定时器
	TimerConfigure(TIMER0_BASE, TIMER_CFG_16_BIT_PAIR |
	　　　　　　　　　　　TIMER_CFG_A_ONE_SHOT |
	　　　　　　　　　　　TIMER_CFG_B_PERIODIC);
	
	// 在 Timer1 当中，配置 TimerA 为边沿事件计数器、TimerB 为边沿事件定时器
	TimerConfigure(TIMER1_BASE, TIMER_CFG_16_BIT_PAIR |
	　　　　　　　　　　　TIMER_CFG_A_CAP_COUNT |
	　　　　　　　　　　　TIMER_CFG_B_CAP_TIME);
	
	// 在 Timer2 当中，TimerA、TimerB 都配置为 PWM 输出
	TimerConfigure(TIMER2_BASE, TIMER_CFG_16_BIT_PAIR |
	　　　　　　　　　　　TIMER_CFG_A_PWM|
	　　　　　　　　　　　TIMER_CFG_B_PWM);

11.3.2　计数值的装载

函数 TimerLoadSet()用来设置 Timer 的装载值。装载寄存器与计数器不同，是独立存在的。在调用 TimerEnable()时自动把装载值加载到计数器里，以后每输入一个脉冲计数器值就加 1 或减 1（取决于配置的工作模式），而装载寄存器不变。另外，除了单次触发定时器模式以外，计数器溢出时自动重新加载装载值，详见表 11.2的描述。

表 11.2　函数 TimerLoadSet()

功　能	设置 Timer 的装载值
原　型	void TimerLoadSet(unsigned long ulBase, unsigned long ulTimer, unsigned long ulValue)
参　数	ulBase：Timer 模块的基址，取值 TIMERn_BASE(n 为 0、1、2 或 3) ulTimer：指定的 Timer，取值 TIMER_A、TIMER_B 或 TIMER_BOTH ulValue：32 位装载值(32 位模式)或 16 位装载值(16 位模式)
返　回	无

11.3.3　使能控制

函数 TimerEnable()用来使能 Timer 计数器开始计数，而函数 TimerDisable()用来禁止计数，详见表 11.3 和表 11.4 的描述。

表 11.3　函数 TimerEnable( )

功　能	使能 Timer 计数(即启动 Timer)
原　型	void TimerEnable(unsigned long ulBase, unsigned long ulTimer)
参　数	ulBase：Timer 模块的基址,取值 TIMERn_BASE(n 为 0、1、2 或 3) ulTimer：指定的 Timer,取值 TIMER_A、TIMER_B 或 TIMER_BOTH
返　回	无

表 11.4　函数 TimerDisable( )

功　能	禁止 Timer 计数(即关闭 Timer)
原　型	void TimerDisable(unsigned long ulBase, unsigned long ulTimer)
参　数	ulBase：Timer 模块的基址,取值 TIMERn_BASE(n 为 0、1、2 或 3) ulTimer：指定的 Timer,取值 TIMER_A、TIMER_B 或 TIMER_BOTH
返　回	无

11.3.4　设置匹配值

函数 TimerMatchSet()用来设置 Timer 匹配寄存器的值。Timer 开始运行后,当计数器的值与预设的匹配值相等时可以触发某种动作,如中断、捕获、PWM 等,详见表 11.5 的描述。

表 11.5　函数 TimerMatchSet( )

功　能	设置 Timer 的匹配值
原　型	void TimerMatchSet(unsigned long ulBase, unsigned long ulTimer, unsigned long ulValue)
参　数	ulBase：Timer 模块的基址,取值 TIMERn_BASE(n 为 0、1、2 或 3) ulTimer：指定的 Timer,取值 TIMER_A、TIMER_B 或 TIMER_BOTH ulValue：32 位匹配值(32 位 RTC 模式)或 16 位匹配值(16 位模式)
返　回	无

11.4　硬件设计

主要原理就是控制 PE4 引脚输出 PWM 波形驱动蜂鸣器发出声音,蜂鸣器部分原理图如图 11.1 所示。注意连接好 JP2 跳线帽。

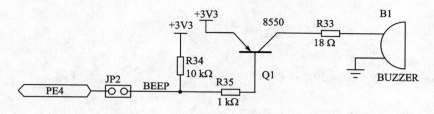

图 11.1　蜂鸣器电路图

11.5　软件设计

```
// 声明全局的系统时钟变量
extern unsigned long TheSysClock;
// 蜂鸣器初始化
void buzzerInit(void)
{
    SysCtlPeriEnable(SYSCTL_PERIPH_TIMER1);      //使能 TIMER1 模块
    SysCtlPeriEnable(CCP3_PERIPH);               //使能 CCP3 所在的 GPIO 端口
    GPIOPinTypeTimer(CCP3_PORT, CCP3_PIN);       //设置相关引脚为 Timer 功能

    TimerConfigure(TIMER1_BASE, TIMER_CFG_16_BIT_PAIR| //配置 TimerB 为 16 位 PWM
                        TIMER_CFG_B_PWM);
}


// 蜂鸣器发出指定频率的声音
// usFreq 是发声频率,取值(系统时钟/65536)+1~20000,单位:Hz
void buzzerSound(unsigned short usFreq)
{
    unsigned long ulVal;

    if ((usFreq< = TheSysClock/65536UL) || (usFreq>20000))
    {
        buzzerQuiet();
    }
    else
    {
        GPIOPinTypeTimer(CCP3_PORT, CCP3_PIN);       //设置相关引脚为 Timer 功能
        ulVal = TheSysClock / usFreq;
        TimerLoadSet(TIMER1_BASE, TIMER_B, ulVal);   //设置 TimerB 初值
        TimerMatchSet(TIMER1_BASE, TIMER_B, ulVal/2); //设置 TimerB 匹配值
        TimerEnable(TIMER1_BASE, TIMER_B);           //使能 TimerB 计数
```

```
        }
    }

//   蜂鸣器停止发声
void buzzerQuiet(void)
{
    TimerDisable(TIMER1_BASE, TIMER_B);              //禁止 TimerB 计数
    GPIOPinTypeOut(CCP3_PORT, CCP3_PIN);             //配置 CCP3 引脚为 GPIO 输出
    GPIOPinWrite(CCP3_PORT, CCP3_PIN, 0xFF);         //使 CCP3 引脚输出高电平
}
```

11.6　下载验证

例程使蜂鸣器以不同的频率发出声音。其中,"buzzer. h"和"buzzer. c"是蜂鸣器的驱动程序,仅有 3 个驱动函数,用起来很简捷。下载运行后,蜂鸣器会发出两声响声,如图 11.2 所示。

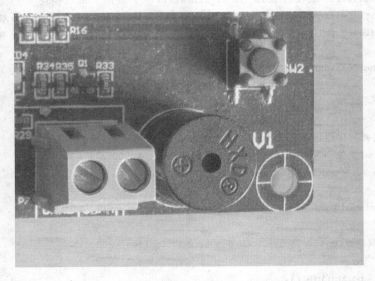

图 11.2　蜂鸣器实验

第**12**章
模拟比较器实验

本章介绍 LM3S9B96 的模拟比较器使用。例程通过调节可调电位器的电压值输入到比较器,比较后调节 LED1 的状态。

12.1　电压比较器

电压比较器(Voltage Comparator)是一种常见的模拟集成电路,可以看作是放大倍数接近"无穷大"的运算放大器。电压比较器通常有两个输入端和一个输出端,如图 12.1 所示。

电压比较器的功能是比较两个输入电压的大小:当同相输入端电压高于反相输入端时,输出为 HIGH;当同相输入端电压低于反相输入端时,输出为 LOW。电压比较器的主要用途:波形的产生和变换、模拟电路到数字电路的接口等。

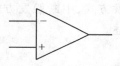

图 12.1　电压比较器

从电气符号上看,电压比较器与运算放大器几乎一样,但这两类电路还是有区别的。运算放大器多工作在闭环模式,主要是通过反馈回路来确定运算参数,比如放大倍数。电压比较器结构较为简单,多工作在开环模式,输出端一般是开漏结构的数字输出,有着良好的逻辑兼容性。如果运算放大器工作在开环模式,也可以当作是电压比较器,但灵敏度远不及专业的电压比较器,并且输出结构仍是模拟的,不便与数字电路接口。

12.2　LM3S9B96 的 COMP

LM3S9B96 里一般集成有 3 个 COMP(Analog Comparator,模拟比较器),很大程度上可以替代用户电路板上的电压比较器,节省面积和成本。用户可配置

COMP,用来驱动输出、产生中断或触发 ADC 采样。中断产生逻辑和 ADC 触发是各自独立控制的,意味着中断可以在输出的上升沿产生而 ADC 在下降沿触发。以下是 COMP 的主要特性:

> 3 个独立集成的模拟比较器;
> 可以配置输出为到引脚的驱动、产生中断、触发 ADC 采样;
> 输出反相控制;
> 内部或外部参考源。

COMP 输出可以用来触发中断或 ADC 采样,也可以配置到指定的引脚。输出引脚的驱动类型是数字的(注意不是模拟的,这跟输入端不同),可以配置为推挽或开漏;如果是开漏模式,一般还要外接上拉电阻。如果采用的是内部参考源,测试电压从反相端输入;如果采用外部参考源,一般认为参考电压从同相端输入,而测试电压从反相端输入。

12.3 COMP 的 API 函数

本实验中涉及 CompConfig( )、CompIntEnable( )、CompIntClear( )、CompIntStatus()、CompValueGet()函数,下面将详细介绍各函数功能。

12.3.1 配置比较器

函数 ComparatorConfigure()用来配置一个模拟比较器,配置的项目包括 ADC 触发方式、中断触发方式、电压参考源选择、输出是否需要反相等,详见表 12.1 的描述。

表 12.1 函数 ComparatorConfigure( )

功　能	模拟比较器配置
原　型	void ComparatorConfigure(unsigned long ulBase, unsigned long ulComp, unsigned long ulConfig)
参　数	ulBase:模拟比较器模块的基址,取值 COMP_BASE ulComp:模拟比较器编号,取值 0、1、2 ulConfig:模拟比较器的配置字,取下列各组值之间的"或运算"组合形式: ● ADC 触发方式选择 COMP_TRIG_NONE　　　　// 不触发 ADC 采样 COMP_TRIG_HIGH　　　　// 当 COMP 输出高电平时触发 ADC 采样 COMP_TRIG_LOW　　　　 // 当 COMP 输出低电平时触发 ADC 采样 COMP_TRIG_FALL　　　　// 当 COMP 输出下降沿时触发 ADC 采样 COMP_TRIG_RISE　　　　// 当 COMP 输出上升沿时触发 ADC 采样 COMP_TRIG_BOTH　　　　// 当 COMP 输出双边沿时触发 ADC 采样

续表 12.1

参　数	● 中断触发方式选择 COMP_INT_HIGH // 当 COMP 输出高电平时触发中断 COMP_INT_LOW // 当 COMP 输出低电平时触发中断 COMP_INT_FALL // 当 COMP 输出下降沿时触发中断 COMP_INT_RISE // 当 COMP 输出上升沿时触发中断 COMP_INT_BOTH // 当 COMP 输出双边沿时触发中断 ● 参考输入电压源选择 COMP_ASRCP_PIN // 使用专门的 Comp + 引脚作为参考电压 COMP_ASRCP_PIN0 // 使用 Comp0 + 引脚作为参考电压(对 COMP0 来说 // 等同于 COMP_ASRCP_PIN) COMP_ASRCP_REF // 使用内部产生的参考电压 ● 输出模式选择 COMP_OUTPUT_NORMAL // 比较结果正常地输出到芯片引脚 COMP_OUTPUT_INVERT // 比较结果反相地输出到芯片引脚 COMP_OUTPUT_NONE // 不配置特殊的输出方式(等同于 NORMAL 方式)
返　回	无

12.3.2　比较器中断控制

函数 ComparatorIntEnable()使能 COMP 的中断,详见表 12.2 的描述。

表 12.2　函数 ComparatorIntEnable()

功　能	使能模拟比较器中断
原　型	void ComparatorIntEnable(unsigned long ulBase, unsigned long ulComp)
参　数	ulBase:模拟比较器模块的基址,取值 COMP_BASE ulComp:模拟比较器编号,取值 0、1、2
返　回	无

函数 ComparatorIntStatus()用来获取 COMP 的中断状态,而 ComparatorInt-Clear()用来清除中断状态,详见表 12.3 和表 12.4 的描述。

表 12.3　函数 ComparatorIntStatus()

功　能	获取模拟比较器的中断状态
原　型	tBoolean ComparatorIntStatus (unsigned long ulBase, unsigned long ulComp, tBoolean bMasked)
参　数	ulBase:模拟比较器模块的基址,取值 COMP_BASE ulComp:模拟比较器编号,取值 0、1、2 bMasked:如果需要获取原始的中断状态,则取值 false 　　　　　如果需要获取屏蔽的中断状态,则取值 true
返　回	产生中断时返回 true,没有中断产生时返回 false

表 12.4   函数 ComparatorIntClear( )

功　能	清除模拟比较器的中断状态
原　型	void ComparatorIntClear(unsigned long ulBase, unsigned long ulComp)
参　数	ulBase:模拟比较器模块的基址,取值 COMP_BASE ulComp:模拟比较器编号,取值 0、1、2
返　回	无

12.3.3　比较器中断控制

函数 ComparatorValueGet( )用来获取 COMP 的输出状态,详见表 12.5 的描述。

表 12.5   函数 ComparatorValueGet( )

功　能	获取模拟比较器的输出值
原　型	tBoolean ComparatorValueGet(unsigned long ulBase, unsigned long ulComp)
参　数	ulBase:模拟比较器模块的基址,取值 COMP_BASE ulComp:模拟比较器编号,取值 0、1、2
返　回	模拟比较器输出高电平时返回 true,输出低电平时返回 false

12.4　硬件设计

主要原理就是调节可调电位器 RV1,使电位值输入到单片机的 PB4 引脚进行比较,最后,把结果通过 LED1 的状态反映出来。可调电位器部分原理图如图 12.2 所示。注意连接好 JP1 跳线帽。

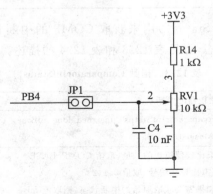

图 12.2   硬件设计

12.5　软件设计

```
// 模拟比较器初始化
void compInit(void)
{
    SysCtlPeriEnable(SYSCTL_PERIPH_COMP0);                //使能 COMP 模块

    SysCtlPeriEnable(C0_MINUS_PERIPH);                    //使能反相输入所在的 GPIO
    GPIOPinTypeComp(C0_MINUS_PORT, C0_MINUS_PIN);         //配置引脚为 COMP 功能

    SysCtlPeriEnable(C0_PLUS_PERIPH);                     //使能同相输入所在的 GPIO
    GPIOPinTypeComp(C0_PLUS_PORT, C0_PLUS_PIN);           //配置相关引脚为 COMP 功能

    // 模拟比较器配置
    CompConfig(COMP_BASE, 0, COMP_TRIG_NONE |            //不触发 ADC 采样
                            COMP_INT_BOTH |             //选择中断触发模式
                            COMP_ASRCP_PIN |            //选择 V + 引脚作为参考源
                            COMP_OUTPUT_NORMAL);        //输出正常

    CompIntEnable(COMP_BASE, 0);                         //使能 COMP 输出中断
    IntEnable(INT_COMP0);                                //使能 COMP 模块中断
    IntMasterEnable();                                   //使能处理器中断
}

//主函数(程序入口)
int main(void)
{
    jtagWait();                                          //防止 JTAG 失效,重要
    clockInit();                                         //时钟初始化:晶振,33.33 MHz
    ledInit();                                           //LED 初始化
    compInit();                                          //模拟比较器初始化

    for (;;)
    {
    }
}
```

```
//模拟比较器 0 中断服务函数
void Analog_Comparator_0_ISR(void)
{
    unsigned long ulStatus;

    ulStatus = CompIntStatus(COMP_BASE, 0, true);        //读取中断状态
    CompIntClear(COMP_BASE, 0);                          //清除中断状态

    if (ulStatus)
    {
        if (CompValueGet(COMP_BASE, 0))
        {
            GPIOPinWrite(LED_PORT, LED_PIN, 0x00);   //点亮 LED
        }
        else
        {
            GPIOPinWrite(LED_PORT, LED_PIN, 0xFF);   //熄灭 LED
        }
    }
}
```

12.6   下载验证

例程中并没有配置 COMP 的输出驱动引脚,因此 COMP 的输出信号仅仅是芯片内部有效。在 COMP 的配置里,选择外部参考源,因此反相输入端和同相输入端要接两路不同的模拟信号输入。当输出触发中断时,在中断服务函数里读取 COMP 输出状态,并反映到 LED1 上。反相输入端接到 PB4 即可调电位器、调节电位器的值,可使 LED1 状态发生改变。下载运行后如图 12.3 所示。

(a) 可调电位器旋转到左半周时LED1被点亮

(b) 可调电位器旋转到右半周时LED1被点亮

图 12.3　比较器实验

第 **13** 章

低功耗实验

本章介绍 LM3S9B96 的低功耗模式,了解如何进入低功耗模式、通过哪些方法可以从低功耗模式唤醒单片机。在设计电池供电产品等对功耗要求严格条件时,掌握单片机的功耗水平是重要的。例程实现睡眠模式与运行模式的切换。

13.1 单片机工作模式

LM3S9B96 主要有 3 种工作模式:运行模式(Run – Mode)、睡眠模式(Sleep – Mode)、深度睡眠模式(Deep – Sleep – Mode)。运行模式是正常的工作模式,处理器内核全速地执行代码。在睡眠模式下,系统时钟不变,但处理器内核不再执行代码(内核因不需要时钟而省电)。在深度睡眠模式下,系统时钟可变,处理器内核同样也不再执行代码。深度睡眠模式比睡眠模式更为省电。有关这 3 种工作模式的具体区别详见表 13.1 的描述。

表 13.1 运行、睡眠、深度睡眠对比

处理器模式 / 比较项目	运行模式 (Run – Mode)	睡眠模式 (Sleep – Mode)	深度睡眠模式 (Deep – Sleep – Mode)
处理器、存储器	活动	停止 (存储器内容保持不变)	停止 (存储器内容保持不变)
功耗大小	大	小	很小
外设时钟源	所有时钟源都可用,包括晶振、内部 12 MHz 振荡器、内部 30 MHz 振荡器、PLL,以及外部 32.768 kHz 有源时钟信号	由运行模式进入睡眠模式时,系统时钟的配置保持不变	在进入深度睡眠后可自动关闭功耗较高的主振荡器,改用功耗较低的内部振荡器。若使用 PLL,则进入深度睡眠后 PLL 可以被自动断电,改用 OSC 的 16 或 64 分频作为系统时钟。处理器唤醒后,首先恢复原先的时钟配置,再执行代码

13.2 LM3S9B96 电流消耗

在进行低功耗产品设计时,尤其是电池供电产品设计,单片机的电流消耗是设计人员十分关心的事情。那么,LM3S9B96 电流消耗如何? 在硬件手册的电气特性有详细说明,详见表 13.2 的描述。

以下测量条件下的最大值:

> V_{DD}＝3.6 V;
> V_{DDC}＝1.3 V;
> V_{DDA}＝3.6 V;
> 温度 T＝25℃;
> 时钟源(MOSC)＝3.579 545 MHz 晶振频率。

表 13.2 详细电流规格

参 数	参数名称	工作条件	最大值	单 位
I_{DD_RUN}	运行模式 1(Flash 中循环)	V_{DD}＝3.6 V 在 Flash 外执行代码 while(1){} 所有外设全部开启 系统时钟 80 MHz(PLL 开启) 温度＝25℃	191[a] 125[b]	mA
I_{DD_SLEEP}	睡眠模式	V_{DD}＝3.6 V 所有外设时钟开启 系统时钟 80 MHz(PLL 开启) 温度＝25℃	42	mA
$I_{DD\_DEEPSLEEP}$	深度睡眠模式	V_{DD}＝3.6 V 所有外设时钟开启 系统时钟＝IOSC30/64 温度＝25℃	1.7	mA

注:a. 启用自协商。如果以太网电缆要连接接头,则消耗会增加 7～10 mA。
　　b. 软件控制以太网 MAC 和 PHY 掉电。

13.3 唤醒条件

处理器进入睡眠或深度睡眠后,就停止所有活动。当出现一个中断时,可以唤醒处理器,使其从睡眠或深度睡眠模式返回到正常运行模式。因此在进入睡眠或深度睡眠之前,必须配置某个片内外设的中断,并允许其在睡眠或深度睡眠模式下继续工作;如果不这样,则只有复位或重新上电才能结束睡眠或者深度睡眠状态。处理器唤醒后首先执行中断服务程序,退出后接着执行主程序中后续的代码。

在睡眠模式,运行中的外设时钟频率不变,但是处理器和存储器子系统不使用时钟,所以不再执行代码。睡眠模式是通过 Cortex - M3 内核执行一条 WFI 指令(等待中断)进入的。系统中任何正确配置的中断事件都可以将处理器带回到运行模式。

在深度睡眠模式中,除了正在停止的处理器时钟之外,有效外设的时钟频率可以改变(由运行模式的时钟配置决定)。中断可以让微控制器从睡眠模式返回到运行模式;代码请求可以进入睡眠模式。要进入深度睡眠模式,首先置位系统控制(SYSC-TRL)寄存器的 SLEEPDEEP 位,然后执行一条 WFI 指令。系统中任何正确配置的中断事件都可以将处理器带回到运行模式。

13.4 低功耗的 API 函数

函数 SysCtlSleep()可以使处理器进入睡眠模式,详见表 13.3 的描述。这个函数使处理器进入睡眠模式;该函数不会返回,直至处理器返回到运行模式。通过 SysCtlPeripheralSleepEnable()使能的外设继续工作,并且这些外设还可以唤醒处理器(如果外设时钟门控通过 SysCtlPeripheralClockGating()使能,则所有的外设根据 SysCtlPeripheral - SleepEnable()、SysCtlPeripheralSleeDisable()、SysCtlPeripheralDeepSleepEnable()和 SysCtl - PeripheralDeepSleepDisable()设置的配置运行)。

表 13.3 函数 **SysCtlSleep( )**

功　能	使处理器进入睡眠模式
原　型	void SysCtlSleep(void)
参　数	无
返　回	无(在处理器未被唤醒前不会返回)

函数 SysCtlDeepSleep()可以使处理器进入深度睡眠模式,详见表 13.4 的描述。

这个函数使处理器进入深度睡眠模式;在处理器返回到运行模式之前函数不会返回。通过 SysCtlPeripheralDeepSleepEnable()使能的外设继续运行,而且,外设还可以唤醒处理器(如果外设时钟门控通过 SysCtlPeripheralClockGating()使能,则所有的外设就根据 SysCtlPeripheral - SleepEnable()、SysCtlPeripheralSleepDisable()、SysCtlPeripheralDeepSleepEnable()和 SysCtl - PeripheralDeepSleepDisable()设置的配置来运行)。

表 13.4 函数 **SysCtlDeepSleep( )**

功　能	使处理器进入深度睡眠模式
原　型	void SysCtlDeepSleep(void)
参　数	无
返　回	无(在处理器未被唤醒前不会返回)

13.5　硬件设计

LED2 部分原理图如图 13.1 所示。注意连接好 JP3 跳线帽。

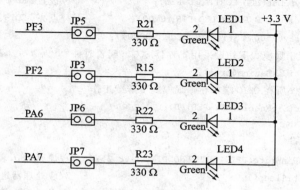

图 13.1　硬件设计

13.6　软件设计

```
//定义 LED
#define   LED_PERIPH              SYSCTL_PERIPH_GPIOF
#define   LED_PORT                GPIO_PORTF_BASE
#define   LED_PIN                 GPIO_PIN_2
//定义 KEY
#define   KEY_PERIPH              SYSCTL_PERIPH_GPIOB
#define   KEY_PORT                GPIO_PORTB_BASE
#define   KEY_PIN                 GPIO_PIN_5
//按键初始化
void keyInit(void)
{
    SysCtlPeriEnable(KEY_PERIPH);                          //使能 KEY 所在的 GPIO 端口
    GPIOPinTypeIn(KEY_PORT, KEY_PIN);                      //设置 KEY 所在引脚为输入
    GPIOIntTypeSet(KEY_PORT, KEY_PIN, GPIO_LOW_LEVEL);     //设置 KEY 的中断类型
    GPIOPinIntEnable(KEY_PORT, KEY_PIN);                   //使能 KEY 中断
    IntEnable(INT_GPIOB);                                  //使能 GPIOB 中断
    IntMasterEnable();                                     //使能处理器中断
}
//主函数(程序入口)
int main(void)
{
```

```
    jtagWait();                                    //防止 JTAG 失效,重要
    clockInit();                                   //时钟初始化:晶振,12.5 MHz
    keyInit();                                     //按键初始化
    SysCtlPeriEnable(LED_PERIPH);                  //使能 LED 所在的 GPIO 端口
    GPIOPinTypeOut(LED_PORT, LED_PIN);             //设置 LED 所在引脚为输出
    GPIOPinWrite(LED_PORT, LED_PIN, 0x00);         //点亮 LED,表示工作状态
    SysCtlDelay(2500 * (TheSysClock / 3000));
    //允许在睡眠模式下外设采用寄存器 SCGCn 配置时钟
    SysCtlPeriClkGating(true);
    //允许 KEY 所在 GPIO 端口在睡眠模式下继续工作
    SysCtlPeriSlpEnable(KEY_PERIPH);
    for (;;)
    {
        GPIOPinWrite(LED_PORT, LED_PIN, 1 << 2);   //熄灭 LED,表示进入睡眠
        SysCtlSleep();                             //使处理器进入睡眠模式
        GPIOPinWrite(LED_PORT, LED_PIN, 0x00);     //点亮 LED,表示已被唤醒
        SysCtlDelay(2500 * (TheSysClock / 3000));  //工作一段时间后,再次睡眠
    }
}


//GPIOD 的中断服务函数
void GPIO_Port_B_ISR(void)
{
    unsigned long ulStatus;
    ulStatus = GPIOPinIntStatus(KEY_PORT, true);   //读取中断状态
    GPIOPinIntClear(KEY_PORT, ulStatus);           //清除中断状态,重要
    if (ulStatus & KEY_PIN)                        //如果 KEY 中断状态有效
    {
        SysCtlDelay(10 * (TheSysClock / 3000));    //延时,以消除按键抖动
        while (GPIOPinRead(KEY_PORT, KEY_PIN) == 0); //等待按键抬起
        SysCtlDelay(10 * (TheSysClock / 3000));    //延时,以消除松键抖动
    }
}
```

13.7 下载验证

　　程序在初始化时点亮开发板上 LED2,表明处于运行模式,如图 13.2 所示。

　　此后延迟一段时间进入睡眠模式,处理器暂停运行,并以熄灭 LED2 来指示,如图 13.3 所示。当出现 KEY 中断时,处理器被唤醒,先执行中断服务函数,退出中断后接着执行主程序当中的后续代码;按照程序的设计,唤醒后点亮 LED2,延时一段

图 13.2　处于运行模式

时间后再次进入睡眠模式,等待 KEY 中断唤醒,如此反复。

图 13.3　处于睡眠模式

第 **14** 章

定时器中断实验

本章介绍如何使用 LM3S9B96 的定时器,定时器功能十分强大,可以实现很多功能(如 PWM 产生、输入捕捉、RTC 功能、基本的定时功能等)。例程实现了基本的定时中断功能。

14.1 定时器

LM3S9B96 内部集成有 4 个通用定时器模块(General – Purpose Timer Module,GPTM),分别称为 Timer0、Timer1、Timer2 和 Timer3。它们的用法是相同的:每个Timer 模块都可以配置为一个 32 位定时器或一个 32 位 RTC 定时器;也可以拆分为两个 16 位的定时/计数器 TimerA 和 TimerB,它们可以被配置为独立运行的定时器、事件计数器或 PWM。

Timer 模块具有非常丰富的功能:

➢ 32 位定时器模式:
  ■ 可编程单次触发(one – shot)定时器;
  ■ 可编程周期(periodic)定时器;
  ■ 实时时钟 RTC(Real Time Clock);
  ■ 软件可控的事件暂停(用于单步调试时暂停计数,RTC 模式除外);

➢ 16 位定时器模式:
  ■ 带 8 位预分频器的通用定时器功能;
  ■ 可编程单次触发(one – shot)定时器;
  ■ 可编程周期(periodic)定时器;
  ■ 软件可控的事件暂停;

➢ 16 位输入捕获模式:
  ■ 输入边沿计数捕获;

■ 输入边沿定时捕获；

　➢ 16 位 PWM 模式：

　　■ 用法简单的 PWM(Pulse - Width Modulation，脉宽调制)模式；

　　■ 可通过软件实现 PWM 信号周期、占空比、输出反相等的控制。

14.2　定时器功能

　　Timer 模块的功能在总体上可以分成 32 位模式和 16 位模式两大类。在 32 位模式下，TimerA 和 TimerB 连在一起形成一个完整的 32 位计数器。对 Timer 的各项操作，如装载初值、运行控制、中断控制等，都用对 TimerA 的操作作为总体上的 32 位控制，而对 TimerB 的操作无任何效果。在 16 位模式下，对 TimerA 的操作仅对 TimerA 有效，对 TimerB 的操作仅对 TimerB 有效，即对两者的操控是完全独立进行的。

　　每一个 Timer 模块对应两个 CCP 引脚。CCP 是 Capture Compare PWM 的缩写，意为"捕获/比较/脉宽调制"。在 32 位单次触发和周期定时模式下，CCP 功能无效(与之复用的 GPIO 引脚功能仍然正常)。在 32 位 RTC 模式下，偶数 CCP 引脚(CCP0、CCP2、CCP4 等)作为 RTC 时钟源的输入，而奇数 CCP 引脚(CCP1、CCP3、CCP5 等)无效。在 16 位模式下，计数捕获、定时捕获、PWM 功能都会用到 CCP 引脚，对应关系是：Timer0A 对应 CCP0、Timer0B 对应 CCP1，Timer1A 对应 CCP2、Timer1B 对应 CCP3，依此类推。

1. 32 位单次触发/周期定时器

　　在这两种模式中，Timer 都配置成一个 32 位的递减计数器，用法类似，只是单次触发模式只能定时一次，如果需要再次定时则必须重新配置；而周期模式则可以周而复始地定时，除非被关闭。在计数到 0x00000000 时，可以在软件的控制下触发中断或输出一个内部的单时钟周期脉冲信号，该信号可以用来触发 ADC 采样。

2. 32 位 RTC 定时器

　　在该模式中，Timer 被配置成一个 32 位的递增计数器。

　　RTC 功能的时钟源来自偶数 CCP 引脚的输入。在 LM3S101/102 里，RTC 时钟信号从专门的"32 kHz"引脚输入。输入的时钟频率应当为精准的 32.768 kHz，在芯片内部有一个 RTC 专用的预分频器，固定为 32 768 分频。因此，最终输入到 RTC 计数器的时钟频率正好是 1 Hz，即每过 1 秒钟 RTC 计数器增 1。

　　RTC 计数器从 0x00000000 开始计满需要 2^{32} 秒，这是个极长的时间，有 136 年！因此，RTC 真正的用法是：初始化后不需要更改配置(调整时间或日期时例外)，只需要修改匹配寄存器的值，而且要保证匹配值总是超前于当前计数值。每次匹配时可产生中断(如果中断已被使能)，据此可以计算出当前的年月日、时分秒以及星期。在中断服务函数里应当重新设置匹配值,并且匹配值仍要超前于当前的计数值。

注意:在实际应用当中一般不会真正采用 Timer 模块的 RTC 功能来实现一个低功耗万年历系统,因为芯片一旦出现复位或断电的情况就会清除 RTC 计数值。取而代之的是冬眠模块(Hibernation Module)的 RTC 功能,由于采用了后备电池,因此不怕复位和 VDD 断电,并且功耗很低。

3. 16 位单次触发/周期定时器

一个 32 位的 Timer 可以被拆分为两个单独运行的 16 位定时/计数器,每一个都可以配置成带 8 位预分频(可选功能)的 16 位递减计数器。如果使用 8 位预分频功能,则相当于 24 位定时器。具体用法跟 32 位单次触发/周期定时模式类似,不同的是对 TimerA 和 TimerB 的操作是分别独立进行的。

4. 16 位输入边沿计数捕获

在该模式中,TimerA 或 TimerB 配置为能够捕获外部输入脉冲边沿事件的递减计数器。共有 3 种边沿事件类型:正边沿、负边沿、双边沿。

该模式的工作过程是:设置装载值,并预设一个匹配值(应当小于装载值);计数使能后,在特定的 CCP 引脚每输入 1 个脉冲(正边沿、负边沿或双边沿有效),计数值就减 1;当计数值与匹配值相等时,停止运行并触发中断(如果中断已被使能)。如果需要再次捕获外部脉冲,则要重新配置。

5. 16 位输入边沿定时捕获

在该模式中,TimerA 或 TimerB 配置为自由运行的 16 位递减计数器,允许在输入信号的上升沿或下降沿捕获事件。

该模式的工作过程是:设置装载值(默认为 0xFFFF)、捕获边沿类型;计数器被使能后开始自由运行,从装载值开始递减计数,计数到 0 时重装初值,继续计数;如果从 CCP 引脚上出现有效的输入脉冲边沿事件,则当前计数值自动复制到一个特定的寄存器里,该值会一直保存不变,直至遇到下一个有效输入边沿时被刷新。为了能够及时读取捕获到的计数值,应当使能边沿事件捕获中断,并在中断服务函数里读取。

6. 16 位 PWM

Timer 模块还可以用来产生简单的 PWM 信号。在 Stellaris 系列众多型号当中,对于片内未集成专用 PWM 模块的,可以利用 Timer 模块的 16 位 PWM 功能来产生 PWM 信号,只不过功能较为简单。对于片内已集成专用 PWM 模块的,但仍然不够用时,则可以从 Timer 模块借用。

在 PWM 模式中,TimerA 或 TimerB 被配置为 16 位的递减计数器,通过设置适当的装载值(决定 PWM 周期)和匹配值(决定 PWM 占空比)来自动地产生 PWM 方波信号从相应的 CCP 引脚输出。在软件上,还可以控制输出反相,参见函数 TimerControlLevel()。

14.3 定时器的 API 函数

在使用某个 Timer 模块之前,首先将其使能,方法为:

```
#define SysCtlPeriEnable SysCtlPeripheralEnable
SysCtlPeriEnable(SYSCTL_PERIPH_TIMERn);      //末尾的 n 取 0、1、2 或 3
```

对于 RTC、计数捕获、定时捕获、PWM 等功能,需要用到相应的 CCP 引脚作为信号的输入或输出。因此还必须对 CCP 所在的 GPIO 端口进行配置。以 CCP2 为例,假设在 PD5 引脚上,则配置方法为:

```
#define       CCP2_PERIPH       SYSCTL_PERIPH_GPIOD
#define       CCP2_PORT         GPIO_PORTD_BASE
#define CCP2_PIN GPIO_PIN_5
SysCtlPeripheralEnable(CCP2_PERIPH);           //使能 CCP2 引脚所在的 GPIOD
GPIOPinTypeTimer(CCP2_PORT, CCP2_PIN);          //配置 CCP2 引脚为 Timer 功能
```

本实验中涉及 TimerConfigure()、TimerLoadSet()、TimerIntEnable()、TimerEnable()、TimerIntStatus()、TimerIntClear()函数,详细使用方法请参考第 11 章。

14.4 硬件设计

LED1 原理图如图 14.1 所示。注意连接好 JP5 跳线帽。

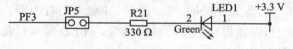

图 14.1 硬件设计

14.5 软件设计

```
//主函数(程序入口)
int main(void)
{
    jtagWait();                                    //防止 JTAG 失效,重要
    clockInit();                                   //时钟初始化:晶振,25 MHz
    SysCtlPeriEnable(LED_PERIPH);                   //使能 LED 所在的 GPIO 端口
    GPIOPinTypeOut(LED_PORT, LED_PIN);             //设置 LED 所在引脚为输出
    SysCtlPeriEnable(SYSCTL_PERIPH_TIMER0);        //使能 Timer 模块
    TimerConfigure(TIMER0_BASE, TIMER_CFG_32_BIT_PER);//配置 Timer 为 32 位周期定时器
    TimerLoadSet(TIMER0_BASE, TIMER_A, 12500000UL);//设置 Timer 初值,定时 500 ms
    TimerIntEnable(TIMER0_BASE, TIMER_TIMA_TIMEOUT); //使能超时中断
```

```
    IntEnable(INT_TIMER0A);                    //使能 Timer 中断
    IntMasterEnable();                         //使能处理器中断
    TimerEnable(TIMER0_BASE, TIMER_A);         //使能 Timer 计数
    for (;;)
    {
    }
}
//定时器的中断服务函数
void Timer0A_ISR(void)
{
    unsigned char ucVal;
    unsigned long ulStatus;
    ulStatus = TimerIntStatus(TIMER0_BASE, true);    //读取中断状态
    TimerIntClear(TIMER0_BASE, ulStatus);            //清除中断状态,重要
    if (ulStatus & TIMER_TIMA_TIMEOUT)               //如果是 Timer 超时中断
    {
        ucVal = GPIOPinRead(LED_PORT, LED_PIN);      //反转 LED
        GPIOPinWrite(LED_PORT, LED_PIN, ~ucVal);
    }
}
```

14.6　下载验证

　　例程运行后,配置 Timer 为 32 位周期定时器,定时 0.5 s,并使能超时中断。当 Timer 倒计时到 0 时,自动重装初值,继续运行,并触发超时中断。在中断服务函数里翻转 LED 亮灭状态,因此程序运行的最后结果是 LED 指示灯每秒钟就会闪亮一次。下载运行后如图 14.2 所示。

图 14.2　下载验证

第 **15** 章

PWM 输出实验

本章介绍 LM3S9B96 的 PWM 模块, PWM 常用于电机的控制和开关电源设计等常见的应用中。例程实现了 PWM 产生与反向输出功能。

15.1 简 介

脉冲宽度调制(PWM),是英文"Pulse Width Modulation"的缩写,简称脉宽调制,是利用微处理器的数字输出来对模拟电路进行控制的一种非常有效的技术,广泛应用在测量、通信到功率控制与变换的许多领域中。

Stellaris 微控制器包含一个 PWM 模块、4 个 PWM 发生器和一个控制模块,总共 8 个 PWM 输出。控制模块决定了 PWM 信号的极性,以及将哪个信号传递到引脚。

每个 PWM 发生器模块产生两个 PWM 信号,这两个信号基于同一个定时器和频率,也可以是编程产生独立的信号,如插入了死区延时互补信号。PWM 发生器的输出信号是 PWMA 和 PWMB。在发送到 PWM0 和 PWM1 或者 PWM2 和 PWM3 等引脚之前,这两个输出信号由输出控制模块管理。

Stellaris PWM 模块具有极大的灵活性,可以产生简单的 PWM 信号,如简易充电泵需要的信号;也可以产生带死区延迟的成对 PWM 信号,如供半一 H 桥驱动电路使用的信号。3 个发生器模块也可产生 3 相反相器桥所需的 6 通道栅极控制信号。

每个 PWM 发生模块具有以下特性:

➤ 每个 PWM 发生器,产生 2 路 PWM 信号;
➤ 灵活的 PWM 产生方法;
➤ 自带死区发生器;
➤ 灵活可控的输出控制模块;
➤ 安全可靠的错误检测保护功能;
➤ 丰富的中断机制和 ADC 触发。

15.2　PWM 概况

PWM 模块每个发生器都有一个 16 位定时器、两个比较器,可以产生两路 PWM。在 PWM 发生器运作时,定时器再不断计数并和两个比较器的值进行比较,可以在和比较器相等时或者定时器计数值为零、为装载值时对输出的 PWM 产生影响。在使能 PWM 发生器之前,配置好定时器的计数速度、计数方式、定时器的转载值、两个比较器的值以及 PWM 受什么事件的影响,有什么影响后,就可以产生许多复杂的 PWM 波形。

下面介绍 PWM 模块的具体应用。

(1) PWM 作为 16 为高分辨率 D/A

16 位 PWM 信号＋ 低通滤波器＋ 输出缓冲器,如图 15.1 所示。

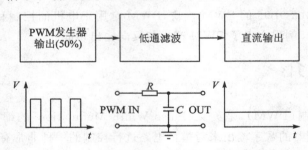

图 15.1　PWM 作为 D/A 输出

(2) PWM 调节 LED 亮度

不需要低通滤波器,通过功率管还可以控制电灯泡的亮度。

(3) PWM 演奏乐曲、语音播放

PWM 方波可直接用于乐曲演奏,作为 D/A 经功放电路可播放语音。

(4) PWM 控制电机

主要包括直流电机、交流电机及步进电机。

15.3　PWM 功能描述

下面将按功能分别介绍 PWM 的各模块。

15.3.1　PWM 定时器

PWM 定时器有两种运行模式:递减计数模式或先递增后递减计数模式。在递减计数模式中,定时器从装载值开始计数,计数到 0 时又返回到装载值并继续递减计数。在先递增后递减计数模式中,定时器从 0 开始往上计数,一直计数到装载值,然后从装载值递减到 0,接着再递增到装载值,依此类推。通常,递减计数模式是用来产生左对齐或右对齐的 PWM 信号,而先递增后递减计数模式是用来产生中心对齐的 PWM 信号。

　　PWM 定时器输出 3 个信号,这些信号在生成 PWM 信号的过程中使用。一个是方向信号(在递减计数模式中,该信号始终为低电平,在先递增后递减计数模式中,则是在高低电平之间切换)。另外两个信号为零脉冲和装载脉冲。当计数器计数值为 0 时,零脉冲信号发出一个宽度等于时钟周期的高电平脉冲;当计数器计数值等于装载值时,装载脉冲也发出一个宽度等于时钟周期的高电平脉冲。注:在递减计数模式中,零脉冲之后紧跟着一个装载脉冲。

15.3.2   PWM 比较器

　　PWM 发生器含两个比较器,用于监控计数器的值。当比较器的值与计数器的值相等时,比较器输出宽度为单时钟周期的高电平脉冲。在先递增后递减计数模式中,比较器在递增和递减计数时都要进行比较,因此必须通过计数器的方向信号来限定。这些限定脉冲在生成 PWM 信号的过程中使用。如果任一比较器的值大于计数器的装载值,则该比较器永远不会输出高电平脉冲。

　　下面是两种常见的波形产生过程。

　　图 15.2 是产生左对齐的两路 PWM 的波形图,产生的两路 PWMA 和 PWMB 为左对齐的一对 PWM 波形。

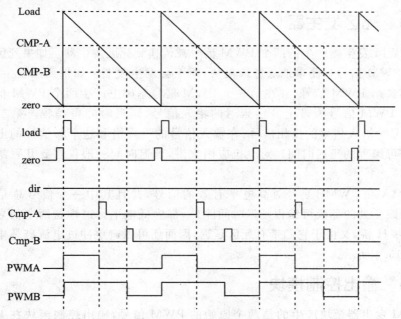

图 15.2　左对齐 PWM 的产生

图 15.3 是产生一对中心对齐的 PWM 的波形图,这时定时器的计数模式是先递增后递减计数模式。注:左对齐的 PWM 方波实际上也可以理解为右对齐。

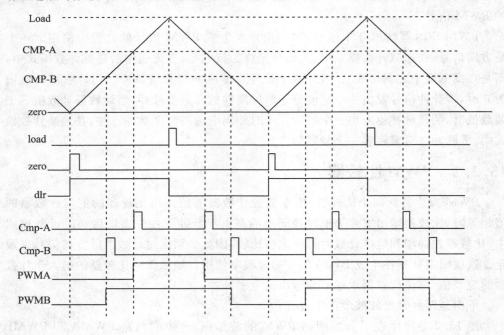

图 15.3　中心对齐 PWM 的产生

15.3.3　死区发生器

从 PWM 发生器产生的两个 PWM 信号被传递到死区发生器。如果死区发生器禁能,则 PWM 信号只简单地通过该模块,而不会发生改变。如果死区发生器使能,则丢弃第二个 PWM 信号,并在第一个 PWM 信号基础上产生两个 PWM 信号。第一个输出 PWM 信号为带上升沿延迟的输入信号,延迟时间可编程。第二个输出 PWM 信号为输入信号的反相信号,在输入信号的下降沿和这个新信号的上升沿之间增加了可编程的延迟时间。对电机应用来讲,延迟时间一般仅需要几百纳秒到几微秒。

PWMA 和 PWMB 是一对高电平有效的信号,并且其中一个信号总是为高电平。但在跳变处的那段可编程延迟时间除外,都为低电平。这样这两个信号便可用来驱动半 - H 桥,又由于它们带有死区延迟,因而还可以避免冲过电流破坏电力电子管,如图 15.4 所示。

15.3.4　输出控制模块

PWM 发生器模块产生的是两个原始的 PWM 信号,输出控制模块在 PWM 信号进入芯片引脚之前要对其最后的状态进行控制。

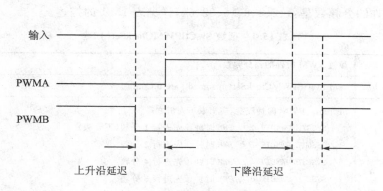

图 15.4 PWM 死区发生器

输出控制模块主要有 3 项功能：

➢ 输出使能,只有被使能的 PWM 信号才能反映到芯片引脚上；
➢ 输出反相控制,如果使能,则 PWM 信号输出到引脚时会 180°反相；
➢ 故障控制,外部传感器检测到系统故障时能够直接禁止 PWM 输出。

15.3.5 PWM 故障检测

LM3S9B96 的 PWM 功能常用于对电机等大功率设备的控制。大功率设备往往也是具有一定危险性的设备,如电梯系统。如果系统意外产生某种故障,应当立即使电机停止运行(即使 PWM 输出无效),以避免其长时间处于危险的运行状态。

LM3S9B96 专门提供了一个故障检测输入引脚 Fault。输入 Fault 的信号来自监测系统运行状态的传感器。从 Fault 引脚输入的信号不会经过处理器内核,而是直接送至 PWM 模块的输出控制单元,即使处理器内核忙碌甚至死机,Fault 信号照样可以关闭 PWM 信号输出,这显著增强了系统的安全性。

15.3.6 中断/ADC 触发控制单元

PWM 模块可以在以下 5 种信号触发中断或触发 ADC 转换：zero、load、dir、cmpA、cmpB,控制非常灵活。

15.4 PWM 的 API 函数

本实验涉及 SysCtlPWMClockSet()、PWMGenConfigure()、PWMGenPeriodSet()、PWMPulseWidthSet()、PWMOutputState()、PWMGenEnable()、PWMOutputInvert()函数,下面详细介绍各函数功能。

1. PWM 时钟设置

PWM(脉宽调制)模块的时钟(PWM Clock)是在系统时钟基础上经进一步分频

得到的,允许的分频数是:1、2、4、8、16、32、64,详见表 15.1 的描述。

表 15.1　函数 SysCtlPWMClockSet( )

功　能	设置 PWM 时钟的预分频数
原　型	void SysCtlPWMClockSet(unsigned long ulConfig)
参　数	ulConfig:PWM 时钟配置,应当取下列值之一: 　　SYSCTL_PWMDIV_1 // PWM 时钟预先进行 1 分频(不分频) 　　SYSCTL_PWMDIV_2 // PWM 时钟预先进行 2 分频 　　SYSCTL_PWMDIV_4 // PWM 时钟预先进行 4 分频 　　SYSCTL_PWMDIV_8 // PWM 时钟预先进行 8 分频 　　SYSCTL_PWMDIV_16 // PWM 时钟预先进行 16 分频 　　SYSCTL_PWMDIV_32 // PWM 时钟预先进行 32 分频 　　SYSCTL_PWMDIV_64 // PWM 时钟预先进行 64 分频
返回	无

2. PWM 发生器配置

函数 PWMGenConfigure( )对指定的 PWM 发生器模式进行设置,包括定时器的计数模式、同步模式、调试下的行为以及故障模式的设置。调用该函数后,完成这些配置,PWM 发生器仍然处于禁止状态,还没有开始运行。注意,在调用这个函数改变了定时器的计时模式时,必须要重新调用 PWMGenPeriodSet( )和 PWMPulse-WidthSet( )函数,对 PWM 的周期和占空比进行设置,详见表 15.2 的描述。

表 15.2　函数 PWMGenConfigure( )

功　能	PWM 发生器基本配置
原　型	void PWMGenConfigure(unsigned long ulBase, unsigned long ulGen, unsigned long ulConfig)
参　数	ulBase:PWM 端口的基址,取值 PWM_Base ulGen:PWM 发生器的编号,取下列值之一: 　　PWM_GEN_0 　　PWM_GEN_1 　　PWM_GEN_2 　　PWM_GEN_3 ulConfig:PWM 发生器的设置,取下列各组数值之间的"或运算"组合形式: 　　PWM 定时器的计数模式 　　　PWM_GEN_MODE_DOWN　　　　　　　　//递减计数模式 　　　PWM_GEN_MODE_UP_DOWN　　　　　　　//先递增后递减模式 　　计数器装载和比较器的更新模式 　　　PWM_GEN_MODE_SYNC　　　　　　　　//同步更新模式 　　　PWM_GEN_MODE_NO_SYNC　　　　　　　//异步更新模式

参　数	计数器在调试模式中的行为	
	PWM_GEN_MODE_DBG_RUN	//调试时一直运行
	PWM_GEN_MODE_DBG_STOP	//计数器到零停止直至退出调试模式
	计数模式改变的同步方式	
	PWM_GEN_MODE_GEN_NO_SYNC	//发生器不同步模式
	PWM_GEN_MODE_GEN_SYNC_LOCAL	//发生器局部同步模式
	PWM_GEN_MODE_GEN_SYNC_GLOBAL	//全局发生器同步模式
	死区参数同步模式	
	PWM_GEN_MODE_DB_NO_SYNC	//不同步
	PWM_GEN_MODE_DB_SYNC_LOCAL	//局部同步
	PWM_GEN_MODE_DB_SYNC_GLOBAL	//全局发生器同步模式
	故障条件是否锁定	
	PWM_GEN_MODE_FAULT_LATCHED	//锁定故障条件
	PWM_GEN_MODE_FAULT_UNLATCHED	//不锁定故障条件
	是否使用最小故障保持时间	
	PWM_GEN_MODE_FAULT_MINPER	//使用
	PWM_GEN_MODE_FAULT_NO_MINPER	//不使用
	故障源输入的选择	
	PWM_GEN_MODE_FAULT_EXT	//Fault0 作为故障输入
	PWM_GEN_MODE_FAULT_LEGACY	//通过 PWMnFLTSRC0 选择
返　回	无	

3. PWM 周期

函数 PWMGenPeriodSet( ) 设定指定的 PWM 发生器的周期, 数值的大小为 PWM 时钟的节拍个数。每次调用该函数, 都会对之前的值进行覆盖重写, 详见表 15.3 的描述。

表 15.3　函数 PWMGenPeriodSet( )

功　能	PWM 发生器周期配置
原　型	void PWMGenPeriodSet(unsigned long ulBase, unsigned long ulGen, unsigned long ulPeriod)
参　数	ulBase:PWM 端口的基址, 取值 PWM_Base ulGen:PWM 发生器的编号, 取下列值之一: 　　　　PWM_GEN_0 　　　　PWM_GEN_1 　　　　PWM_GEN_2 　　　　PWM_GEN_3 ulPeriod:PWM 定时器计时时钟数
返　回	无

4. PWM 输出宽度设置

函数 PWMPulseWidthSet()设定指定 PWM 发生器的占空比,数值的大小也是 PWM 时钟的节拍个数,这个数值不能大于 PWMGenPeriodSet()里设置的值,也就是占空比不能大于 100%,详见表 15.4 的描述。

表 15.4   函数 PWMPulseWidthSet( )

功　能	PWM 输出宽度设置
原　型	void PWMPulseWidthSet(unsigned long ulBase, unsigned long ulPWMOut, unsigned long ulWidth)
参　数	ulBase:PWM 端口的基址,取值 PWM_Base ulPWMOut:要设置的 PWM 输出编号,取下列值之一: 　　　　PWM_OUT_0 　　　　PWM_OUT_1 　　　　PWM_OUT_2 　　　　PWM_OUT_3 　　　　PWM_OUT_4 　　　　PWM_OUT_5 　　　　PWM_OUT_6 　　　　PWM_OUT_7 ulWidth:对应输出 PWM 的高电平宽度,宽度值是 PWM 计数器的计时时钟数
返　回	无

5. PWM 输出状态

函数 PWMOutputState()用来控制最多 8 路 PWM 是否输出到引脚,也就是 PWM 发生器产生的 PWM 信号是否输出到引脚的最后一个开关,详见表 15.5 的描述。

表 15.5   函数 PWMOutputState( )

功　能	使能或禁止 PWM 的输出
原　型	void PWMOutputState(unsigned long ulBase, unsigned long ulPWMOutBits, tBoolean bEnable)
参　数	ulBase:PWM 端口的基址,取值 PWM_Base ulPWMOutBits:要修改输出状态的 PWM 输出,取下列值的逻辑或: 　　　　PWM_OUT_0_BIT 　　　　PWM_OUT_1_BIT 　　　　PWM_OUT_2_BIT 　　　　PWM_OUT_3_BIT 　　　　PWM_OUT_4_BIT 　　　　PWM_OUT_5_BIT 　　　　PWM_OUT_6_BIT 　　　　PWM_OUT_7_BIT bEnable:输出是有效,取下列值之一 　　　　true // 允许输出 　　　　false // 禁止输出
返　回	无

6. PWM 定时器开始运作

函数 PWMGenEnable( )允许 PWM 时钟驱动相应的 PWM 发送器的定时器开始运作。反之,函数 PWMGenDisable( )则禁止 PWM 定时器运作,详见表 15.6 的描述。

表 15.6　函数 PWMGenEnable( )

功　能	开启 PWM 发生器的定时计数器
原　型	void PWMGenEnable(unsigned long ulBase, unsigned long ulGen)
参　数	ulBase:PWM 端口的基址,取值 PWM_Base ulGen:PWM 发生器的编号,取下列值之一: 　　　PWM_GEN_0 　　　PWM_GEN_1 　　　PWM_GEN_2 　　　PWM_GEN_3
返　回	无

7. 对应 PWM 是否反向输出

函数 PWMOutputInvert( )用来决定输出到引脚的 PWM 信号是否先反相再进行输出,如果 bInvert 为 1,则反相 PWM 信号,详见表 15.7 的描述。

表 15.7　函数 PWMOutputInvert( )

功　能	设置对应 PWM 是否反相输出
原　型	void PWMOutputInvert(unsigned long ulBase, unsigned long ulPWMOutBits, tBoolean bInvert)
参　数	ulBase:PWM 端口的基址,取值 PWM_Base ulPWMOutBits:要修改输出状态的 PWM 输出,取下列值的逻辑或: 　　　PWM_OUT_0_BIT 　　　PWM_OUT_1_BIT 　　　PWM_OUT_2_BIT 　　　PWM_OUT_3_BIT 　　　PWM_OUT_4_BIT 　　　PWM_OUT_5_BIT 　　　PWM_OUT_6_BIT 　　　PWM_OUT_7_BIT bInvert:输出是有效,取下列值之一 　　　true // 输出反相 　　　false // 直接输出
返　回	无

15.5 硬件设计

原理为使用 PF3 引脚作为 PWM 输出，通过 LED1 显示，同时输出波形信息到串口 USART1。

LED1 部分原理图如图 15.5 所示。注意连接好 JP5 跳线帽。

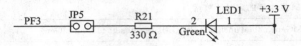

图 15.5 LED 部分原理图

串口部分原理图如图 15.6 所示。注意连接好 JP21、JP22 跳线帽。

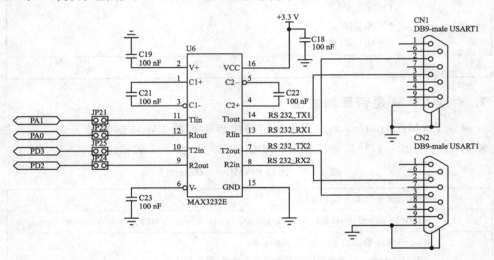

图 15.6 串口部分原理图

15.6 软件设计

文件 invert.c 如下：

```
Int main(void)
{
    // 时钟配置
    SysCtlClockSet(SYSCTL_SYSDIV_1 | SYSCTL_USE_OSC | SYSCTL_OSC_MAIN |
                   SYSCTL_XTAL_16MHZ);

    // 设定 PWM 时钟
```

```
SysCtlPWMClockSet(SYSCTL_PWMDIV_1);
// UART 配置
InitConsole();
// UART 显示的内容
UARTprintf("PWM -＞\n");
UARTprintf("  Module：PWM1\n");
UARTprintf("  Pin：PF3\n");
UARTprintf("  Configured Duty Cycle：25 % %\n");
UARTprintf("  Inverted Duty Cycle：75 % %\n");
UARTprintf("  Features：PWM output inversion every 5 seconds.\n\n");
UARTprintf("Generating PWM on PWM1 (PF3) -＞ State = ");
// PWM 使能
SysCtlPeripheralEnable(SYSCTL_PERIPH_PWM);
SysCtlPeripheralEnable(SYSCTL_PERIPH_GPIOF);
GPIOPinConfigure(GPIO_PF3_PWM3);
// 配置为 PWM 引脚
GPIOPinTypePWM(GPIO_PORTF_BASE, GPIO_PIN_3);
// 配置 PWM0 先递增后递减模式、异步更新模式
PWMGenConfigure(PWM_BASE, PWM_GEN_1, PWM_GEN_MODE_UP_DOWN |
                PWM_GEN_MODE_NO_SYNC);


// 设定 PWM 周期
PWMGenPeriodSet(PWM_BASE, PWM_GEN_1, 64000);
// 配置 PWM0 脉冲宽度
PWMPulseWidthSet(PWM_BASE, PWM_OUT_3,
                PWMGenPeriodGet(PWM_BASE, PWM_OUT_3) / 4);


// 使能 PD0 输出
PWMOutputState(PWM_BASE, PWM_OUT_3_BIT, true);
// 使能 PWM 发生模块
PWMGenEnable(PWM_BASE, PWM_GEN_1);
while(1)
{
    UARTprintf("Normal   \b\b\b\b\b\b\b\b");
    SysCtlDelay((SysCtlClockGet() * 5) / 3);
    PWMOutputInvert(PWM_BASE, PWM_OUT_3_BIT, true);
    UARTprintf("Inverted   \b\b\b\b\b\b\b\b");
    SysCtlDelay((SysCtlClockGet() * 5) / 3);
    PWMOutputInvert(PWM_BASE, PWM_OUT_3_BIT, false);
}
}
```

15.7 下载验证

程序运行后,通过串口调试助手可以监控 USART1 发送的字符如图 15.7 所示。信息为使用 PWM1 模块,PF3 引脚,配置占空比为 25%,反向 75%,PWM 输出每 5 s 反向一次。输出 PWM 产生的状态,Normal 为正常,Inverted 为反向的。

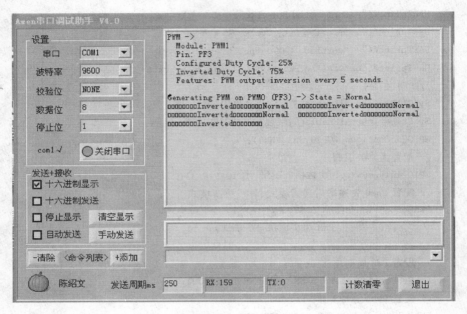

图 15.7 UART0 发送的字符

第 16 章

SysTick 实验

本章介绍系统时钟节拍计数器（SysTick）的使用；SysTick 的功能十分常用，并且配置起来十分快捷。例程实现 SysTick 计算程序运行时间功能。

16.1　SysTick 功能

SysTick 是一个简单的系统时钟节拍计数器，属于 ARM Cortex – M3 内核嵌套向量中断控制器 NVIC 里的一个功能单元，而非片内外设。SysTick 常用于操作系统（如 μC/OS – II、FreeRTOS 等）的系统节拍定时。

由于 SysTick 属于 ARM Cortex – M3 内核里的一个功能单元，因此使用 SysTick 作为操作系统节拍定时，使得操作系统代码在不同厂家的 ARM Cortex – M3 内核芯片上都能够方便地进行移植。

当然，在不采用操作系统的场合下 SysTick 完全可以作为一般的定时/计数器来使用。

SysTick 是一个 24 位的计数器，采用倒计时方式。SysTick 设定初值并使能后，每经过 1 个系统时钟周期，计数值就减 1。计数到 0 时，SysTick 计数器自动重装初值并继续运行，同时产生中断，以通知系统进行下一步动作。

16.2　SysTick 的 API 函数

本实验中涉及 SysTickPeriodSet()、SysTickEnable()、SysTickValueGet()、SysTickDisable()函数，下面将详细介绍各函数功能。

1. SysTick 设置周期值

函数 SysTickPeriodSet()用来设置 SysTick 计数器绕回计数（wrap）的速率；它

与相邻中断之间的处理器时钟数相等,详见表 16.1 的描述。

注:调用这个函数并不会使 SysTick 计数器立即重载。如果需要进行立即重载,必须对 NVIC_ST_CURRENT 寄存器进入写操作。对 NVIC_ST_CURRENT 寄存器进行的任何一个写操作均可以把 SysTick 计数器清除为 0,并将会重载一个在使能 SysTick 后下一个时钟提供的 ulPeriod 到计数器中。

表 16.1　函数 SysTickPeriodSet( )

功　能	设置 SysTick 计数器的周期值
原　型	void SysTickPeriodSet(unsigned long ulPeriod)
参　数	ulPeriod:是 SysTick 计数器每个周期的时钟节拍数,取值 1~16 777 216
返　回	无

2. SysTick 使能

函数 SysTickEnable( )用于启动 SysTick 计数器。如果已经注册了一个中断处理程序,当 SysTick 计数器翻转时,中断处理程序将被调用,详见表 16.2 的描述。

注:调用这个函数将会导致 SysTick 计数器从其当前值开始(重新开始)计数。计数器并不能够自动重新装载之前调用 SysTickPeriodSet( )所指定的周期。如果需要立即进行重载,必须对 NVIC_ST_CURRENT 寄存器进行写操作来强制执行此操作。对 NVIC_ST_CURRENT 寄存器进行任何一个写作操作均可以把 SysTick 计数器清除为 0,并将下一个时钟提供的周期重载入 SysTick 计数器。

表 16.2　函数 SysTickEnable( )

功　能	使能 SysTick 计数器,开始倒计数
原　型	void SysTickEnable(void)
参　数	无
返　回	无

3. 获取 SysTick 当前值

函数 SysTickValueGet( )用来返回 SysTick 计数器的当前值;它的值将在周期-1~0 之间(周期-1 和 0 两个值包括在内),详见表 16.3 的描述。

表 16.3　函数 SysTickValueGet( )

功　能	获取 SysTick 计数器的当前值
原　型	unsigned long SysTickValueGet(void)
参　数	无
返　回	SysTick 计数器的当前值,该值的范围是:0~函数 SysTickPeriodSet( )设定的初值-1

4. SysTick 停止

函数 SysTickDisable( ) 用于停止 SysTick 计数器。如果已经注册了一个中断处理程序,则这个中断处理程序在 SysTick 重新启动之前不会被调用,详见表 16.4 的描述。

表 16.4　函数 SysTickDisable( )

功　能	关闭 SysTick 计数器,停止计数
原　型	void SysTickDisable(void)
参　数	无
返　回	无

16.3　软件设计

文件 main. c 如下:

```
//主函数(程序入口)
int main(void)
{
    unsigned long ulStart, ulStop;
    unsigned long ulInterval;
    char s[40];
    jtagWait();                              //防止 JTAG 失效,重要
    clockInit();                             //时钟初始化:晶振,20 MHz
    uartInit();                              //UART 初始化
    SysTickPeriodSet(6000000UL);             //设置 SysTick 计数器的周期值
    SysTickEnable();                         //使能 SysTick 计数器
    ulStart = SysTickValueGet();             //读取 SysTick 当前值(初值)
    SysCtlDelay(50 * (TheSysClock / 10000)); //延时一段时间 50 000 μs
    ulStop = SysTickValueGet();              //读取 SysTick 当前值(终值)
    SysTickDisable();                        //关闭 SysTick 计数器
    ulInterval = ulStart - ulStop;           //计算时间间隔
    sprintf(s, "%ld us\r\n", ulInterval / 6); //输出结果,单位:微秒
    uartPuts(s);
    for (;;)
    {
    }
}
```

16.4　下载验证

例程是 SysTick 的一个简单应用,能利用其计算一小段程序的执行时间,结果通过开发板 USART1 输出。在程序中,被计算执行时间的是 SysCtlDelay() 函数,延时时间为 50 000 μs,最终实际运行的结果是 50 004 μs,误差很小。下载运行后如图 16.1 所示。

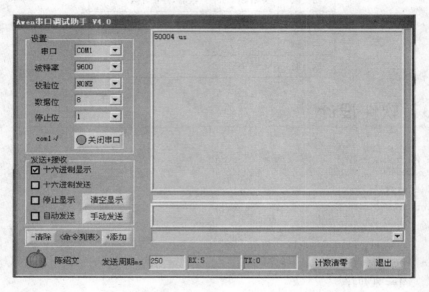

图 16.1　SysTick 实验演示图

第 **17** 章

EPI 实验

本章介绍 LM3S9B96 的 EPI 功能,使用 EPI 接口很容易连接到外部设备(存储器或外部设备)。例程实现了单片机对外部存储器的读/写功能。

17.1　EPI 简介

片外设备接口(简写为 EPI)是一种用于连接外部设备或存储器的高速并行总线接口,有多种工作模式,能够实现与各种片外设备的无缝连接。片外设备接口实际上与普通处理器的地址/数据总线非常相似,只不过通常只允许连接一种类型的片外设备。片外设备接口还具有一些增强的功能,例如支持 μDMA、支持时钟控制、支持片外 FIFO 缓冲等。

EPI 模块具有以下特性:

➢ 8 位/16 位/32 位专用并行总线,用于连接设备或者存储器;

➢ 存储器接口支持自动步进连续访问,且不受数据总线宽度的影响,因此能够实现直接从 SDRAM、SRAM 或 Flash 存储器中运行程序代码;

➢ 阻塞式、非阻塞式读操作;

➢ 内置写 FIFO,因而处理器无需计较细节;

➢ 用微型直接内存访问(μDMA)有效的传输数据:

◆ 相互独立的读通道和写通道;

◆ 当片内非阻塞式读 FIFO 达到深度时,自动产生通道请求信号;

◆ 当片内写 FIFO 空时,自动产生通道请求信号。

EPI 模块有 3 种工作模式:同步动态随机访问存储器模式、传统的主机模式及通用模式。EPI 模块也可以将其引脚用作自定义的 GPIO,但其用法有别于标准 GPIO,而是像通信外设的机制一样经过 FIFO 访问端口数据,并且 I/O 速度由时钟信号决定。

➤ 同步动态随机访问存储器（SDRAM）模式：

◆ 支持 16 位宽度的 SDR（单数据率）SDRAM，频率最高 50 MHz；

◆ 支持低成本的 SDRAM，最大可达 64 MB（512 Mb）；

◆ 内置自动刷新功能，可访问任意 bank 或任意行；

◆ 支持休眠、待机模式，在保持内容部丢失的情况下尽量节省功耗；

◆ 服用的地址，数据引脚，竭力控制引脚的数目；

➤ 主机总线模式：

◆ 传统的 8 位、16 位微控制器总线接口；

◆ 可兼容许多的常见的微控制器总线，如 PIC、ATMAGE、8051 或者其他单片机；

◆ 支持复用和非复用的地址/数据总线；

◆ 可访问 SRAM、NOR FLASH 以及其他内型的总线设备；非复用模式下的寻指能力为 1 MB，复用模式下寻址模式为 256 MB（HB16 模式下若不使用字节选择信号，则实际可达 512 MB）；

◆ 可用于访问各种集成了 FIFO 的 8 位、16 位接口外设，支持片外 FIFO 的 EMPTY 和 FULL 信号；

◆ 访问速度可控，读/写数据时可添加等待状态；

◆ 支持多种片选模式，如 ALE、CS、双 CSN、ALE+CS；

◆ 手动控制片选信号（也可使用多余的地址引脚控制）；

➤ 通用模式：

◆ 可用于同 CPLD 或 FPGA 进行快速数据交换；

◆ 数据宽度可达 32 位；

◆ 数据传输率可达 150 MB/s；

◆ 可选配：4～20 位"地址"；

◆ 可配置：时钟输出信号、读/写选通信号、帧信号（基于计数的长度）、时钟启用输入信号；

➤ 并行 GPIO：

◆ 1～32 位，必须经由 FIFO 输入输出，速度可控；

◆ 适用于自定义的外设器件、数字化数据采集装置、执行机构控制等场合。

17.2　EPI 的 API 函数

本实验中涉及 EPIDividerSet()、EPIModeSet()、EPIConfigSDRAMSet()、EPI-AddressMapSet()函数，下面将详细介绍各函数功能。

1. EPI 模式时钟分频

函数 EPIDividerSet()用来确定外部接口的时钟速率时钟分频器。

ulDivider 值是根据下列公式计算的,系统时钟来自 EPI 时钟速率。

EPIClock＝(Divider＝＝0)? SysClk:(SysClk/(((Divider/2)＋1)×2))

当 Divider 为 0 时,取系统时钟;不为 0 时,取 SysClk/(((Divider/2)＋1)×2)。

详见表 17.1 的描述。

表 17.1 函数 EPIDividerSet( )

功　能	设置 EPI 模式的时钟分频器
原　型	void EPIDividerSet(unsigned long ulBase,unsigned long ulDivider)
参　数	ulBase:EPI 模式的基址 ulDivider 设置时钟分频器接到外边接口的值(0~65 535)
返　回	无

2. 设置 EPI 模式

函数 EPIModeSet()用来设置 EPI 外设的使用模式

EPI_MODE_GENERAL　　　通用模式

EPI_MODE_SDRAM　　　同步动态随机访问存储器(SDRAM)模式

EPI_MODE_HB8　　　主机总线(HB)模式

EPI_MODE_DISABLE　　GPIO 模式

详见表 17.2 的描述。

表 17.2 函数 EPIModeSet ( )

功　能	设置使用的 EPI 模式
原　型	void EPIModeSet(unsigned long ulBase,unsigned long ulMode)
参　数	ulBase EPI 模式的基础地址 ulMode 使用的 EPI 模式
返　回	无

3. 配置 SDRAM 模式

函数 EPIConfigSDRAMSet()用来配置 EPI 工作为 SDRAM 模式设置,详见表 17.3 的描述。

表 17.3 函数 EPIConfigSDRAMSet( )

功　能	配置 SDRAM 模式
原　型	void EPIConfigSDRAMSet(unsigned long ulBase,unsigned long ulConfig,unsigned long ulRefresh)

续表 17.3

参 数	配置内核时钟频率： EPI_SDRAM_CORE_FREQ_0_15 – core clock is 0 MHz $<$ clk $<$ = 15 MHz EPI_SDRAM_CORE_FREQ_15_30 – core clock is 15 MHz $<$ clk $<$ = 30 MHz EPI_SDRAM_CORE_FREQ_30_50 – core clock is 30 MHz $<$ clk $<$ = 50 MHz EPI_SDRAM_CORE_FREQ_50_100 – core clock is 50 MHz $<$ clk $<$ = 100 MHz 配置功耗模式： EPI_SDRAM_LOW_POWER – enter low power, self – refresh state EPI_SDRAM_FULL_POWER – normal operating state SDRAM 驱动空间大小设置： EPI_SDRAM_SIZE_64MBIT – 64 Mbit device (8 MB) EPI_SDRAM_SIZE_128MBIT – 128 Mbit device (16 MB) EPI_SDRAM_SIZE_256MBIT – 256 Mbit device (32 MB) EPI_SDRAM_SIZE_512MBIT – 512 Mbit device (64 MB) The parameter ulRefresh 设置核心时钟刷新计数，是 0～2 047 间的一个 11 位数值
返 回	无

4. 配置 SDRAM 模式

函数 EPIAddressMapSet()用来配置地址空间，详见表 17.4 的描述。

表 17.4　EPIAddressMapSet( )

功 能	配置地址空间
原 型	EPIAddressMapSet(unsigned long ulBase, unsigned long ulMap)
参 数	ulBase：EPI 模式的基础地址 ulMap：地址映射配置 配置地址空间 ulMap 函数： EPI_ADDR_PER_SIZE_256B，EPI_ADDR_PER_SIZE_64KB， EPI_ADDR_PER_SIZE_16MB，EPI_ADDR_PER_SIZE_512MB 选择外设存储地址空间为 256 B、64 KB、16 MB 或 512 MB EPI_ADDR_PER_BASE_NONE，EPI_ADDR_PER_BASE_A，or EPI_ADDR_PER_BASE_C 选择外设空间基址为：0，0xA0000000，or 0xC0000000 EPI_ADDR_RAM_SIZE_256B，EPI_ADDR_RAM_SIZE_64KB EPI_ADDR_RAM_SIZE_16MB，or EPI_ADDR_RAM_SIZE_512MB 选择 RAM 地址空间 256 B、64 KB、16 MB 或 512 MB EPI_ADDR_RAM_BASE_NONE，EPI_ADDR_RAM_BASE_6，or EPI_ADDR_RAM_BASE_8 选择 RAM 的基础地址为：0，0x60000000，or 0x80000000
返 回	无

17.3　硬件设计

LM3S9B96 外接 SDRAM 的原理图如图 17.1 所示。

HY57V641620 芯片的容量为 8 MB（4M×16 bit）。

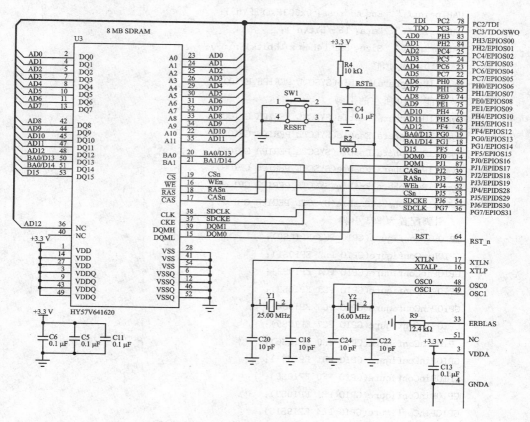

图 17.1　硬件设计

17.4　软件设计

文件 sdram.c 如下：

```
Int main(void)
{
    // 时钟设置
    SysCtlClockSet(SYSCTL_SYSDIV_1 | SYSCTL_USE_OSC | SYSCTL_OSC_MAIN |
                   SYSCTL_XTAL_16MHZ);
```

```
// UART 设置
InitConsole();
// 显示内容
UARTprintf("EPI SDRAM Mode - >\n");
UARTprintf("   Type：SDRAM\n");
UARTprintf("   Starting Address：0x6000.0000\n");
UARTprintf("   End Address：0x603F.FFFF\n");
UARTprintf("   Data：16 - bit\n");
UARTprintf("   Size：8MB (4Meg x 16bits)\n\n");
// EPI0 外设使能
SysCtlPeripheralEnable(SYSCTL_PERIPH_EPI0);
// 使能 EPI0 所在的引脚
SysCtlPeripheralEnable(SYSCTL_PERIPH_GPIOC);
SysCtlPeripheralEnable(SYSCTL_PERIPH_GPIOE);
SysCtlPeripheralEnable(SYSCTL_PERIPH_GPIOF);
SysCtlPeripheralEnable(SYSCTL_PERIPH_GPIOG);
SysCtlPeripheralEnable(SYSCTL_PERIPH_GPIOH);
SysCtlPeripheralEnable(SYSCTL_PERIPH_GPIOJ);
// 引脚配置为 EPI 引脚
GPIOPinConfigure(GPIO_PH3_EPI0S0);
GPIOPinConfigure(GPIO_PH2_EPI0S1);
GPIOPinConfigure(GPIO_PC4_EPI0S2);
GPIOPinConfigure(GPIO_PC5_EPI0S3);
GPIOPinConfigure(GPIO_PC6_EPI0S4);
GPIOPinConfigure(GPIO_PC7_EPI0S5);
GPIOPinConfigure(GPIO_PH0_EPI0S6);
GPIOPinConfigure(GPIO_PH1_EPI0S7);
GPIOPinConfigure(GPIO_PE0_EPI0S8);
GPIOPinConfigure(GPIO_PE1_EPI0S9);
GPIOPinConfigure(GPIO_PH4_EPI0S10);
GPIOPinConfigure(GPIO_PH5_EPI0S11);
GPIOPinConfigure(GPIO_PF4_EPI0S12);
GPIOPinConfigure(GPIO_PG0_EPI0S13);
GPIOPinConfigure(GPIO_PG1_EPI0S14);
GPIOPinConfigure(GPIO_PF5_EPI0S15);
GPIOPinConfigure(GPIO_PJ0_EPI0S16);
GPIOPinConfigure(GPIO_PJ1_EPI0S17);
GPIOPinConfigure(GPIO_PJ2_EPI0S18);
GPIOPinConfigure(GPIO_PJ3_EPI0S19);
GPIOPinConfigure(GPIO_PJ4_EPI0S28);
GPIOPinConfigure(GPIO_PJ5_EPI0S29);
GPIOPinConfigure(GPIO_PJ6_EPI0S30);
```

```
GPIOPinConfigure(GPIO_PG7_EPI0S31);
// 配置 GPIO 为 EPI 模式
GPIOPinTypeEPI(GPIO_PORTC_BASE, EPI_PORTC_PINS);
GPIOPinTypeEPI(GPIO_PORTE_BASE, EPI_PORTE_PINS);
GPIOPinTypeEPI(GPIO_PORTF_BASE, EPI_PORTF_PINS);
GPIOPinTypeEPI(GPIO_PORTG_BASE, EPI_PORTG_PINS);
GPIOPinTypeEPI(GPIO_PORTH_BASE, EPI_PORTH_PINS);
GPIOPinTypeEPI(GPIO_PORTJ_BASE, EPI_PORTJ_PINS);
// 设置 EPI 模块的时钟分频
EPIDividerSet(EPI0_BASE, 0);
// 设置 EPI 模块的模式
EPIModeSet(EPI0_BASE, EPI_MODE_SDRAM);
// 配置为 SDRAM 模式
EPIConfigSDRAMSet(EPI0_BASE, EPI_SDRAM_CORE_FREQ_15_30 |
                  EPI_SDRAM_FULL_POWER | EPI_SDRAM_SIZE_64MBIT, 1024);
// 设置地址映射
EPIAddressMapSet(EPI0_BASE, EPI_ADDR_RAM_SIZE_16MB | EPI_ADDR_RAM_BASE_6);
// 等待
while(HWREG(EPI0_BASE + EPI_O_STAT) &  EPI_STAT_INITSEQ)
{
}
// 设置初始地址
g_pusEPISdram = (unsigned short * )0x60000000;
// 在对应地址读初始数
UARTprintf("  SDRAM Initial Data:\n");
UARTprintf("      Mem[0x6000.0000] = 0x % 4x\n",
           g_pusEPISdram[SDRAM_START_ADDRESS]);
UARTprintf("      Mem[0x6000.0001] = 0x % 4x\n",
           g_pusEPISdram[SDRAM_START_ADDRESS + 1]);
UARTprintf("      Mem[0x603F.FFFE] = 0x % 4x\n",
           g_pusEPISdram[SDRAM_END_ADDRESS - 1]);
UARTprintf("      Mem[0x603F.FFFF] = 0x % 4x\n\n",
           g_pusEPISdram[SDRAM_END_ADDRESS]);
// 显示将要进行的操作
UARTprintf("  SDRAM Write:\n");
UARTprintf("      Mem[0x6000.0000] < - 0xabcd\n");
UARTprintf("      Mem[0x6000.0001] < - 0x1234\n");
UARTprintf("      Mem[0x603F.FFFE] < - 0xdcba\n");
UARTprintf("      Mem[0x603F.FFFF] < - 0x4321\n\n");
// 对开始的 2 个地址，和结束的 2 个地址赋值
g_pusEPISdram[SDRAM_START_ADDRESS] = 0xabcd;
g_pusEPISdram[SDRAM_START_ADDRESS + 1] = 0x1234;
```

```
g_pusEPISdram[SDRAM_END_ADDRESS - 1] = 0xdcba;
g_pusEPISdram[SDRAM_END_ADDRESS] = 0x4321;
// 对应地址读数据
UARTprintf("  SDRAM Read:\n");
UARTprintf("      Mem[0x6000.0000] = 0x % 4x\n",
          g_pusEPISdram[SDRAM_START_ADDRESS]);
UARTprintf("      Mem[0x6000.0001] = 0x % 4x\n",
          g_pusEPISdram[SDRAM_START_ADDRESS + 1]);
UARTprintf("      Mem[0x603F.FFFE] = 0x % 4x\n",
          g_pusEPISdram[SDRAM_END_ADDRESS - 1]);
UARTprintf("      Mem[0x603F.FFFF] = 0x % 4x\n\n",
          g_pusEPISdram[SDRAM_END_ADDRESS]);
// 比较数据是否正确
if((g_pusEPISdram[SDRAM_START_ADDRESS] == 0xabcd) &&
   (g_pusEPISdram[SDRAM_START_ADDRESS + 1] == 0x1234) &&
   (g_pusEPISdram[SDRAM_END_ADDRESS - 1] == 0xdcba) &&
   (g_pusEPISdram[SDRAM_END_ADDRESS] == 0x4321))
{
    //
    // 对本无误,返回成功
    //
    UARTprintf("Read and write to external SDRAM was successful! \n");
    return(0);
}
// 对比不同,返回错误
UARTprintf("Read and/or write failure!");
UARTprintf(" Check if your SDRAM card is plugged in.");
// 循环
while(1)
{
}
}
```

17.5　下载验证

例程实现使用 EPI 接口对外部 SDRAM 进行读/写操作。程序下载运行后,通过 USART1 返回单片机对外接 SDRAM 操作的信息。下载运行后如图 17.2 所示。串口调试助手接收到的的全部信息为:

```
EPI SDRAM Mode ->
   Type: SDRAM
```

Starting Address：0x6000.0000

End Address：　　0x603F.FFFF

Data：16 – bit

Size：8MB（4Meg x 16bits）

SDRAM Initial Data：

Mem［0x6000.0000］= 0xabcd

Mem［0x6000.0001］= 0x1234

Mem［0x603F.FFFE］= 0xdcba

Mem［0x603F.FFFF］= 0x4321

SDRAM Write：

Mem［0x6000.0000］< – 0xabcd

Mem［0x6000.0001］< – 0x1234

Mem［0x603F.FFFE］< – 0xdcba

Mem［0x603F.FFFF］< – 0x4321

SDRAM Read：

Mem［0x6000.0000］= 0xabcd

Mem［0x6000.0001］= 0x1234

Mem［0x603F.FFFE］= 0xdcba

Mem［0x603F.FFFF］= 0x4321

Read and write to external SDRAM was successful!

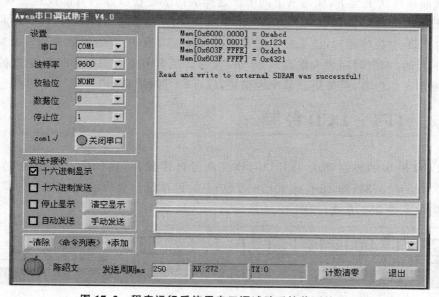

图 17.2　程序运行后使用串口调试助手接收到的信息

第18章

LCD 显示实验

本章介绍如何控制开发板上的 LCD 显示字符。LCD 显示是十分重要的互动界面,通过学习 LCD 控制器 ILI9325,了解微控制器是如何控制液晶屏的。例程实现 LCD 显示基本字符信息。

18.1   TFT – LCD

TFT – LCD 即薄膜场效应晶体管 LCD,是有源矩阵类型液晶显示器(AM – LCD)中的一种。TFT 的显示采用"背透式"照射方式——假想的光源路径不是像 TN 液晶那样从上至下,而是从下向上。这样的作法是在液晶的背部设置特殊光管,光源照射时通过下偏光板向上透出。由于上下夹层的电极改成 FET 电极和共通电极,在 FET 电极导通时,液晶分子的表现也会发生改变,可以通过遮光和透光来达到显示的目的,响应时间大大提高到 80 ms 左右。因其具有比 TN – LCD 更高的对比度和更丰富的色彩,荧屏更新频率也更快,故 TFT 俗称"真彩"。

18.2   TFT – LCD 控制

LCD 模块的控制器为 ILI9325,该控制器自带显存,其显存总大小为 172 820(240×320×18/8),即 18 位模式(26 万色)下的显存量。模块的 16 位数据线与显存的对应关系为 565 方式,如图 18.1 所示。

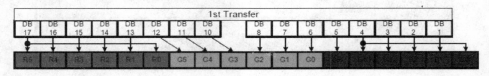

图 18.1   16 位数据与显存对应关系图

最低 5 位代表蓝色,中间 6 位为绿色,最高 5 位为红色。数值越大,表示该颜色越深。

接下来介绍 ILI9325 的几个重要命令。

R0,这个命令有两个功能,如果对它执行写操作,则最低位为 OSC,用于开启或关闭振荡器。而如果对它执行读操作,则返回的是控制器的型号。这个命令最大的功能就是通过读它从而得到控制器的型号,之后可以针对不同型号的控制器进行不同的初始化。因为 93xx 系列的初始化比较类似,可以用一个代码兼容多个控制器。

R3,入口模式命令。这里重点关注的是 I/D0、I/D1、AM 这 3 个位,因为这 3 个位控制了屏幕的显示方向。

AM:控制 GRAM 更新方向。当 AM=0 的时候,地址以行方向更新。当 AM=1 的时候,地址以列方向更新。

I/D[1:0]:当更新了一个数据之后,根据这两个位的设置来控制地址计数器自动增加/减少 1。

GRAM 的显示方向设置如图 18.2 所示。

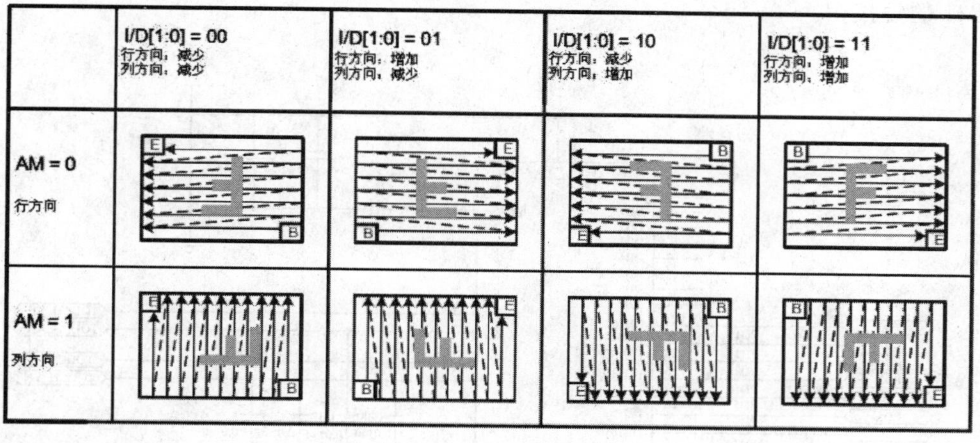

图 18.2 GRAM 显示方向设置图

通过这几个位的设置,就可以控制屏幕的显示方向了。

R7,显示控制命令。该命令 CL 位用来控制是 8 位彩色或 26 万色。为 0 时 26 万色,为 1 时 8 位色。D1、D0、BASEE 这 3 个位用来控制显示开关状态。当全部设置为 1 的时候开启显示,全 0 是关闭。一般通过该命令的设置来开启或关闭显示器,以降低功耗。

R32、R33,设置 GRAM 的行地址和列地址。R32 用于设置列地址(X 坐标,0～239),R33 用于设置行地址(Y 坐标,0～319)。要在某个指定点写入一个颜色的时候,先通过这两个命令设置到该点,然后写入颜色值就可以了。

R34,写数据到 GRAM 命令,当写入了这个命令之后,地址计数器才会自动的增加和减少。该命令是这里要介绍的这一组命令里面唯一的单个操作的命令,只需要写入该值就可以了,其他的都是要先写入命令编号,然后写入操作数。

R80～R83,行列 GRAM 地址位置设置。这几个命令用于设定显示区域的大小,整个屏的大小为 240×320,但是有时候只需要在其中的一部分区域写入数据,如果先写坐标后写数据来实现,则速度大打折扣。此时就可以通过这几个命令,在其中开辟一个区域,然后不停地丢数据,地址计数器就会根据 R3 的设置自动增加/减少,这样就不需要频繁写地址了,大大提高了刷新的速度。

18.3 硬件设计

开发板带有触摸的 2.8 英寸 26 万色 QVGA TFT 液晶屏(分辨率 320×240),MCU 通过 PD 口与液晶屏并行连接,如图 18.3 所示。

注:LCD 的背光默认由开发板上的 JP21 控制,安装短接帽打开背光,去掉短接帽关闭背光;也可由 I/O 口 PH7 控制背光,需要将核心板上的 JP11 短路,同时去除 JP21 的短接帽。

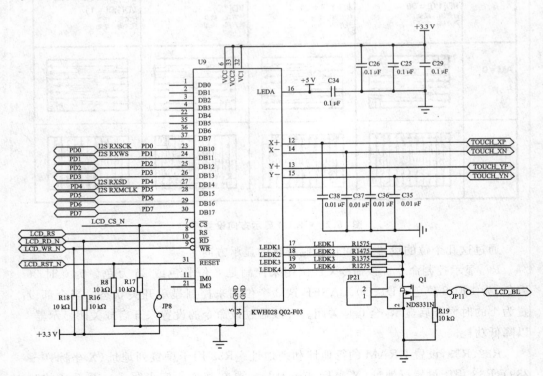

图 18.3 硬件设计

18.4　软件设计

文件 main.c 如下：

```
int main()
{
    //unsigned long ulValue;
    tRectangle sRect;
    //配置系统时钟为 40M
    SysCtlClockSet(SYSCTL_SYSDIV_5 | SYSCTL_USE_PLL | SYSCTL_OSC_MAIN | SYSCTL_XTAL_
16MHZ);
    //初始化 lcd 驱动
    Lcd240x320x16_8bitInit();
    GrContextInit(&sContext, &g_sLcd240x320x16_8bit);
    //屏幕设置为绿色背景
    sRect.sXMin = 0;
    sRect.sYMin = 0;
    sRect.sXMax = GrContextDpyWidthGet(&sContext) - 1;
    sRect.sYMax = GrContextDpyWidthGet(&sContext);
    GrContextForegroundSet(&sContext, ClrGreen);
    GrRectFill(&sContext, &sRect);
    //用白色,28b 字体显示 Hello,Cortex - M3
    GrContextForegroundSet(&sContext, ClrWhite);
    GrContextFontSet(&sContext, &g_sFontCm28b);
    GrStringDrawCentered(&sContext, "Hello", - 1,
                         160, 60, false);
    GrStringDrawCentered(&sContext, "Cortex - M3", 100,
                         160, 120, false);

    while(1)
    {
    }
}
```

18.5　下载验证

例程是 LCD 液晶简单显示的工程,用白色,28b 字体显示"Hello,Cortex - M3"字符串,并设置屏幕为绿色背景。下载运行后如图 18.4 所示。

图 18.4 程序运行 LCD 显示简单字符

第 **19** 章

触摸屏实验

本章介绍如何用 LM3S9B96 控制触摸屏，通过外接带触摸屏的 LCD 模块实现触摸屏控制。例程实现通过手指触摸的方式来控制触摸屏以达到显示字符信息的目的。

19.1 触摸屏

触摸屏（touch screen）又称为触控屏、触控面板，是一种可接收触头等输入信号的感应式液晶显示装置。接触屏幕上的图形按钮时，屏幕上的触觉反馈系统可根据预先编程的程序驱动各种连结装置，可用以取代机械式的按钮面板，并借由液晶显示画面制造出生动的影音效果。

19.2 主要特性

触摸屏的第一个特性：

透明，直接影响到触摸屏的视觉效果。从这点看红外线技术触摸屏和表面声波触摸屏由于只隔了一层纯玻璃，视觉效果突出，可以算佼佼者，其他触摸屏这点就要好好推敲一番，透明在触摸屏行业里只是个泛泛的概念，很多触摸屏是多层的复合薄膜，仅用透明一点来概括它的视觉效果是不够的，它应该至少包括 4 个特性：透明度、色彩失真度、反光性和清晰度；还能再分，比如反光程度包括镜面反光程度和衍射反光程度，只不过触摸屏表面衍射反光还没到达 CD 盘的程度，对用户而言，这 4 个度量已经基本够了。

由于透光性与波长曲线图的存在，通过触摸屏看到的图像不可避免地与原图像产生了色彩失真，静态的图像感觉还只是色彩的失真，动态的多媒体图像感觉就不是很舒服了。色彩失真度也就是图中的最大色彩失真度，自然是越小越好。平常所说的透明度也只能是图中的平均透明度,当然是越高越好。

反光性,主要是指由于镜面反射造成图像上重叠后产生的光影,如人影、窗户、灯光等。反光是触摸屏带来的负面效果,越小越好;它影响用户的浏览速度,严重时甚至无法辨认图像字符。反光性强的触摸屏使用环境受到限制,现场的灯光布置也被迫需要调整。大多数存在反光问题的触摸屏都提供另外一种经过表面处理的型号:磨砂面触摸屏,也叫防眩型,价格略高一些。防眩型反光性明显下降,适用于采光非常充足的大厅或展览场所,不过,其透光性和清晰度也随之有较大幅度的下降。

清晰度。有些触摸屏加装之后,字迹模糊,图像细节模糊,整个屏幕显得模模糊糊,看不太清楚,这就是清晰度太差。清晰度的问题主要是由于多层薄膜结构的触摸屏的薄膜层之间光反复反射折射而造成的,此外防眩型触摸屏由于表面磨砂也造成清晰度下降。清晰度不好,眼睛容易疲劳。

触摸屏的第二个特性:

触摸屏是绝对坐标系统,要选哪就直接点那,与鼠标这类相对定位系统的本质区别是一次到位的直观性。绝对坐标系的特点是每一次定位坐标与上一次定位坐标没有关系。触摸屏在物理上是一套独立的坐标定位系统,每次触摸的数据通过校准数据转为屏幕上的坐标,这样就要求触摸屏这套坐标不管在什么情况下,同一点的输出数据是稳定的;如果不稳定,那么这触摸屏就不能保证绝对坐标定位。点不准,这就是触摸屏最怕的问题:漂移。技术原理上凡是不能保证同一点触摸每一次采样数据相同的触摸屏都免不了漂移这个问题,目前有漂移现象的只有电容触摸屏。

触摸屏的第三个特性:

检测触摸并定位。各种触摸屏技术都是依靠各自的传感器来工作的,甚至有的触摸屏本身就是一套传感器。各自的定位原理和各自所用的传感器决定了触摸屏的反应速度、可靠性、稳定性和寿命。

19.3 触摸屏的控制芯片

触摸屏的控制芯片为 XPT2046。这是一款 4 导线制触摸屏控制器,内含 12 位分辨率、125 kHz 转换速率逐步逼近型 A/D 转换器,支持 1.5～5.25 V 的低电压 I/O 接口。XPT2046 能通过执行两次 A/D 转换查出被按的屏幕位置,还可以测量加在触摸屏上的压力。内部自带 2.5 V 参考电压,可以作为辅助输入、温度测量和电池监测模式,电池监测的电压范围可以为 0～6 V。XPT2046 片内集成有一个温度传感器。在 2.7 V 的典型工作状态下,关闭参考电压,功耗可小于 0.75 mW。XPT2046 采用微小的封装形式:TSSOP‑16,QFN‑16(0.75 mm 厚度)和 VFBGA‑48。工作温度范围为 −40～+85℃。

该芯片兼容 TSC2046、ADS7843/7846 和 AK4182。

19.4　硬件设计

请参考第 18 章硬件设计部分。

19.5　软件设计

触摸屏初始化函数：

```
void
TouchScreenInit(void)
{
    //设定初始状态
    g_ulTSState = TS_STATE_INIT;

    g_plParmSet = g_lTouchParameters[SET_ILI932x];
    if(g_usController == 0x9331)
    {
        //如果 LCD 控制器是 ILI9331,选择合适的参数
        g_plParmSet = g_lTouchParameters[SET_ILI9331];
    }
    if(g_usController == 0x4535)
    {
        //如果 LCD 控制器是 LGDB4535,选择合适的参数
        g_plParmSet = g_lTouchParameters[SET_LGDB4535];
    }

    //无触摸
    g_pfnTSHandler = 0;

    //使能触摸接口
    SysCtlPeripheralEnable(SYSCTL_PERIPH_ADC0);
    SysCtlPeripheralEnable(TS_P_PERIPH);
    SysCtlPeripheralEnable(TS_N_PERIPH);
    SysCtlPeripheralEnable(SYSCTL_PERIPH_TIMER1);

    //配置 ADC 采样序列
    ADCHardwareOversampleConfigure(ADC0_BASE, 4);
    ADCSequenceConfigure(ADC0_BASE, 3, ADC_TRIGGER_TIMER, 0);
    ADCSequenceStepConfigure(ADC0_BASE, 3, 0,
                    ADC_CTL_CH_YP | ADC_CTL_END | ADC_CTL_IE);
```

```
    ADCSequenceEnable(ADC0_BASE, 3);

    //使能 ADC 采样序列中断
    ADCIntEnable(ADC0_BASE, 3);
    IntEnable(INT_ADC3);

    //配置 GPIO 用于驱动触摸屏
    GPIOPinTypeGPIOOutput(TS_P_BASE, TS_XP_PIN | TS_YP_PIN);

    //如无子板安装,使用 GPIO 驱动 XN 和 YN
    if(g_eDaughterType == DAUGHTER_NONE)
    {
        GPIOPinTypeGPIOOutput(TS_N_BASE, TS_XN_PIN | TS_YN_PIN);
    }

    GPIOPinWrite(TS_P_BASE, TS_XP_PIN | TS_YP_PIN, 0x00);
    if(g_eDaughterType == DAUGHTER_NONE)
    {
        GPIOPinWrite(TS_N_BASE, TS_XN_PIN | TS_YN_PIN, 0x00);
    }

    //配置 ADC 定时器触发
    if((HWREG(TIMER1_BASE + TIMER_O_CTL) & TIMER_CTL_TAEN) == 0)
    {
        //每毫秒触发一次触摸屏采样
        TimerConfigure(TIMER1_BASE, (TIMER_CFG_16_BIT_PAIR |
                                    TIMER_CFG_A_PERIODIC |
                                    TIMER_CFG_B_PERIODIC));
        TimerLoadSet(TIMER1_BASE, TIMER_A, (SysCtlClockGet() / 100) - 1);
        TimerControlTrigger(TIMER1_BASE, TIMER_A, true);

        //使能定时器
        TimerEnable(TIMER1_BASE, TIMER_A);
    }
}
```

19.6 下载验证

例程是 timer 触发的触摸屏检测。单片机初始化后屏幕显示的触摸前效果,如图 19.1 所示。

图 19.1 触摸前效果

当用手指触摸 Show Welcome 框时,则出现如图 19.2 所示,屏幕显示"Hello World!"字符串。

图 19.2 触摸后效果

第 **20** 章

外部中断实验

本章介绍 LM3S9B96 的中断控制系统。中断控制的功能是衡量单片机性能优良因素之一,在单片机开发中有十分重要的地位。例程实现了通过外部中断控制 LED 状态的功能。

20.1 中　断

中断(Interrupt)是 MCU 实时处理内部或外部事件的机制。当某种内部或外部事件发生时,MCU 的中断系统将迫使 CPU 暂停正在执行的程序,转而去进行中断事件的处理,中断处理完毕又返回被中断的程序处,继续执行下去。

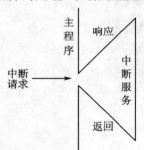

图 20.1 给出了中断过程的示意图:主程序正在执行,当遇到中断请求(Interrupt Request)时,暂停主程序的执行转而去执行中断服务例程(Interrupt Service Routine,ISR),称为响应,中断服务例程执行完毕后返回到主程序断点处并继续执行主程序。

常见的中断源有 GPIO 输入、Timer 溢出、UART 收到字符、ADC 转换完成等。中断与子程序调用有着本质的不同:子

图 20.1　中断过程示意图

程序调用是程序员在主程序的特定位置预先安排的,通过指令来调用;中断请求对于主程序来说是随机产生的,进入中断服务例程是由硬件逻辑自动生成的跳转来实现的,而不是执行特定的指令(软中断例外)。

多个中断是可以嵌套的。正在执行的较低优先级中断可以被较高优先级的中断打断,在执行完高级中断后返回到低级中断里继续执行,如图 20.2 所示。

图 20.2　中断嵌套示意图

20.2 Cortex – M3 内核异常与 NVIC

异常(Exception)并不是说处理器出现了什么意外错误,而是指在正常执行主程序以外的其他情况,如复位、NMI(不可屏蔽中断)、存储器管理、外设中断等。

Cortex – M3 处理器和嵌套向量中断控制器(Nested Vectored Interrupt Controller,NVIC)对所有异常按优先级进行排序并处理。所有异常都在处理模式(Handler mode)中操作。出现异常时,自动将处理器状态保存到堆栈中,并在中断服务例程(ISR)结束时自动从堆栈中恢复。在状态保存的同时取出向量快速进入中断。处理器支持末尾连锁(tail – chaining)中断技术,能够在没有多余的状态保存和恢复指令的情况下执行背对背中断(back – to – back interrupt)。以下特性使异常能够得到高效的、低延时的处理:

> 自动的状态保存和恢复。处理器在进入 ISR 之前将状态寄存器压栈,退出 ISR 之后将其弹出,实现上述操作时不需要多余的指令。
> 自动读取代码存储器或数据 SRAM 中包含 ISR 地址的向量表入口。该操作与状态保存同时进行。
> 支持末尾连锁。在末尾连锁中,处理器在两个 ISR 之间不需要对寄存器进行出栈和压栈操作的情况下处理背对背中断。
> 中断优先级可动态重新设置。
> Cortex – M3 与 NVIC 之间采用紧耦合接口,通过该接口可以及早对中断和高优先级的迟来中断进行处理。
> 中断可配置数目为 1～240(总共 256 个,前 16 个为内核专用)。
> 中断优先级可配置数目,从 3～8 位,即 8～256 级(Stellaris 系列仅实现 3 位,即 8 级嵌套,足够用)。
> 处理模式(Handler mode,相当于中断服务程序)和线程模式(Thread mode,相当于主程序)具有独立的堆栈和特权等级。
> 采用 C/C++标准的调用规范:ARM 架构的过程调用标准(Procedure Call Standard for the ARM Architecture,PCSAA)执行 ISR 控制传输。
> 优先级屏蔽支持临界区(critical regions)。

表 20.1 显示了异常类型、优先级以及位置信息。位置是指与向量表开始处的字偏移(位置数×4)。在优先级列中,数字越小表示优先级越高。表中还显示了异常类型的激活方式,即是同步的还是异步的。向量表保存的是中断服务例程的入口地址而非可以执行的指令,中断响应后处理器并非直接跳转到向量表,而是从指定的向量表位置读取 4 个字节(ISR 的真正入口地址)来更新程序计数器 PC。

表 20.1　异常类型

类　型	位　置	优先级	描　述
—	0	—	复位时栈顶从向量表的第一个入口加载
Rest 复位	1	—3(最高)	上电和热复位(warm reset)时调用,在第一条指令上优先级降到最低(线程模式),异步的
Non - maskable Interrupt 不可屏蔽中断(NMI)	2	—2	不能被除复位之外的任何异常停止或占先,异步的
Hard Fault 硬故障	3	—1	由于优先级的原因或可配置的故障处理被禁止而导致不能将故障激活时的所有类型故障,同步的
Memory Management 存储器管理	4	可配置	MPU 不匹配,包括违反访问规范以及不匹配,是同步的,即使 MPU 被禁止或不存在,也可以用它来支持默认的存储器映射的 XN 区域
Bus Fault 总线故障	5	可配置	预取指故障、存储器故障以及其他相关的地址/存储故障,精确时为同步,不精确时为异步
Usage Fault 使用故障	6	可配置	使用故障,例如,执行未定义的指令或尝试不合法的状态转换,是同步的
	7～10	—	保留
SVCall 系统服务调用	11	可配置	利用 SVC 指令调用系统服务,是同步的
Debug Monitor 调试监控	12	可配置	调试监控,在处理器没有停止时出现,是同步的,但只有在使能时是有效的,如果它的优先级比当前有效异常的优先级低,则不能被激活
	13	—	保留
PendSV 可挂起的系统服务请求	14	可配置	可挂起的系统服务请求,是异步的,只能由软件来实现挂起
SysTick 系统节拍定时器	15	可配置	系统节拍定时器(System tick timer)已启动,是异步的
External Interrupt 外部中断	16 及以上	可配置	在内核的外部产生(外部设备),INTISR[239:0],通过 NVIC(设置优先级)输入,都是异步的

20.3　中断基本编程方法

1. 使能相关片内外设,并进行基本的配置

　　对于中断源涉及的片内外设必须首先使能,使能的方法是调用头文件<sysctl. h>中的函数 SysCtlPeripheralEnable()。使能该片内外设以后,还要进行必要的基本

配置。

2. 设置具体中断的类型或触发方式

不同片内外设具体中断的类型或触发方式也各不相同。在使能中断之前,必须对其正确设置。以 GPIO 为例,分为边沿触发、电平触发两大类,共 5 种,这要通过调用函数 GPIOIntTypeSet()来进行设置。

3. 使能中断

对于 Stellaris 系列 ARM,使能一个片内外设的具体中断,通常要采取分 3 步走的方法:

> 调用片内外设具体中断的使能函数;
> 调用函数 IntEnable(),使能片内外设的总中断;
> 调用函数 IntMasterEnable(),使能处理器总中断。

4. 编写中断服务函数

C 语言是函数式语言,ISR 可以称为"中断服务函数"。中断服务函数从形式上跟普通函数类似,但在命名及具体的处理上有所不同。

(1) 中断服务函数命名

在 Keil 或 IAR 开发环境下,中断服务函数的名称可以由程序员自行指定,但是为了提高程序的可移植性,建议采用标准的中断服务函数名称,参见表 20.2。例如,GPIOC 端口的中断服务函数名称是 GPIO_Port_C_ISR,对应的函数头应当是 void GPIO_Port_C_ISR(void)。其中,参数和返回值都必须是 void 类型。

(2) 中断函数名称

中断函数名称详见表 20.2 的描述。

(3) 中断状态查询

一个具体的片内外设可能存在多个子中断源,但是都共用同一个中断向量。例如 GPIOA 有 8 个引脚,每个引脚都可以产生中断,但是都共用同一个中断向量号 16,任一引脚发生中断时都会进入同一个中断服务函数。为了能够准确区分每一个子中断源,就需要利用中断状态查询函数,例如 GPIO 的中断状态查询函数是 GPIO-PinIntStatus()。如果不使能中断,而采取纯粹的"轮询"编程方式,则也是利用中断状态查询函数来确定是否发生了中断以及具体是哪个子中断源产生的中断。

(4) 中断清除

对于 Stellaris 系列 ARM 的所有片内外设,在进入中断服务函数后,中断状态并不能自动清除,而必须采用软件清除(但是属于 Cortex - M3 内核的中断源例外,因为它们不属于"外设")。如果中断未被及时清除,则在退出中断服务函数时会立即再次触发中断而造成混乱。清除中断的方法是调用相应片内外设的中断清除函数。例如,GPIO 端口的中断清除函数是 GPIOPinIntClear()。

表 20.2   中断函数名称

向量号	中断服务函数名	向量号	中断服务函数名	向量号	中断服务函数名
0	（堆栈初值）	22	UART1_ISR	44	System_Control_ISR
1	reset_handler	23	SSI_ISR 或 SSI0_ISR	45	FLASH_Control_ISR
2	Nmi_ISR	24	12C_ISR 或 12C0_ISR	46	GPIO_Port_F_ISR
3	Fault_ISR	25	PWM_Fault_ISR	47	GPIO_Port_G_ISR
4	（MPU）	26	PWM_Generator_0_ISR	48	GPIO_Port_H_ISR
5	(Bus fault)	27	PWM_Generator_1_ISR	49	UART2_ISR
6	(Usage fault)	28	PWM_Generator_2_ISR	50	SSI1_ISR
7	(Reserved)	29	QEI_ISR 或 QEI0_ISR	51	Timer3A_ISR
8	(Reserved)	30	ADC_Sequenoe_0_ISR	52	Timer3B_ISR
9	(Reserved)	31	ADC_Sequenoe_1_ISR	53	12C1_ISR
10	(Reserved)	32	ADC_Sequenoe_2_ISR	54	QEI1_ISR
11	SVCall_ISR	33	ADC_Sequenoe_3_ISR	55	CAN0_ISR
12	(Debug monitor)	34	Watchdog_Timer_ISR	56	CAN1_ISR
13	(Reserved)	35	Timer0A_ISR	57	CAN2_ISR
14	PendSV_ISR	36	Timer0B_ISR	58	ETHERNET_ISR
15	SysTick_ISR	37	Timer1A_ISR	59	HIBERNATE_ISR
16	GPIO_port_A_ISR	38	Timer1B_ISR	60	USB0_ISR
17	GPIO_port_B_ISR	39	Timer2A_ISR	61	PWM_Generator_3_ISR
18	GPIO_port_C_ISR	40	Timer2B_ISR	62	uDMA_ISR
19	GPIO_port_D_ISR	41	Analog_Comparator_0_ISR	63	uDMA_Error_ISR
20	GPIO_port_E_ISR	42	Analog_Comparator_1_ISR		
21	UART0_ISR	43	Analog_Comparator_2_ISR		

5. 注册中断服务函数

中断服务函数虽然已经编写完成,但是当中断事件产生时程序还是无法找到它,因为还缺少最后一个步骤——注册中断服务函数。注册方法有两种,方法一是直接利用中断注册函数,优点是操作简单、可移植性好,缺点是由于把中断向量表重新映射到 SRAM 中而导致执行效率下降;另一种方法需要修改启动文件,优点是执行效率很高,缺点是可移植性不够好。建议采用后一种方法,因为效率优先、操作也并不复杂。

在不同的软件开发环境下,通过修改启动文件注册中断服务函数的方法也各不相同。

在 Keil 开发环境下,启动文件 Startup.s 是用汇编写的,以中断服务函数 void I2C_ISR(void)为例,找到 Vectors 表格的"DCD　IntDefaultHandler　;I2C0 Master and Slave",在其前面插入声明

extern　　　I2C _ISR

再根据 Vectors 表格的注释内容找到外设 I2C0 的位置,把相应的 IntDefaultHandler 替换为 I2C_ISR 即可完成。

DCD　　　I2C _ISR　　　　;I2C0 Master and Slave

在 IAR 开发环境下,启动文件 startup_ewarm.c 是用 C 语言写的,很好理解。仍以中断服务函数 void I2C_ISR(void)为例,先在向量表的前面插入函数声明:

void I2C_ISR(void);

然后在向量表里,根据注释内容找到外设 I2C0 的位置,把相应的 IntDefault-Handler 替换为 I2C_ISR 即可完成。

上述几个步骤完成后就可以等待中断事件的到来。当中断事件产生时,程序就会自动跳转到对应的中断服务函数去处理。

20.4　中断的 API 函数

本实验涉及 IntEnable()、IntDisable() 、IntMasterEnable()、IntMasterDisable()、IntPrioritySet()、IntPriorityGet()函数,下面将详细介绍各函数功能。

1. 片内外设中断使能与禁止

库函数 IntEnable()和 IntDisable()是对某个片内功能模块的中断进行总体上的使能控制。中断分为两大类:一类是属于 ARM Cortex - M3 内核的,如 NMI、Sy-sTick 等,中断向量号在 15 以内;另一类是 Stellaris 系列 ARM 特有的,如 GPIO、UART、PWM 等,中断向量号在 16 以上,详见表 20.3 和表 20.4 的描述。

表 20.3　函数 IntEnable()

功　能	使能一个片内外设的中断
原　型	void IntEnable(unsigned long ulInterrupt)
参　数	ulInterrupt:指定被使能的片内外设中断,具体取值请参考 ARM 的中断源
返　回	无

表 20.4　函数 IntDisable()

功　能	禁止一个片内外设的中断
原　型	.void IntDisable(unsigned long ulInterrupt)
参　数	ulInterrupt:指定被使能的片内外设中断,具体取值请参考 ARM 的中断源
返　回	无

2. 处理器中断使能与禁止

库函数 IntMasterEnable() 可以使能 ARM Cortex - M3 处理器内核的总中断，IntMasterDisable() 可以禁止 ARM Cortex - M3 处理器内核响应所有中断。例外情况是复位（Reset ISR）、不可屏蔽中断（NMI ISR）、硬故障中断（Fault ISR），它们可能随时发生而不能通过软件禁止，详见表 20.5 和表 20.6 的描述。

表 20.5　函数 IntMasterEnable( )

功　能	使能处理器中断
原　型	tBoolean IntMasterEnable(void)
参　数	无
返　回	如果在调用该函数之前处理器中断是使能的，则返回 false 如果在调用该函数之前处理器中断是禁止的，则返回 true
说　明	对复位 Reset、不可屏蔽中断 NMI、硬故障 Fault 无效

表 20.6　函数 IntMasterDisable( )

功　能	禁止处理器中断
原　型	tBoolean IntMasterDisable(void)
参　数	无
返　回	如果在调用该函数之前处理器中断是使能的，则返回 false 如果在调用该函数之前处理器中断是禁止的，则返回 true

3. 中断优先级

ARM Cortex - M3 处理器内核可以配置的中断优先级最多可以有 256 级。虽然 Stellaris 系列 ARM 只实现了 8 个中断优先级，但对于一个实际的应用来说已经足够了。在较为复杂的控制系统中，中断优先级的设置会显得非常重要。

函数 IntPrioritySet() 和 IntPriorityGet() 用来管理一个片内外设的优先级，详见表 20.7 和表 20.8 的描述。当多个中断源同时产生时，优先级最高的中断首先被处理器响应并得到处理。正在处理较低优先级中断时，如果有较高优先级的中断产生，则处理器立即转去处理较高优先级的中断。正在处理的中断不能被同级或较低优先级的中断所打断。

表 20.7　函数 IntPrioritySet( )

功　能	设置一个中断的优先级
原　型	void IntPrioritySet(unsigned long ulInterrupt, unsigned char ucPriority)
参　数	ulInterrupt：指定的中断源，具体取值请参考 ARM 的中断源 ucPriority：要设定的优先级，应当取值(0~7)<<5，数值越小优先级越高
返　回	无

表 20.8 函数 IntPriorityGet( )

功 能	获取一个中断的优先级
原 型	long IntPriorityGet(unsigned long ulInterrupt)
参 数	ulInterrupt：指定的中断，具体取值请参考 ARM 的中断源 ucPriority：要设定的优先级，应当取值(0～7)≪5，数值越小优先级越高
返 回	返回中断优先级数值，该返回值除以 32（即右移 5 位）后才能得到优先级数 0～7。 如果指定了一个无效的中断，则返回−1

20.5 硬件设计

主要原理就是将 PB5 端口配置为中断引脚，SW1 按下便产生中断。按键 SW1部分原理图如图 20.3 所示。注意连接好 JP4 跳线帽。

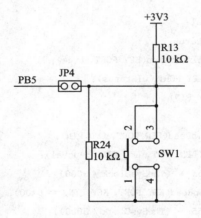

图 20.3 硬件设计

20.6 软件设计

文件 main. c 如下：

```
int main(void)
{
    jtagWait();                              //防止 JTAG 失效，重要
    clockInit();                             //时钟初始化：晶振，33.33 MHz

    SysCtlPeriEnable(LED_PERIPH);            //使能 LED 所在的 GPIO 端口
    GPIOPinTypeOut(LED_PORT, LED_PIN);       //设置 LED 所在引脚为输出
```

```
    SysCtlPeriEnable(KEY_PERIPH);                //使能 KEY 所在的 GPIO 端口
    GPIOPinTypeIn(KEY_PORT, KEY_PIN);            //设置 KEY 所在引脚为输入
    GPIOIntTypeSet(KEY_PORT, KEY_PIN, GPIO_LOW_LEVEL);//设置 KEY 引脚的中断类型
    GPIOPinIntEnable(KEY_PORT, KEY_PIN);         //使能 KEY 所在引脚的中断
    IntEnable(INT_GPIOB);                        //使能 GPIOB 端口中断
    IntMasterEnable();                           //使能处理器中断
    for (;;)                                     //等待 KEY 中断
    {
    }
}


//GPIOD 的中断服务函数
void GPIO_Port_B_ISR(void)
{
    unsigned char ucVal;
    unsigned long ulStatus;
    ulStatus = GPIOPinIntStatus(KEY_PORT, true);      //读取中断状态
    GPIOPinIntClear(KEY_PORT, ulStatus);              //清除中断状态
    if (ulStatus & KEY_PIN)                           //如果 KEY 的中断状态有效
    {
        ucVal = GPIOPinRead(LED_PORT, LED_PIN);       //翻转 LED
        GPIOPinWrite(LED_PORT, LED_PIN, ~ucVal);
        SysCtlDelay(55 * (TheSysClock / 3000));       //延时约 10 ms,按键去抖
        while (GPIOPinRead(KEY_PORT, KEY_PIN) == 0x00); //等待 KEY 抬起
        SysCtlDelay(55 * (TheSysClock / 3000));       //延时约 10 ms,松键去抖
    }
}
```

20.7　下载验证

　　例程下载运行后,按下 SW1 按键便进入中断函数 GPIO_Port_B_ISR,翻转 LED1,如图 20.4 和图 20.5 所示。

图 20.4 进入中断翻转 LED1

图 20.5 再次进入中断翻转 LED1

第**21**章

μDMA 实验

本章介绍了 LM3S9B96 的 μDMA 功能。通过 μDMA 可以直接访问存储器而不经过 CPU，减轻了 CPU 负担，提高了微控制器性能。例程实现了内存及 UART 数据的 μDMA 传送功能。

21.1　μDMA 简介

LM3S9B96 微控制器内置一个直接存储器访问（Direct Memory Access，简写为 DMA）控制器，称为微型 DMA （μDMA）控制器。μDMA 控制器提供的工作方式能够分载 Cortex‑M3 处理器参与的数据传输任务，从而更加高效地使用内核以及总线带宽。μDMA 控制器能够自动执行存储器与外设之间的数据传输。片上每个支持 μDMA 功能的外设都有专用的 μDMA 通道，通过合理的编程配置，当外设需要时能够自动在外设和存储器之间传输数据。μDMA 控制器具有以下特性：

> ➤ 具有所支持外设的专用通道；
> ➤ 对于具有接收和发送通道的器件，一条通道用于发送，一条通道用于接收；
> ➤ 具有由软件启动数据传输的专用通道；
> ➤ 可以对通道进行单独的配置和操作；
> ➤ 每个通道的仲裁方案是可配置的；
> ➤ 两个优先级别；
> ➤ 服从 Cortex‑M3 处理器总线用法；
> ➤ 数据大小为 8、16 或 32 位。
> ➤ 地址增量可分为字节、半字、字增量或无增量。
> ➤ 可屏蔽的设备请求；
> ➤ 可以在任一通道中使用可选软件来开始数据传输；
> ➤ 传输完成时产生中断。

μDMA 控制器支持几种不同的传输模式,从而允许执行复杂的传输程序。以下是提供的传输模式:

基本模式:器件的请求有效时执行一个简单的传输。在数据传输时,只要外设提交请求行命令,此模式适合与外设一起使用。如果请求无效,则停止传输,即使传输仍未结束。

自动请求模式:执行一个由请求启动的简单传输,即使请求无效,此模式仍将完成整个传输。此模式适用于由软件引起传输。

乒乓模式:此模式一般用于两个缓冲区间的收发数据,在填充每个缓冲区时,可从一个缓冲区切换到另一个缓冲区。在需要确保外设能接收或发送连续的数据流这一方式时,这个模式则适用于与外设一起使用。然而,在中断处理程序中建立需要的代码来管理乒乓缓冲区,操作起来会变得更为复杂。

存储器分散聚集模式:是一个复杂模式,提供了一个设置 μDMA 控制器的传输"任务"列表的方法。数据块能在存储器的任意位置来回传送。

外设分散聚集模式:与存储器分散聚集模式模式相似,除了它是由外设请求控制之外。

21.2 μDMA 主要用途和优点

μDMA 主要适用于一些高速的 I/O 设备。这些设备传输字节或字的速度非常快,如果用输入输出指令或采用中断的方法来传输字节信息,则会大量占用 CPU 的时间,同时也容易造成数据的丢失。而 μDMA 方式能使 I/O 设备直接和存储器进行成批数据的快速传送。

μDMA 控制器支持多种数据宽度以及地址递增机制,各 DMA 通道之间具有不同的优先级,还提供了多种传输模式,能够通过预编程实现十分复杂的自动传输流程。μDMA 控制器对总线的占用总是次于处理器内核,因此绝不影响处理器的总线会话。由于 μDMA 控制器只会在总线空闲时占用总线,因此它提供的数据传输带宽非常独立,不会影响系统其他部分的正常运行。此外总线架构还经过了优化,增强了处理器内核与 μDMA 控制器高效共享片上总线的能力,从而大大提高了性能。优化的内容包括 RAM 条带处理以及外设总线分段,在大多数情况下允许处理器内核和 μDMA 控制器同时访问总线并执行数据传输。

21.3 μDMA 工作过程

1. 预处理阶段

测试设备状态:向 μDMA 控制器的设备地址寄存器中送入设备号,并启动设备;

向主存地址计数器中送入欲交换数据的主存起始地址;向字计数器中送入欲交换的数据个数。

外部设备准备好发送的数据(输入)或上次接收的数据已处理完毕(输出)时,将通知 μDMA 控制器发出 μDMA 请求,申请主存总线。

2. 数据传送

(1) 输入操作时

① 首先从外部设备读入一个字 32 位数据(或 8 位,16 位数据宽度)到 μDMA 数据缓冲区。

② 外部设备发选通脉冲,使 μDMA 控制器中的 DMA 请求标志触发器置"1"。

③ μDMA 控制器向 CPU 发出总线请求信号。

④ CPU 在完成了现行机器周期后,即响应 DMA 请求,发出总线允许信号,并由 μDMA 控制器发出 DMA 响应信号,使 DMA 请求标记触发器复位。此时,由 μDMA 控制器接管系统总线。

⑤ 将 μDMA 控制器中主存地址寄存器中的主存地址送地址总线。

⑥ 将 μDMA 数据缓冲区中的内容送数据总线。

⑦ 在读/写控制信号线上发出写命令。

⑧ 将 μDMA 地址寄存器的内容加 1,从而得到下一个地址,字计数器减 1。

⑨ 判断字计数器的值是否为"0"。若不为"0",说明数据块没有传送完毕,返回⑤,传送下一个数据;若为"0",说明数据块已经传送完毕,则向 CPU 申请中断处理。

(2) 输出操作时

① 当 DMA 数据缓冲区已将输出数据送至 I/O 设备后,则表示数据缓冲寄存器为"空"。

② 外部设备发选通脉冲,使 μDMA 控制器中的 DMA 请求标志触发器置"1"。

③ μDMA 控制器向 CPU 发出总线请求信号。

④ CPU 在完成了现行机器周期后,即响应 DMA 请求,发出总线允许信号,并由 μDMA 控制器发出 DMA 响应信号,使 DMA 请求标记触发器复位。此时,由 μDMA 控制器接管系统总线。

⑤ 将 μDMA 控制器中主存地址寄存器中的主存地址送地址总线,在读/写控制信号线上发出读命令。

⑥ 主存将相应地址单元的内容通过数据总线读入到 DMA 数据缓冲区中。

⑦ 将 DMA 数据缓冲寄存器的内容送到输出设备。

⑧ 将 DMA 地址寄存器的内容加 1,从而得到下一个地址,字计数器减 1。

⑨ 判断字计数器的值是否为"0"。若不为"0",说明数据块没有传送完毕,返回到⑤,传送下一个数据;若为"0",说明数据块已传送完毕,则向 CPU 申请中断处理。

3. 传送后处理

① 校验送入主存的数据是否正确。

② 决定是否继续用 μDMA 传送其他数据块。

③ 测试在传送过程中是否发生错误。

21.4　μDMA 的 API 函数

本实验中涉及 uDMAEnable( )、uDMAControlBaseSet( )、uDMAChannelAttributeEnable( )、uDMAChannelAttributeDisable( )、uDMAChannelControlSet( )、uD-MAChannelTransferSet( )、uDMAChannelEnable( )、uDMAChannelRequest( )函数，下面将详细介绍各函数功能。

设置和执行一个 μDMA 传输时，函数调用的顺序如下：

➢ 调用 uDMAEnable( )一次来使能控制器。

➢ 调用 uDMAControlBaseSet( )一次来设置通道控制表。

➢ 调用 uDMAChannelAttributeEnable( )一次或很少调用它来配置通道的操作。

➢ 函数 uDMAChannelControlSet( )一般用来设置数据传输的特性。如果数据传输的特性并不发生改变，那么只须调用此函数一次。

➢ 函数 uDMAChannelTransferSet( )一般用来设置一次传输的缓冲区指针和尺寸。在开始一次新传输之前调用此函数。

➢ 函数 uDMAChannelEnable( )使能一个通道以便执行数据传输。

➢ 函数 uDMAChannelRequest( )一般用来开始一个基于软件的传输。这个函数通常不用于基于外设的传输。

1. μDMA 使能

函数 uDMAEnable( )用来使能 μDMA 控制器，详见表 21.1 的描述。

表 21.1　函数 uDMAEnable( )

功　能	使能 μDMA 控制器的用法
原　型	void uDMAEnable(void)
描　述	此函数使能 μDMA 控制器。在 μDMA 控制器能被配置和使用前，必须使能 μDMA 控制器
返　回	无

2. 通道控制表

如果 μDMA 控制器使能，必须告诉它到哪里去查找系统存储器中的通道控制结构。这一步通过使用函数 uDMAControlBaseSet( )和把一个指针传给通道控制结构的底部来完成。控制结构必须由应用程序分配。分配的方法是声明一个数据数组类型为 char 或 unsigned char。为了支持全部通道和传输模式,控制表数组应为 1 024 个字节;但根据所用的传输模式和实际使用的通道数,它的值可少于 1 024 个字节,详见表 21.2 的描述。

表 21.2　函数 uDMAControlBaseSet( )

功　能	设置通道控制表的基址
原　型	void uDMAControlBaseSet(void ＊ pControlTable)
参　数	pControlTable 是指针,指向 μDMA 通道控制表中以 1 024 字节对齐的基址
描　述	此函数设置通道控制表的基址。这个表位于系统存储器,并保存着每一个 μDMA 通道的控制信息。这个表必须对齐 1 024 字节边界。必须先设置基址,然后才能使用任何通道函数。通道控制表的大小取决于 μDMA 通道号和使用的传输模式
返　回	无

3. 配置通道

μDMA 控制器支持 32 个通道。每个通道都具有一组属性标志来控制某些 μDMA 特性和通道操作。属性标志由函数 uDMAChannelAttributeEnable( )设置和函数 uDMAChannelAttributeDisable( )清除,详见表 21.3 和表 21.4 的描述。

表 21.3　函数 uDMAChannelAttributeEnable( )

功　能	使能一个 μDMA 通道的属性
原　型	void uDMAChannelAttributeEnable(unsigned long ulChannel,unsigned long ulAttr)
参　数	ulChannel:要配置的通道 ulAttr:通道的组合属性
描　述	ulChannel 参数必须是下列中的一个: 　　UART0 接收通道的 UDMA_CHANNEL_UART0RX; 　　UART0 发送通道的 UDMA_CHANNEL_UART0TX; 　　UART1 接收通道的 UDMA_CHANNEL_UART1RX; 　　UART1 发送通道的 UDMA_CHANNEL_UART1TX; 　　SSI0 接收通道的 UDMA_CHANNEL_SSI0RX; 　　SSI0 发送通道的 UDMA_CHANNEL_SSI0TX; 　　SSI1 接收通道的 UDMA_CHANNEL_SSI1RX; 　　SSI1 发送通道的 UDMA_CHANNEL_SSI1TX; 　　软件专用的 uDMA 通道的 UDMA_CHANNEL_SW。 具有一个 USB 外设的微控制器的 ulChannel 参数必须是下列中的一个: 　　USB 端点 1 接收的 UDMA_CHANNEL_USBEP1RX; 　　USB 端点 1 发送的 UDMA_CHANNEL_USBEP1TX; 　　USB 端点 2 接收的 UDMA_CHANNEL_USBEP2RX; 　　USB 端点 2 发送的 UDMA_CHANNEL_USBEP2TX

续表 21.3

描 述	USB 端点 3 接收的 UDMA_CHANNEL_USBEP3RX； USB 端点 3 发送的 UDMA_CHANNEL_USBEP3TX。 ulAttr 参数是下列值的任何一个的逻辑或： UDMA_ATTR_USEBURST 用来限制传输，以便只能使用一个突发模式； UDMA_ATTR_ALTSELECT 用来选择这个通道的备用控制结构； UDMA_ATTR_HIGH_PRIORITY 用来把这个通道设置为高优先级； UDMA_ATTR_REQMASK 用来屏蔽这个通道的外设硬件请求信号
返 回	无

表 21.4 函数 uDMAChannelAttributeDisable()

功 能	禁止一个 uDMA 通道的属性
原 型	void uDMAChannelAttributeDisable(unsigned long ulChannel，unsigned long ulAttr)
参 数	ulChannel：要配置的通道 ulAttr：通道的组合属性
描 述	此函数用来禁止一个 uDMA 通道的属性。 ulChannel 参数必须是下列中的一个： UART0 接收通道的 UDMA_CHANNEL_UART0RX； UART0 发送通道的 UDMA_CHANNEL_UART0TX； UART1 接收通道的 UDMA_CHANNEL_UART1RX； UART0 发送通道的 UDMA_CHANNEL_UART1TX； SSI0 接收通道的 UDMA_CHANNEL_SSI0RX； SSI0 发送通道的 UDMA_CHANNEL_SSI0TX； SSI1 接收通道的 UDMA_CHANNEL_SSI1RX； SSI1 发送通道的 UDMA_CHANNEL_SSI1TX； 软件专用的 uDMA 通道的 UDMA_CHANNEL_SW。 具有一个 USB 外设的微控制器的 ulChannel 参数必须是下列中的一个： USB 端点 1 接收的 UDMA_CHANNEL_USBEP1RX； USB 端点 1 发送的 UDMA_CHANNEL_USBEP1TX； USB 端点 2 接收的 UDMA_CHANNEL_USBEP2RX； USB 端点 3 接收的 UDMA_CHANNEL_USBEP3RX； USB 端点 3 发送的 UDMA_CHANNEL_USBEP3TX。 ulAttr 参数是下列值的任何一个的逻辑或： UDMA_ATTR_USEBURST 用来限制传输，以便只能使用一个突发模式； UDMA_ATTR_ALTSELECT 用来选择这个通道的备用控制结构； UDMA_ATTR_HIGH_PRIORITY 用来把这个通道设置为高优先级； UDMA_ATTR_REQMASK 用来屏蔽这个通道的外设硬件请求信号
返 回	无

4. 配置数据传输特性

μDMA 传输的控制参数控制着要被传输数据项目的大小和地址增量。函数 uDMAChannelControlSet()一般用来设置这些控制参数,详见表 21.5 的描述。

表 21.5　函数 uDMAChannelControlSet( )

功　能	设置一个 μDMA 通道的控制参数
原　型	void uDMAChannelControlSet(unsigned long ulChannel,unsigned long ulControl)
参　数	ulChannel:μDMA 通道号与 UDMA_PRI_SELECT 或 UDMA_ALT_SELECT 的逻辑或 ulControl:设置通道控制参数的几个控制值的逻辑或
描　述	此函数一般用来设置 μDMA 传输的控制参数。这是典型的参数,不会经常发生变动。 ulChannel 参数是已在 uDMAChannelEnable()函数中文件说明的其中一个选择。它应该是通道与其中一个 UDMA_PRI_SELECT 或 UDMA_ALT_SELECT 的逻辑或,以便选择是使用主要数据结构还是使用备用数据结构。 ulControl 参数是 5 个值的逻辑或:数据大小、源地址增量、目的地址增量、仲裁大小和使用的突发标志。这些可选择使用的每一组值描述如下: 从 UDMA_SIZE_8、UDMA_SIZE_16 或 UDMA_SIZE_32 当中选取一个数据大小,以选定 8、16 或 32 位的数据大小。 从 UDMA_DST_INC_8、UDMA_DST_INC_16、UDMA_DST_INC_32 或 UDMA_DST_INC_NONE 当中选取一个增量大小,以选定 8 位字节、16 位半字、32 位字或无增量的地址增量。 仲裁大小在 uDMA 控制器重新仲裁总线前确定传输了多少个项目。从 UDMA_ARB_1、UDMA_ARB_2、UDMA_ARB_4、UDMA_ARB_8 直到 UDMA_ARB_1024 当中选择一个仲裁大小,以便选择出 1~1 024 个项目的仲裁大小,大小为 2 的幂次方。 UDMA_NEXT_USEBURST 值用于强制通道在分散-聚集传输结束的末尾时对突发请求作出响应。 注:地址增量不能少于数据大小
返　回	无

5. 缓冲区指针和尺寸

为了设置传输地址、传输大小和传输模式,可以使用函数 uDMAChannelTransferSet(),详见表 21.6 的描述。

表 21.6　函数 uDMAChannelTransferSet( )

功　能	设置 μDMA 通道的传输参数
原　型	void uDMAChannelTransferSet(unsigned long ulChannel, 　　　　　　　　　　　　　　　　unsigned long ulMode, 　　　　　　　　　　　　　　　　void * pvSrcAddr, 　　　　　　　　　　　　　　　　void * pvDstAddr, 　　　　　　　　　　　　　　　　unsigned long ulTransferSize)

参　数	ulChannel：μDMA 通道号与 UDMA_PRI_SELECT 或 UDMA_ALT_SELECT 的逻辑或 ulMode：μDMA 传输的类型
描　述	pvSrcAddr：传输的源地址 pvDstAddr：传输的目的地址 ulTransferSize：要传输的数据项目数 此函数设置 μDMA 通道的传输参数。这些参数通常是经常变动的。在调用此函数前，必须要至少调用 uDMAChannelControlSet（）函数一次。 ulChannel 参数是在 uDMAChannelEnable（）函数中文件说明的其中一个选择。它是通道与 UDMA_PRI_SELECT 或 UDMA_ALT_SELECT 的逻辑或，用以选择是使用主要数据结构还是使用备用数据结构。 ulMode 参数应该是以下值的其中一个值： 　　UDMA_MODE_STOP 停止 μDMA 传输。在传输结束时，控制器设置此值的模式。 　　UDMA_MODE_BASIC 根据请求执行一个基本的传输。 　　UDMA_MODE_AUTO 执行一个传输，传输一旦开始，它总是会完成的，即使请求被取消。 　　UDMA_MODE_PINGPONG 设置一个在主要和备用控制结构间切换的通道传输。在进行 μDMA 传输时，这允许使用 ping-pong 缓冲。 　　UDMA_MODE_MEM_SCATTER_GATHER 设置一个存储器分散-聚集传输。 　　UDMA_MODE_PER_SCATTER_GATHER 设置一个外设分散-聚集传输。 pvSrcAddr 和 pvDstAddr 参数是指针，指向将要数据被传输的第一个位置。这些地址应按照项目大小对齐。编译器要对指针是否正指向存放适当的数据类型的存放处负责。 ulTransferSize 参数是数据项目数，不是字节数。 二个分散/聚集模式，存储器和外设，根据所选择的是主要控制结构还是备用控制结构，这二个模式实际上是不相同的。此函数将会寻找 UDMA_PRI_SELECT 和 UDMA_ALT_SELECT 标志和通道号，同时对分散/聚集模式进行适当的设置，以使它们能适用于主要或备用控制结构。 在调用此函数后，同样必须要使用 uDMAChannelEnable（）来使能通道。除非通道已完成设置和使能，否则将不能开始传输。注意，在传输结束后，通道会被自动禁止，意味着在建立下一次传输时后，必须要再次调用 uDMAChannelEnable（）。 注：请谨慎注意不要修改正在使用中的通道控制结构，否则会出现不可预知的后果，包括存储器（或外设）接收或发送非期望的数据传输的可能性。对于 BASIC 和 AUTO 模式，在通道禁止或 uDMAChannelstellaris ModeGet（）返回 UDMA_MODE_STOP 时，发生变化则是安全的。对于 PINGPONG 或 SCATTER_GATHER 模式中的其中一种模式，只有当另一个模式正在被使用时，修改主要或备用控制结构是安全的。当不激活通道控制结构时，uDMAChannelModeGet（）函数将会返回 UDMA_MODE_STOP，并能安全地对它进行修改
返　回	无

6. 使能通道

函数 uDMAChannelEnable（）用来使能通道，详见表 21.7 的描述。

表 21.7　函数 uDMAChannelEnable( )

功　能	使能 μDMA 通道的操作
原　型	void uDMAChannelEnable(unsigned long ulChannel)
参　数	ulChannel：要使能的通道号
描　述	此函数使能一个使用的特定的 μDMA 通道。此函数必须先使能一个通道,然后才能执行一次 μDMA 传输。当一次 μDMA 传输完成时,μDMA 控制器将会自动禁止此通道。因此,此函数应要在启动任何新传输前被调用。 ulChannel 参数必须是下列中的一个: 　　UART0 接收通道的 UDMA_CHANNEL_UART0RX; 　　UART0 发送通道的 UDMA_CHANNEL_UART0TX; 　　UART1 接收通道的 UDMA_CHANNEL_UART1RX; 　　UART1 发送通道的 UDMA_CHANNEL_UART1TX; 　　SSI0 接收通道的 UDMA_CHANNEL_SSI0RX; 　　SSI0 发送通道的 UDMA_CHANNEL_SSI0TX; 　　SSI1 接收通道的 UDMA_CHANNEL_SSI1RX; 　　SSI1 发送通道的 UDMA_CHANNEL_SSI1TX; 　　软件专用的 μDMA 通道的 UDMA_CHANNEL_SW。 具有一个 USB 外设的微控制器的 ulChannel 参数必须是下列中的一个: 　　USB 端点 1 接收的 UDMA_CHANNEL_USBEP1RX; 　　USB 端点 1 发送的 UDMA_CHANNEL_USBEP1TX; 　　USB 端点 2 接收的 UDMA_CHANNEL_USBEP2RX; 　　USB 端点 2 发送的 UDMA_CHANNEL_USBEP2TX 　　USB 端点 3 接收的 UDMA_CHANNEL_USBEP3RX; 　　USB 端点 3 发送的 UDMA_CHANNEL_USBEP3TX
返　回	无

7. 开始传输

函数 uDMAChannelRequest( )用来请求一个 μDMA 通道启动传输,详见表 21.8 的描述。

表 21.8　函数 uDMAChannelRequest( )

功　能	请求一个 μDMA 通道启动传输
原　型	void uDMAChannelRequest(unsigned long ulChannel)
参　数	ulChannel：这个通道来请求一个 μDMA 传输的通道号
描　述	此函数允许用软件来请求一个 μDMA 通道开始一次传输。这个函数可用于执行存储器到存储器的传输,或如果由于某些原因,需要由软件而不是与此通道相关的外设来开始的一次传输

描　述	ulChannel 参数必须是下列中的一个： 　　UART0 接收通道的 UDMA_CHANNEL_UART0RX； 　　UART0 发送通道的 UDMA_CHANNEL_UART0TX； 　　UART1 接收通道的 UDMA_CHANNEL_UART1RX； 　　UART1 发送通道的 UDMA_CHANNEL_UART1TX； 　　SSI0 接收通道的 UDMA_CHANNEL_SSI0RX； 　　SSI0 发送通道的 UDMA_CHANNEL_SSI0TX； 　　SSI1 接收通道的 UDMA_CHANNEL_SSI1RX； 　　SSI1 发送通道的 UDMA_CHANNEL_SSI1TX； 　　软件专用的 μDMA 通道的 UDMA_CHANNEL_SW。 具有一个 USB 外设的微控制器的 ulChannel 参数必须是下列中的一个： 　　USB 端点 1 接收的 UDMA_CHANNEL_USBEP1RX； 　　USB 端点 1 发送的 UDMA_CHANNEL_USBEP1TX； 　　USB 端点 2 接收的 UDMA_CHANNEL_USBEP2RX； 　　USB 端点 2 发送的 UDMA_CHANNEL_USBEP2TX； 　　USB 端点 3 接收的 UDMA_CHANNEL_USBEP3RX； 　　USB 端点 3 发送的 UDMA_CHANNEL_USBEP3TX。 注：如果通道是 UDMA_CHANNEL_SW，并使用了中断，那么在 μDMA 特有的中断产生时将发出传输结束的信号。如果使用了一个外设通道，那么在外设中断产生时将发出传输结束的信号
返　回	无

21.5　软件设计

文件 udma_demo.c 如下：

```
Int main(void)
{
    static unsigned long ulPrevSeconds;
    static unsigned long ulPrevXferCount;
    static unsigned long ulPrevUARTCount = 0;
    static char cStrBuf[40];
    tRectangle sRect;
    unsigned long ulCenterX;
    unsigned long ulXfersCompleted;
    unsigned long ulBytesTransferred;

    // 时钟配置
    SysCtlClockSet(SYSCTL_SYSDIV_4 | SYSCTL_USE_PLL | SYSCTL_OSC_MAIN |
```

```
                                SYSCTL_XTAL_16MHZ);

    // GPIO 初始化
    PinoutSet();

    // 使能外设运行
    SysCtlPeripheralClockGating(true);

    // LCD 初始化
    Lcd240x320x16_8bitInit();

    // 初始化图形上下文和找到中间位置
    GrContextInit(&g_sContext, &g_sLcd240x320x16_8bit);

    // 得到屏幕中心位置
    ulCenterX = GrContextDpyWidthGet(&g_sContext) / 2;

    // 创建横幅
    sRect.sXMin = 0;
    sRect.sYMin = 0;
    sRect.sXMax = GrContextDpyWidthGet(&g_sContext) - 1;
    sRect.sYMax = 23;
    GrContextForegroundSet(&g_sContext, ClrDarkBlue);
    GrRectFill(&g_sContext, &sRect);

    // 横幅周围放白框
    GrContextForegroundSet(&g_sContext, ClrWhite);
    GrRectDraw(&g_sContext, &sRect);

    // 横幅的中间写上应用名称
    GrContextFontSet(&g_sContext, &g_sFontCm20);
    GrStringDrawCentered(&g_sContext, "udma - demo", - 1, ulCenterX, 11, 0);

    // 显示时钟频率
    GrContextFontSet(&g_sContext, &g_sFontCmss18b);
    usnprintf(cStrBuf, sizeof(cStrBuf), "Stellaris @ % u MHz",
              SysCtlClockGet() / 1000000);
    GrStringDrawCentered(&g_sContext, cStrBuf, - 1, ulCenterX, 40, 0);

    // 显示指定内容
    GrStringDrawCentered(&g_sContext, "uDMA Mem Transfers", - 1,
                         ulCenterX, 62, 0);
```

```
GrStringDrawCentered(&g_sContext, "uDMA UART Transfers", - 1,
                ulCenterX, 84, 0);

// 配置 SysTick,产生中断,用作系统参考
SysTickPeriodSet(SysCtlClockGet() / SYSTICKS_PER_SECOND);
SysTickIntEnable();
SysTickEnable();

// 初始化 CPU 用于测量程序
CPUUsageInit(SysCtlClockGet(), SYSTICKS_PER_SECOND, 2);

// 使能 uDMA 控制器,及休眠模式下运行
SysCtlPeripheralEnable(SYSCTL_PERIPH_UDMA);
SysCtlPeripheralSleepEnable(SYSCTL_PERIPH_UDMA);
// 使能 uDMA 错误中断
IntEnable(INT_UDMAERR);
// uDMA 使能
uDMAEnable();
//
uDMAControlBaseSet(ucControlTable);
// 初始化 uDMA 内存传送方式
InitSWTransfer();
// 初始化 uDMA UART 传送
InitUART0Transfer();
// 记录 SysTick 的秒值
ulPrevSeconds = g_ulSeconds;
// 记录内存缓冲的当前计数值
ulPrevXferCount = g_ulMemXferCount;
//
while(1)
{
    // 每秒进行更新
    if(g_ulSeconds != ulPrevSeconds)
    {
        // 显示 CPU 使用百分比
        usnprintf(cStrBuf, sizeof(cStrBuf), "CPU utilization % 2u% % ",
                g_ulCPUUsage >> 16);
        GrStringDrawCentered(&g_sContext, cStrBuf, - 1, ulCenterX, 160, 1);

        // 显示距离结束的时间
        usnprintf(cStrBuf, sizeof(cStrBuf), " Test ends in % d seconds ",
                10 - g_ulSeconds);
```

```
        GrStringDrawCentered(&g_sContext, cStrBuf, - 1, ulCenterX, 120, 1);
        // 记录新的秒值
        ulPrevSeconds = g_ulSeconds;
        // 计算内存每秒传送数据量
        ulXfersCompleted = g_ulMemXferCount - ulPrevXferCount;
        // 记录新的传送值
        ulPrevXferCount = g_ulMemXferCount;
        // 计算内存每秒传送数据量
        ulBytesTransferred = ulXfersCompleted * MEM_BUFFER_SIZE * 4;
        // 输出内存每秒传送速率
        usnprintf(cStrBuf, sizeof(cStrBuf), " % 8u Bytes/Sec ",
                   ulBytesTransferred);
        GrStringDrawCentered(&g_sContext, cStrBuf, - 1, ulCenterX, 182, 1);
        // 计算 UART 每秒传送数据量
        ulXfersCompleted = (g_ulRxBufACount + g_ulRxBufBCount -
                              ulPrevUARTCount);

        // 记录新的 UART 传送值
        ulPrevUARTCount = g_ulRxBufACount + g_ulRxBufBCount;

        // 计算 UART 每秒传送数据量
        ulBytesTransferred = ulXfersCompleted * UART_RXBUF_SIZE * 2;

        // 输出 UART 每秒传送速率
        usnprintf(cStrBuf, sizeof(cStrBuf), " % 8u Bytes/Sec ",
                   ulBytesTransferred);
        GrStringDrawCentered(&g_sContext, cStrBuf, - 1, ulCenterX, 204, 1);
    }

    // 进入睡眠模式
    SysCtlSleep();

    if(g_ulSeconds > = 10)
    {
        break;
    }
}

// 程序停止
GrContextForegroundSet(&g_sContext, ClrRed);
GrStringDrawCentered(&g_sContext, " Stopped ", - 1,
                      ulCenterX, 120, 1);
```

```
while(1)
{
}
}
```

21.6　下载验证

例程演示利用 μDMA 控制器在内存缓冲区之间传递数据和从 USART1 收发数据。测试执行 10 s 后退出，如图 21.1 和图 21.2 所示。

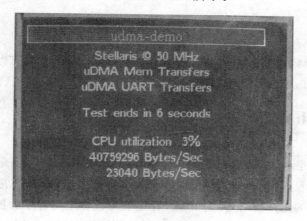

**图 21.1　利用 μDMA 控制器传递数据还有 6 s 停止
及 CPU 占用率、数据传输速率**

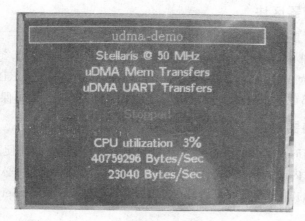

**图 21.2　利用 μDMA 控制器传递数据已经停止
及 CPU 占用率、数据传输速率**

第 **22** 章

Flash 改写实验

　　本章介绍 LM3S9B96 对 Flash 的操作，通过对 Flash 的擦写可以实现模拟 EEP-ROM、编写用户 Bootloader 等功能。例程实现对 Flash 擦除、编程、读取的功能。

22.1　Flash 简介

　　LM3S9B96 带有 256 KB 的 Flash 存储器，用于存储代码和固定数表，正常情况下只能用于执行程序，而不能直接修改存储的内容。但是，片内集成的 Flash 控制器提供了一个友好的用户接口，使得 Flash 存储器可以在应用程序的控制下进行擦除、编程等操作。在 Flash 存储器中还可以应用保护机制，防止 Flash 内容被修改或读出。

1．Flash 存储器区块

　　Flash 存储器是由一组可独立擦除的 1 KB 区块构成的。对一个区块进行擦除将使该区块的全部内容复位为 1。编程操作是按字（32 位）进行的，每个 32 位的字可以编程为将当前为 1 的位变为 0。但是，Flash 保护机制是按照 2 KB 区块划分的，每个 2 KB 的区块都可标记为只读或只执行，以提供不同级别的代码保护。

2．Flash 存储器时序

　　Flash 的操作时序是由 Flash 控制器自动处理的。但是，如此便需要得知系统的时钟速率，以便对内部的信号进行精确计时。为了完成这种计时，必须向 Flash 控制器提供每微秒钟的时钟周期数。由软件负责通过函数 FlashUsecSet() 使 Flash 控制器保持更新。

3．Flash 存储器保护

　　Flash 存储器有 4 种基本的操作方式：

> 执行：Flash 内容当作程序代码，由 CPU 取指令机制自动读出，访问次数无限制；
> 读取：Flash 内容当作固定数表，可以由应用程序读出，访问次数无限制；
> 擦除：按 1 KB 区块整体地被擦除，该区块的全部位内容变成 1，擦除时间约 20 ms；
> 编程：对已擦除的 Flash 内容按 32 位字的方式进行写操作，能将位 1 改为 0，编程时间约 20 μs。

Flash 擦除/编程循环（1→0→1）寿命 10 万次（典型值）。Flash 控制器以 2 KB 区块为基础向用户提供两种形式的基本保护策略：编程保护、读取保护，详见表 22.1 的描述。

表 22.1　Flash 存储器保护模式

编程保护	读取保护	保护模式
0	0	只执行保护，Flash 区块只能被执行而不能被编程、擦除和读取，该模式用来保护代码不被控制器或调试器读取和修改
1	0	Flash 区块可以被编程、擦除或执行，但不能被读取，该组合通常不可能被使用
0	1	只读保护，Flash 区块可以被读出或执行，但不能被编程或擦除，该模式用来锁定 Flash 区块，防止对其进行进一步的修改
1	1	无保护，Flash 区块可以被编程、擦除、执行或读取

注意：实际的应用程序通常是采用 C/C++ 等高级语言来编写的，在一个用来存储程序代码的区块里，不可避免地会出现可执行代码与只读数表共存的情况。如果对该区块进行了只执行保护，则很可能导致程序无法正常运行。一般不要使用编程保护为 1、读取保护为 0 这种组合。

4. 用户寄存器

Flash 控制器提供有 5 个用户寄存器：
> BOOTCFG：启动配置寄存器；
> USER_REG0：用户寄存器 0；
> USER_REG1：用户寄存器 1；
> USER_REG2：用户寄存器 2；
> USER_REG3：用户寄存器 3。

注意：用户寄存器的写操作是一次性的，用户寄存器改写后可以借助于 LM-FlashProgrammer 等工具软件，通过解锁操作 Unlock 就能恢复，如图 22.1 所示。

5. ROM

Stellaris 器件的内部 ROM 位于器件存储器映射的地址 0x01000000。

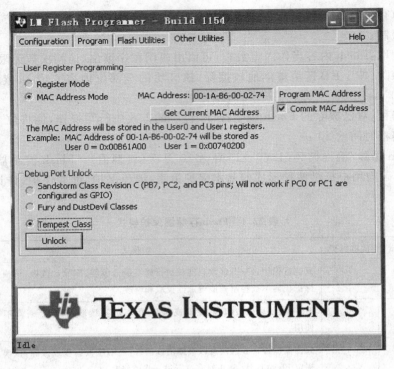

图 22.1 unlock 方法

ROM 包含下面几部分：

➢ Stellaris 引导装载程序和向量表；

➢ Stellaris 为产品特定的外设和接口而发行的外设驱动库（DriverLib）；

➢ SafeRTOS 代码；

➢ 高级加密标准（AES）密码表；

➢ 循环冗余检验（CRC）错误检测功能。

引导装载程序用作初始化程序的装载器（当 Flash 存储器为空时），也可以作为一种应用——初始的固件升级机制（通过回调引导装载程序）。

应用程序可以调用 ROM 中外设驱动库的 API，以减少对 Flash 存储器的需求，释放空间用于其他目的（如应用程序增加的特性）。

SafeRTOS 是一个低费用、微型、可优先购买的实时调度程序。高级加密标准（AES）是美国政府使用的公开定义的加密标准。循环冗余检验（CRC）用来确认一段数据的内容是否与先前检验的相同。

22.2 Flash 的 API 函数

本实验中涉及 FlashUsecSet（）、FlashErase（）、FlashProgram（）、FlashProtect-

Set()函数,下面将详细介绍各函数功能。

1. 设置时钟数

为了确保 Flash 控制器能够正常工作,必须要事先利用函数 FlashUsecSet()设置每微秒的 CPU 时钟数,详见表 22.2 的描述。

表 22.2　函数 FlashUsecSet()

功　能	设置每微秒钟的处理器时钟个数
原　型	void FlashUsecSet(unsigned long ulClocks)
参　数	ulClocks:每微秒钟的处理器时钟个数,例如在 20 MHz 系统时钟下,这个时钟数就是 20
返　回	无

2. Flash 擦除与编程

函数 FlashErase()用来擦除一个指定的 Flash 区块(1 KB),在确保 Flash 已擦除过的情况下,可以用函数 FlashProgram()按字(4 B)的方式来编程,详见表 22.3 和表 22.4 的描述。

在实际应用当中,可以先把一个 Flash 区块读到一个 SRAM 缓冲区里,再修改内容,然后擦除区块,最后编程回存。如此操作,可以避免把同在一个区块内的其他数据抹掉。

表 22.3　函数 FlashErase()

功　能	擦除一个 Flash 区块(大小 1 KB)
原　型	long FlashErase(unsigned long ulAddress)
参　数	ulAddress:区块的起始地址,如 0、1 024、2 048 等
返　回	0 表示擦除成功,−1 表示指定了错误的区块或者区块已被写保护
注　意	请勿擦除正在执行程序代码的 Flash 区块

表 22.4　函数 FlashProgram()

功　能	编程 Flash
原　型	long FlashProgram(unsigned long * pulData, unsigned long ulAddress, unsigned long ulCount)
参　数	pulData:指向数据缓冲区的指针,编程是按字(4 字节)进行的 ulAddress:编程起始地址,必须是 4 的倍数 ulCount:编程的字节数,也必须是 4 的倍数
返　回	0 表示编程成功,−1 表示编程时遇到错误

3. Flash 保护

为了 Flash 保护应用的方便,在<Flash. h>里定义有枚举类型 tFlashProtection:

```
typedef enum
{
    FlashReadWrite,          //Flash 能被读出或改写
    FlashReadOnly,           //Flash 只能被读出
    FlashExecuteOnly         //Flash 只能被执行
} tFlashProtection;
```

函数 FlashProtectSet()用来设置 Flash 的保护,这是临时性的保护,下次复位或上电就会自动解除,详见表 22.5 的描述。

表 22.5　函数 FlashProtectSet( )

功　能	设置 Flash 区块的保护方式
原　型	long FlashProtectSet(unsigned long ulAddress, tFlashProtection eProtect)
参　数	ulAddress:区块的起始地址 eProtect:枚举类型,区块的保护方式,取下列值之一: 　　　　FlashReadWrite 　　　　FlashReadOnly 　　　　FlashExecuteOnly
返　回	0 表示保护成功,—1 表示指定了错误的地址或者保护方式
说　明	注意,本函数只是提供临时性的保护措施,芯片复位或重新上电就能够解除设置的保护

22.3　软件设计

文件 main. c 如下:

```
#define SECTION    62                      //定义 Flash 扇区号(每个扇区 1 024 字节)
char flashRead(unsigned long ulAddress)    //Flash 读取操作
{
    char * pcData;
    pcData = (char * )(ulAddress);
    return( * pcData);
}
//主函数(程序入口)
int main(void)
{
    char cString[] = "Hello, LM3S9B96\r\n";
```

```
unsigned long * pulData;
int i;
char c;
long size;
jtagWait();                            //防止 JTAG 失效,重要
clockInit();                           //时钟初始化:晶振,20 MHz
uartInit();                            //UART 初始化
FlashUsecSet(TheSysClock / 1000000);   //设置每微秒的 CPU 时钟数
pulData = (unsigned long * )cString;
if (FlashErase(SECTION * 1024))
{
    uartPuts("<Erase error>\r\n");
    for (;;);
}
uartPuts("<Erase ok>\r\n");
size = 4 * (1 + sizeof(cString) / 4);
if (FlashProgram(pulData, SECTION * 1024, size))
{
    uartPuts("<Program error>\r\n");
    for (;;);
}
uartPuts("<Program ok>\r\n");
for (i = 0; i< (sizeof(cString) - 1); i++ )
{
    c = flashRead(SECTION * 1024 + i);
    uartPutc(c);
}
uartPuts("<Read ok>\r\n");

for (;;)
{
}
}
```

22.4 下载验证

例程演示了 Flash 区块的擦写操作。该例程指定要操作的 Flash 扇区号是 62,可直接运行于 Flash 容量大于等于 64 KB 的单片机。Flash 擦除操作采用函数 FlashErase(),编程操作采用函数 FlashProgram()。操作过程通过 USART1 传递相关信息,下载后运行如图 22.2 所示。

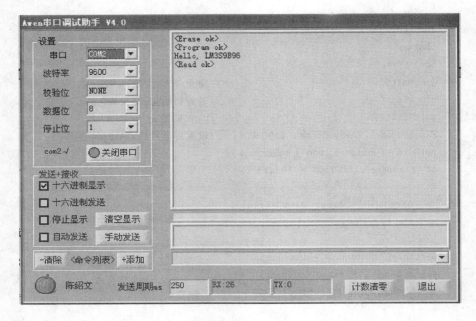

图 22.2　运行后效果图

第 *23* 章
ADC 实验

本章介绍 LM3S9B96 的 ADC 功能。例程实现使用 LM3S9B96 的 ADC1 通道 0 采样外部电压值,并显示在 LCD 显示器上。

23.1 LM3S9B96 ADC 简介

模数转换器(Analog‐to‐Digital Converter,简写为 ADC)是一种能够将连续的模拟电压信号转换为离散的数字量的外设。LM3S9B96 内置两个相同的 ADC 模块,共享 16 个输入通道。

ADC 模块具有 10 位转换分辨率,支持 16 个输入通道,并且内置温度传感器;包含 4 个可编程的序列发生器,无需控制器干预即可自动完成对多个模拟输入源的采样,每个采用序列发生器都可灵活配置其输入源、触发事件、中断的产生、序列发生器的优先级等内容;内置数字比较器功能,采样转换结果可移交给数字比较器模块。数字比较器模块内置 16 路数字比较器,每路数字比较器可将 ADC 转换结果数值与 2 个由用户定义的门限制进行比较,以确定信号的工作范围。ADC0 和 ADC1 可采用不同的触发源,也可采用相同的触发源;可各自采用不同的模拟输入端,也可采用同一模拟输入端。

LM3S9B96 微控制器内置两个 ADC 模块,具有以下特性:

➢ 16 个模拟输入通道;

➢ 可配置为单端输入或差分输入;

➢ 片上内置温度传感器;

➢ 采样率最高可达每秒 1M 次;

➢ 可选的移相器,采样点以采样周期计可延后 22.5~337.5°;

➢ 4 个可编程的采样转换序列发生器,序列长度 1~8 个单元不等,且各自带有相应的长度转换结果 FIFO;

➢ 灵魂的转换触发控制：
  ◆ 处理器触发；
  ◆ 定时器触发；
  ◆ 模拟比较器触发；
  ◆ PWM 触发；
  ◆ GPIO 触发；
➢ 硬件可自动对最多 64 个采样取平均值，提高采样精度；
➢ 数字比较器模块，提供 16 路数字比较器；
➢ A/D 转换器可使用片内 3 V 参考电压，也可使用片外参考电平；
➢ 模拟部分的电源/地与数字部分的电源/地相互独立；
➢ 结合微型直接存储器访问（μDMA）控制器使用，可实现高效的数据传输：
  ◆ 每个采样序列发生器各自有专用的通道；
  ◆ ADC 模块的 DMA 操作均采用触发请求。

23.2　采样序列

　　采样序列在 ADC 模块中起着至关重要的地位。Stellaris 系列 ARM 的 ADC 通过使用一种基于序列（sequence - based）的可编程方法来收集采样数据，取代了传统 ADC 模块使用的单次采样或双采样的方法。每个采样序列均为一系列程序化的连续（back - to - back）采样，使得 ADC 可以从多个输入源中收集数据，而无需控制器对其进行重新配置或处理。对采样序列内的每个采样进行编程，包括对某些参数进行编程，如输入源和输入模式（差分输入还是单端输入），采样结束时的中断产生，以及指示序列最后一个采样的指示符。

　　采样控制和数据捕获由采样序列发生器（Sample Sequencer）进行处理。所有序列发生器的实现方法都相同，不同的只是各自可以捕获的采样数目和 FIFO 深度。表 23.1 给出了每个序列发生器可捕获的最大采样数及相应的 FIFO 深度。在本实现方案中，每个 FIFO 入口均为 32 位（1 个字），低 10 位包含的是转换结果。

表 23.1　采样序列发生器的采样数和 FIFO 深度

采样序列器	采样数目	FIFO 深度
SS3	1	1
SS2	4	4
SS1	4	4
SS0	8	8

　　对于一个指定的采样序列，每个采样均可以选择对应的输入引脚，以及温度传感

器的选择、中断使能、序列末端和差分输入模式。当配置一个采样序列时,控制采样的方法是灵活的。每个采样的中断均可使能,这使得在必要时可在采样序列的任意位置产生中断。同样地,也可以在采样序列的任何位置结束采样。例如,如果使用序列发生器 0,那么可以在第 5 个采样后结束并产生中断,中断也可以在第 3 个采样后产生。在一个采样序列执行完后,可以利用函数 ADCSequenceDataGet()从 ADC 采样序列 FIFO 里读取结果。上溢和下溢可以通过函数 ADCSequenceOverflow()和 ADCSequenceUnderflow()进行控制。

23.3　ADC 模块控制

当选择系统 XTAL 时,硬件将自动配置内部的 ADC 分频系数,尽量按照 16 MHz 频率工作。

1. 中　断

采样序列发生器虽然会对引起中断的事件进行检测,但它们不控制中断是否真正被发送到中断控制器。ADC 模块的中断信号由相应的状态位来控制。ADC 中断状态分为原始的中断状态和屏蔽的中断状态,这可以通过函数 ADCIntStatus()来查知。函数 ADCIntClear()可以清除中断状态。

2. 采样事件优先级设置

当同时出现采样事件(触发)时,可以为这些事件设置优先级,安排它们的处理顺序。优先级值的有效范围是 0～3,其中 0 代表优先级最高,而 3 代表优先级最低。优先级相同的多个激活采样序列发生器单元不会提供一致的结果,因此软件必须确保所有激活采样序列发生器单元的优先级是唯一的。

3. 采样事件触发

采样序列发生器可以通过多种方式激活,如处理器(软件)、定时器、模拟比较器、PWM、GPIO。软件可通过函数 ADCProcessorTrigger()来启动采样。

4. 硬件采样平均电路

使用硬件平均电路可产生具有更高精度的结果,然而结果的改善是以吞吐量的减小为代价的。硬件平均电路可累积高达 64 个采样值并进行平均,从而在序列发生器 FIFO 中形成一个数据入口。吞吐量根据平均计算中的采样数而相应地减小。例如,如果将平均电路配置为对 16 个采样值进行平均,则吞吐量也降为 1/16。

平均电路默认是关闭的,因此,转换器的所有数据直接传送到序列发生器 FIFO 中。进行平均计算的硬件由相关的硬件寄存器控制。ADC 中只有一个平均电路,所有输入通道(不管是单端输入还是差分输入)都是接收相同数量的平均值。

5. 模数转换器

模数转换器(ADC)模块采用逐次逼近寄存器(Successive Approximation Register,简写为 SAR)架构实现低功耗、高精度的 10 位 A/D 转换。通过逐次逼近算法使当前模式的 D/A 转换器获得更低的建立时间,进而使 A/D 转换器获得更高的转换速度。此外,内置的采样并保持电路以及偏移补偿电路会提高 A/D 转换器的转换精度。ADC 的时钟必须由 PLL、或者由 14~18 MHz 的时钟源提供。

ADC 模块同时从 3.3 V 模拟电源和 1.2 V 数字电源取电。在不要求 ADC 转换精度时,可以将 ADC 时钟配置为低功耗。

6. 差分采样

除了传统的单边采样外,ADC 模块还支持两个模拟输入通道的差分采样。

当队列步被配置为差分采样时,则形成 8 个差分对之一,编号 0~7。差分对 0 采样模拟输入 0 和 1,差分对 1 采样模拟输入 2 和 3,依此类推。ADC 不会支持其他差分对形式,比如模拟输入 0 跟模拟输入 3,如表 23.2 所列。

表 23.2　差分采样对

差分信号对	模拟输入端	差分信号对	模拟输入端
0	0 和 1	4	8 和 9
1	2 和 3	5	10 和 11
2	4 和 5	6	12 和 13
3	6 和 7	7	14 和 15

在差分模式下被采样的电压是奇数和偶数通道的差值,即:

$$\Delta V = V_{IN\_ENEN} - V_{IN\_ODD}$$

其中,ΔV 是差分电压,V_{IN_ENEN} 是偶数通道,V_{IN_ODD} 是奇数通道。因此:

➢ 如果 $\Delta V = 0$,则转换结果 = 0x1FF;

➢ 如果 $\Delta V > 0$,则转换结果 > 0x1FF(范围在 0x1FF~0x3FF);

➢ 如果 $\Delta V < 0$,则转换结果 < 0x1FF(范围在 0~0x1FF)。

差分对指定了模拟输入的极性:偶数编号的输入总是正,奇数编号的输入总是负。为得到恰当的有效转换结果,负输入必须在正输入的 ±1.5 V 范围内。如果模拟输入高于 3 V 和低于 0 V(模拟输入的有效范围),则输入电压被截断,即其结果是 3 V 或 0 V。

23.4　ADC 应用注意事项

(1) 供电稳定可靠

ADC 参考电压是内部的 3.0 V,该参考电压的上一级来源是 VDDA,因此 VDDA 的供电必须要稳定可靠,建议其精度要达到 1%。此外,VDD 的供电也要尽可能稳

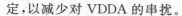

定,以减少对 VDDA 的串扰。

（2）模拟电源与数字电源分离

LM3S9B96 提供数字电源 VDD/GND 和模拟电源 VDDA/GNDA,设计时建议采用两路不同的 3.3 V 电源稳压器分别供电。如果为了节省成本,也可以采用单路 3.3 V 电源,但 VDDA/GNDA 要通过电感从 VDD/GND 分离出来。一般 GND 和 GNDA 最终还是要连接在一起的,建议用一个绕线电感连接并且接点尽可能靠近芯片（电感最好放在 PCB 背面）。

（3）采用多层 PCB 布局

在成本允许的情况下,最好采用 4 层以上的 PCB 板,从而带来更加优秀的 EMC 特性,减小对 ADC 采样的串扰,结果更加精确。

（4）钳位二极管保护

一个典型的应用:采样电网 AC 220 V 变化情况,经变压器降压到 3 V 以"符合" ADC 输入不能超过 3 V 的要求,然后直接送到 ADC 输入引脚。如果真的这样用了,那么你的产品将来会大批坏掉！因为电网是存在波动的,瞬间电压可能大大超过额定的 220 V,因此经变压器之后的电压可能远超 3 V,自然有可能损坏芯片。正确的做法是要有限压保护措施,典型的用法是钳位保护二极管,能够把输入电压限制在 $GND-V_{D2}$ 到 $VDD+V_{D1}$ 之间。

（5）低通或带通滤波

为了抑制串入 ADC 输入信号上的干扰,一般要进行低通或带通滤波。RC 滤波是最常见也是成本最低的一种选择,并且电阻 R 还起到限流作用。

（6）差分输入信号密近平行布线

如果是 ADC 的差分采样应用,则这一对输入的差分信号在 PCB 板上应当安排成密近的平行线,如果在不同线路板之间传递差分信号,则应当采用屏蔽的双绞线。密近的布线会使来自外部的干扰同时作用于两根信号线上,这只会形成共模干扰,而最终检测的是两根信号之间的差值,对共模信号不敏感。

（7）差分模式也不能支持负的共模电压

LM3S9B96 的 ADC 支持差分采样,采样结果仅决定于两个输入端之间的电压差值。但是输入到每个输入端的共模电压（相对于 GNDA 的电压值）还是不能超过 0～3 V 的额定范围。如果超过太多,有可能造成芯片损坏。

（8）ADC 工作时钟必须在 16MHz 左右

LM3S9B96 的 ADC 模块的内在特性要求工作时钟必须在 16 MHz 左右,否则会带来较大的误差甚至是错误的转换结果。有两种方法可以保证提供给 ADC 模块的时钟在 16 MHz 左右。第一种方法是直接提供 16 MHz 的外部时钟,可以从 OSC0 输入而 OSC1 悬空。2008 年推出的 DustDevil 家族能够直接支持 16 MHz 的晶振。第二种方法是启用 PLL 单元,根据内部时钟树的结构,不论由 PLL 分频获得的主时钟频率是多少,提供给 ADC 模块的时钟总能够"自动地"保证在 16 MHz 左右。

23.5　ADC 的 API 函数

本实验中涉及 ADCSequenceConfigure( )、ADCSequenceEnable( )、ADCSoftwareOversampleConfigure( )、ADCSoftwareOversampleStepConfigure( )、ADCSoftwareOversampleDataGet( )、ADCIntEnable( )、ADCIntStatus( )、ADCIntClear( ) 函数,下面将详细介绍各函数功能。

1. ADC 采样序列操作

函数 ADCSequenceConfigure( )是至关重要的 ADC 配置函数,决定了 ADC 的全部功能,详见表 23.3 的描述。

表 23.3　函数 ADCSequenceConfigure( )

功　能	配置 ADC 采样序列的触发事件和优先级	
原　型	void ADCSequenceConfigure(unsigned long ulBase, unsigned long ulSequenceNum, unsigned long ulTrigger, unsigned long ulPriority)	
参　数	ulBase:ADC 模块的基址,取值 ADC_BASE ulSequenceNum:ADC 采样序列的编号,取值 0、1、2、3 ulTrigger:启动采样序列的触发源,取下列值之一:	
	ADC_TRIGGER_PROCESSOR	//处理器事件
	ADC_TRIGGER_COMP0	//模拟比较器 0 事件
	ADC_TRIGGER_COMP1	//模拟比较器 1 事件
	ADC_TRIGGER_COMP2	//模拟比较器 2 事件
	ADC_TRIGGER_EXTERNAL	//外部事件(PB4 中断)
	ADC_TRIGGER_TIMER	//定时器事件
	ADC_TRIGGER_PWM0	//PWM0 事件
	ADC_TRIGGER_PWM1	//PWM1 事件
	ADC_TRIGGER_PWM2	//PWM2 事件
	ADC_TRIGGER_ALWAYS	//触发一直有效(用于连续采样)
	ulPriority:相对于其他采样序列的优先级,取值 0、1、2、3(优先级依次从高到低)	
返　回	无	

示　例	// ADC 采样序列配置:ADC 基址,采样序列 0,处理器触发,优先级 0
	 ADCSequenceConfigure(ADC_BASE, 0, ADC_TRIGGER_PROCESSOR, 0);
	 // ADC 采样序列配置:ADC 基址,采样序列 1,定时器触发,优先级 2
	 ADCSequenceConfigure(ADC_BASE, 1, ADC_TRIGGER_TIMER, 2);
	 // ADC 采样序列配置:ADC 基址,采样序列 2,外部事件(PB4 中断)触发,优先级 3
	 ADCSequenceConfigure(ADC_BASE, 2, ADC_TRIGGER_EXTERNAL, 3);
	 // ADC 采样序列配置:ADC 基址,采样序列 3,模拟比较器 0 事件触发,优先级 1
	 ADCSequenceConfigure(ADC_BASE, 3, ADC_TRIGGER_COMP0, 1);	

函数 ADCSequenceEnable()用来使能一个 ADC 采样序列,详见表 23.4 的描述。

表 23.4　函数 ADCSequenceEnable()

功　能	使能一个 ADC 采样序列
原　型	void ADCSequenceEnable(unsigned long ulBase, unsigned long ulSequenceNum)
参　数	ulBase:ADC 模块的基址,取值 ADC_BASE ulSequenceNum:ADC 采样序列的编号,取值 0、1、2、3
返　回	无

2. ADC 过采样

ADC 过采样的实质是以牺牲采样速度来换取采样精度。硬件上的自动求平均值电路能够对多达连续 64 次的采样作出平均计算,有效消除采样结果的不均匀性。对硬件过采样的配置很简单,就是调用函数 ADCHardwareOversampleConfigure(),具体使用请参考外设驱动库手册。

Stellaris 外设驱动库里还额外提供了简易的软件过采样的库函数,能够对多至 8 个采样求取平均值。用户也可以参考其源代码进行改进。

函数 ADCSoftwareOversampleConfigure()用于配置 ADC 软件过采样的因数,详见表 23.5 的描述。

表 23.5　函数 ADCSoftwareOversampleConfigure()

功　能	配置 ADC 软件过采样的因数
原　型	void ADCSoftwareOversampleConfigure(unsigned long ulBase, 　　　　　　　　　　　　　　　　unsigned long ulSequenceNum, 　　　　　　　　　　　　　　　　unsigned long ulFactor)
参　数	ulBase:ADC 模块的基址,取值 ADC_BASE ulSequenceNum:ADC 采样序列的编号,取值 0、1、2(采样序列 3 不支持软件过采样) ulFactor:采样平均数,取值 2、4、8 　　参数 ulFactor 和 ulSequenceNum 的取值是关联的。在 4 个采样序列当中,只有深度大于 1 的采样序列才支持过采样,因此此 ulSequenceNum 不能取值 3。当 ulFactor 取值 2、4 时,ulSequenceNum 可以取值 0、1、2;当 ulFactor 取值 8 时,ulSequenceNum 只能取值 0
返　回	无

函数 ADCSoftwareOversampleStepConfigure()用于 ADC 软件过采样步进配置,详见表 23.6 的描述。

函数 ADCSoftwareOversampleDataGet()用于从采用软件过采样的一个采样序列获取捕获的数据,详见表 23.7 的描述。

表 23.6　函数 ADCSoftwareOversampleStepConfigure( )

功　能	ADC 软件过采样步进配置
原　型	void ADCSoftwareOversampleStepConfigure(unsigned long ulBase, 　　　　　　　　　　　　　　　　unsigned long ulSequenceNum, 　　　　　　　　　　　　　　　　unsigned long ulStep, 　　　　　　　　　　　　　　　　unsigned long ulConfig)
参　数	ulBase：ADC 模块的基址,取值 ADC_BASE ulSequenceNum：ADC 采样序列的编号,取值 0、1、2(采样序列 3 不支持软件过采样) ulStep：步值,决定触发产生时 ADC 捕获序列的次序 ulConfig：步进的配置,取值跟表 1.6 当中的参数 ulConfig 相同
返　回	无

表 23.7　函数 ADCSoftwareOversampleDataGet( )

功　能	从采用软件过采样的一个采样序列获取捕获的数据
原　型	void ADCSoftwareOversampleDataGet(unsigned long ulBase, unsigned long ulSequenceNum, unsigned long * pulBuffer, unsigned long ulCount)
参　数	ulBase：ADC 模块的基址,取值 ADC_BASE ulSequenceNum：ADC 采样序列的编号,取值 0、1、2(采样序列 3 不支持软件过采样) pulBuffer：长整型指针,指向保存数据的缓冲区 ulCount：要读取的采样数
返　回	无

3. ADC 中断控制

4 个采样序列 SS0、SS1、SS2、SS3 的中断控制是独立进行的,在中断向量表里分别独享 1 个向量号。

函数 ADCIntEnable( )用来使能 ADC 采样序列中断,详见表 23.8 的描述。

表 23.8　函数 ADCIntEnable( )

功　能	使能 ADC 采样序列的中断
原　型	void ADCIntEnable(unsigned long ulBase, unsigned long ulSequenceNum)
参　数	ulBase：ADC 模块的基址,取值 ADC_BASE ulSequenceNum：ADC 采样序列的编号,取值 0、1、2、3
返　回	无

函数 ADCIntStatus( )用来获取一个采样序列的中断状态,而函数 ADCIntClear

()用来清除其中断状态,详见表 23.9 和表 23.10 的描述。

表 23.9　函数 ADCIntStatus()

功　能	获取 ADC 采样序列的中断状态
原　型	unsigned long ADCIntStatus (unsigned long ulBase, unsigned long ulSequenceNum, tBoolean bMasked)
参　数	ulBase:ADC 模块的基址,取值 ADC_BASE ulSequenceNum:ADC 采样序列的编号,取值 0、1、2、3 bMasked:如果需要获取原始的中断状态,则取值 false 　　　　　如果需要获取屏蔽的中断状态,则取值 true
返　回	当前原始的或屏蔽的中断状态

表 23.10　函数 ADCIntClear()

功　能	清除 ADC 采样序列的中断状态
原　型	void ADCIntClear(unsigned long ulBase, unsigned long ulSequenceNum)
参　数	ulBase:ADC 模块的基址,取值 ADC_BASE ulSequenceNum:ADC 采样序列的编号,取值 0、1、2、3
返　回	无

23.6　硬件设计

主要原理就是调节可调电位器 RV1,使电位值输入到单片机的 PB4 引脚进行 AD 采样,最后,把比较结果通过 LCD 显示出来。可调电位器部分原理图如图 23.1 所示。注意连接好 JP1 跳线帽。

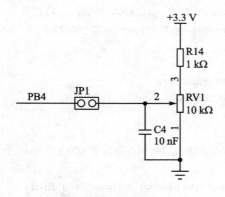

图 23.1　硬件设计

23.7　软件设计

文件 main. c 如下：

```
//定时器初始化
void Timer1Init(void)
{
    // 定时器配置为 32 位周期定时
    SysCtlPeripheralEnable(SYSCTL_PERIPH_TIMER1);
    TimerConfigure(TIMER1_BASE,TIMER_CFG_32_BIT_PER) ;
    // 使能定时器触发
    TimerControlTrigger(TIMER1_BASE, TIMER_A, true);
    TimerControlStall(TIMER1_BASE, TIMER_A, true);
    // 定时器装载值
    TimerLoadSet(TIMER1_BASE, TIMER_A, SysCtlClockGet()/2);
    // 使能定时器
    TimerEnable(TIMER1_BASE, TIMER_A);
}
//adc 初始化
void ADCInit()
{
    // 配置 PB4 口为 ADC 功能
    SysCtlPeripheralEnable(SYSCTL_PERIPH_ADC1);
    SysCtlPeripheralEnable(SYSCTL_PERIPH_GPIOB);
    GPIOPinTypeADC(GPIO_PORTB_BASE, GPIO_PIN_4);
    // 配置 ADC 为定时器触发，采集通道为 CH10
    ADCSequenceConfigure(ADC1_BASE, 0, ADC_TRIGGER_TIMER, 0);
    ADCSoftwareOversampleConfigure(ADC1_BASE, 0, 2);
    ADCSoftwareOversampleStepConfigure(ADC1_BASE, 0, 0, ADC_CTL_IE | ADC_CTL_END |
ADC_CTL_CH10 );
    // 使能 ADC 中断
    ADCIntEnable(ADC1_BASE, 0);
    IntEnable(INT_ADC1SS0);
    IntMasterEnable();
}
//数字转换为字符串,并把转换后的字符串写在 LCD 上
void
DisplayString(unsigned long ipaddr, unsigned long ulCol,
                unsigned long ulRow)
{
    char pucBuf[6];
```

```
        // 把整形转化为字符串
        usprintf(pucBuf, "% d   ",ipaddr
                );
        // 显示字符串
        GrStringDraw(&sContext, pucBuf, - 1, ulCol, ulRow, true);
}
int main()
{
    //unsigned long ulValue;
    tRectangle sRect;
    // 配置系统时钟为 40M
    SysCtlClockSet(SYSCTL_SYSDIV_5 | SYSCTL_USE_PLL | SYSCTL_OSC_MAIN | SYSCTL_XTAL_
16MHZ);
    PinoutSet();
    // 初始化 lcd 驱动
    Lcd240x320x16_8bitInit();
    GrContextInit(&sContext, &g_sLcd240x320x16_8bit);
    // 屏幕设置为黑色背景
    sRect.sXMin = 0;
    sRect.sYMin = 0;
    sRect.sXMax = GrContextDpyWidthGet(&sContext) - 1;
    sRect.sYMax = GrContextDpyWidthGet(&sContext);
    GrContextForegroundSet(&sContext, ClrBlack);
    GrRectFill(&sContext, &sRect);
    // 用白色,28b 字体显示 ADCValue,timer
    GrContextForegroundSet(&sContext, ClrWhite);
    GrContextFontSet(&sContext, &g_sFontCm28b);
    GrStringDrawCentered(&sContext, "timer", - 1,
                        60, 10, true);
    GrStringDrawCentered(&sContext, "ADCValue", 100,
                        80, 110, true);
    ADCInit();
    Timer1Init();
    ADCSequenceEnable(ADC1_BASE,0);
    while(1)
    {
        //等待采样状态为结束
        while(!ADC_END);
        ADC_END = false;
        //获取采样值并显示
        ADCSoftwareOversampleDataGet(ADC1_BASE,0,ulValue,4);
        DisplayString(ulValue[0],180,100);
```

```
        }
    }
    //ADC 中断函数
    void ADC1_ISR(void)
    {
        unsigned long ulStatus;
        ulStatus = ADCIntStatus(ADC1_BASE, 0, false);
        //清中断
        ADCIntClear(ADC1_BASE, 0);
        if(ulStatus! = 0)
        //设置采样结束标志位
         ADC_END = true;
    }
```

23.8   下载验证

例程实现定时器溢出事件用来触发 ADC 采样,把结果通过 LCD 显示出来,并且当旋转 RV1 时,ADCValue 随之发生改变,下载运行后如图 23.2 所示。

注:Timer0～2 在溢出时触发 ADC 采样的功能是正常的,但 Timer3 在 32 位定时器模式下可能不会触发 ADC 采样,用户在实际应用时要引起注意。

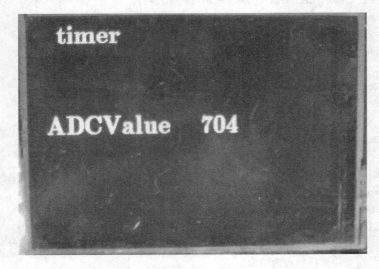

图 23.2   定时溢出触发 ADC 采样,采样值为 704

第 **24** 章

内部温度传感器实验

本章介绍 LM3S9B96 内置的温度传感器。例程实现利用内部温度传感器来读取温度值,并通过 USART1 显示。

24.1　LM3S9B96 内置的温度传感器

LM3S9B96 的 ADC 模块里附带了一个内置的温度传感器,能够随时检测芯片的温度。该温度传感器可以有以下用途:

① 测试用:在单独测试 ADC 模块的功能时,而不必提供外部的模拟信号源。

② 测量芯片自身温度,防止可能出现的过温。

③ 估算环境温度:芯片温度总是比环境温度略高,如果通过实验找到这个差值,则可以进行软件修正。

④ 在随机算法里可以提供随机数种子。

温度传感器的主要作用是当芯片温度过高或过低时向系统给予提示,保障芯片稳定工作。内部温度传感器提供模拟温度读数以及参考电压。参考电压 SENSO 可以通过以下公式得出:

$$SENSO = 2.7 - ((T+55)/75)$$

图 24.1 为内部温度传感器特性。

通过将 ADCSSCTLn 中的 TSn 位置位,即可在采样队列中得到温度感应器的读数。也可以从温度传感器的 ADC 结果通过函数转换得到温度读数。下式即可根据 ADC 读数计算出温度(单位为℃):

$$温度 = 147.5 - ((225 \times ADC)/1\ 023)$$

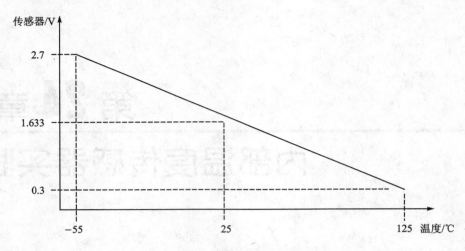

图 24.1 内部温度传感器特性

24.2 ADC 的 API 函数

本实验中涉及 ADCSequenceStepConfigure()、ADCSequenceDataGet()、AD-CProcessorTrigger()函数,下面将详细介绍各函数功能。

1. ADC 采样序列操作

函数 ADCSequenceStepConfigure()是至关重要的 ADC 配置函数,决定了 ADC 的全部功能,详见表 24.1 的描述。

表 24.1 函数 ADCSequenceStepConfigure()

功　能	配置 ADC 采样序列发生器的步进
原　型	void ADCSequenceStepConfigure(unsigned long ulBase,　　　　　　　　　　　　　　unsigned long ulSequenceNum,　　　　　　　　　　　　　　unsigned long ulStep,　　　　　　　　　　　　　　unsigned long ulConfig)
参　数	ulBase:ADC 模块的基址,取值 ADC_BASE ulSequenceNum:ADC 采样序列的编号,取值 0、1、2、3 ulStep:步值,决定触发产生时 ADC 捕获序列的次序,对于不同的采样序列取值也不相同: <table><tr><th>采样序列编号</th><th>步值范围</th></tr><tr><td>0</td><td>0～7</td></tr><tr><td>1</td><td>0～3</td></tr><tr><td>2</td><td>0～3</td></tr><tr><td>3</td><td>0</td></tr></table>

续表 24.1

参　数	ulConfig:步进的配置,取下列值之间的"或运算"组合形式: ● ADC 控制 　ADC_CTL_TS　　　　　//温度传感器选择 　ADC_CTL_IE　　　　　//中断使能 　ADC_CTL_END　　　　//队列结束选择 　ADC_CTL_D　　　　　//差分选择 ● ADC 通道 　ADC_CTL_CH0　　　　//输入通道 0(对应 ADC0 输入) 　ADC_CTL_CH1　　　　//输入通道 1(对应 ADC1 输入) 　ADC_CTL_CH2　　　　//输入通道 2(对应 ADC2 输入) 　ADC_CTL_CH3　　　　//输入通道 3(对应 ADC3 输入) 　ADC_CTL_CH4　　　　//输入通道 4(对应 ADC4 输入) 　ADC_CTL_CH5　　　　//输入通道 5(对应 ADC5 输入) 　ADC_CTL_CH6　　　　//输入通道 6(对应 ADC6 输入) 　ADC_CTL_CH7　　　　//输入通道 7(对应 ADC7 输入) 注意:ADC 通道每次(即每步)最多只能选择 1 个,如果要选取多通道,则要多次调用本函数分别进行配置;如果已经选择了内置的温度传感器(ADC_CTL_TS),则不能再选择 ADC 通道;如果已选择了差分采样模式(ADC_CTL_D),则 ADC 通道只能选取下列值之一: 　ADC_CTL_CH0　　　　//差分输入通道 0(对应 ADC0 和 ADC1 输入的组合) 　ADC_CTL_CH1　　　　//差分输入通道 1(对应 ADC2 和 ADC3 输入的组合) 　ADC_CTL_CH2　　　　//差分输入通道 2(对应 ADC4 和 ADC5 输入的组合) 　ADC_CTL_CH3　　　　//差分输入通道 3(对应 ADC6 和 ADC7 输入的组合)
返　回	无

示　例	// ADC 采样序列步进配置:ADC 基址,采样序列 2,步值 0,采样 ADC0 输入后结束并申请中断
	ADCSequenceStepConfigure(ADC_BASE, 2, 0, ADC_CTL_CH0 | ADC_CTL_END | ADC_CTL_IE);
	
	// ADC 采样序列步进配置:ADC 基址,采样序列 3,步值 0,采样温度传感器后结束并申请中断
	ADCSequenceStepConfigure(ADC_BASE, 3, 0, ADC_CTL_TS | ADC_CTL_END | ADC_CTL_IE);
	
	// ADC 采样序列步进配置:ADC 基址,采样序列 0,步值 0,采样 ADC0 输入
	ADCSequenceStepConfigure(ADC_BASE, 0, 0, ADC_CTL_CH0);
	// ADC 采样序列步进配置:ADC 基址,采样序列 0,步值 1,采样 ADC1 输入
	ADCSequenceStepConfigure(ADC_BASE, 0, 1, ADC_CTL_CH1);
	// ADC 采样序列步进配置:ADC 基址,采样序列 0,步值 2,再次采样 ADC0 输入
	ADCSequenceStepConfigure(ADC_BASE, 0, 2, ADC_CTL_CH0);
	// ADC 采样序列步进配置:ADC 基址,采样序列 0,步值 3,采样 ADC3 输入后结束并申请中断
	ADCSequenceStepConfigure(ADC_BASE, 0, 3, ADC_CTL_CH3 | ADC_CTL_END | ADC_CTL_IE);
	
	// ADC 采样序列步进配置:ADC 基址,采样序列 1,步值 0,差分采样 ADC0/ADC1 输入

示　例	ADCSequenceStepConfigure(ADC_BASE, 1, 0, ADC_CTL_D | ADC_CTL_CH0);
	// ADC 采样序列步进配置:ADC 基址,采样序列 1,步值 1,差分采样 ADC2/ADC3 输入后
	//结束并申请中断
	ADCSequenceStepConfigure(ADC_BASE, 1, 1, ADC_CTL_D | ADC_CTL_CH1 |
	ADC_CTL_END | ADC_CTL_IE);

函数 ADCSequenceDataGet()用来读取 ADC 结果 FIFO 里的数据,详见表 24.2 的描述。

表 24.2　函数 ADCSequenceDataGet( )

功　能	从 ADC 采样序列里获取捕获到的数据
原　型	long ADCSequenceDataGet(unsigned long ulBase, 　　　　　　　　　　　unsigned long ulSequenceNum, 　　　　　　　　　　　unsigned long * pulBuffer)
参　数	ulBase:ADC 模块的基址,取值 ADC_BASE ulSequenceNum:ADC 采样序列的编号,取值 0、1、2、3 pulBuffer:无符号长整型指针,指向保存数据的缓冲区
返　回	复制到缓冲区的采样数

2. ADC 处理器触发

ADC 采样触发方式有许多种选择,其中处理器(软件)触发是最简单的一种情况。在配置好 ADC 模块以后,只要调用函数 ADCProcessorTrigger()就能够引起一次 ADC 采样,详见表 24.3 的描述。

表 24.3　函数 ADCProcessorTrigger( )

功　能	引起一次处理器触发 ADC 采样
原　型	void ADCProcessorTrigger(unsigned long ulBase, unsigned long ulSequenceNum)
参　数	ulBase:ADC 模块的基址,取值 ADC_BASE ulSequenceNum:ADC 采样序列的编号,取值 0、1、2、3
返　回	无

24.3　硬件设计

由于需要使用 USART1 进行串口通信,连接 JP21、JP22 短接帽。温度传感器是内置的,因此不需要提供外部模拟信号到 ADC 引脚。

24.4　软件设计

```
#define   ADCSequEnable          ADCSequenceEnable
#define   ADCSequDisable         ADCSequenceDisable
#define   ADCSequConfig          ADCSequenceConfigure
#define   ADCSequStepConfig      ADCSequenceStepConfigure
#define   ADCSequDataGet         ADCSequenceDataGet
tBoolean ADC_EndFlag = false;                           //定义 ADC 转换结束的标志
//系统节拍定时器初始化
void SysTickInit(void)
{
    SysTickPeriodSet(TheSysClock);       //设置 SysTick 计数器的周期值
    SysTickIntEnable();                  //使能 SysTick 中断
    IntMasterEnable();                   //使能处理器中断
    SysTickEnable();                     //使能 SysTick 计数器
}


// ADC 初始化
void adcInit(void)
{
    SysCtlPeriEnable(SYSCTL_PERIPH_ADC);        //使能 ADC 模块
    SysCtlADCSpeedSet(SYSCTL_ADCSPEED_125KSPS); //设置 ADC 采样速率
    ADCSequDisable(ADC_BASE, 3);                //配置前先禁止采样序列
    // 采样序列配置:ADC 基址,采样序列编号,触发事件,采样优先级
    ADCSequConfig(ADC_BASE, 3, ADC_TRIGGER_PROCESSOR, 0);
    // 采样步进设置:ADC 基址,采样序列编号,步值,通道设置
    ADCSequStepConfig(ADC_BASE, 3, 0, ADC_CTL_TS |
                                      ADC_CTL_END |
                                      ADC_CTL_IE);
    ADCIntEnable(ADC_BASE, 3);           //使能 ADC 中断
    IntEnable(INT_ADC3);                 //使能 ADC 采样序列中断
    IntMasterEnable();                   //使能处理器中断
    ADCSequEnable(ADC_BASE, 3);          //使能采样序列
}
// ADC 采样
unsigned long adcSample(void)
{
    unsigned long ulValue;

    ADCProcessorTrigger(ADC_BASE, 3);    //处理器触发采样序列
```

```
        while (! ADC_EndFlag);                          //等待采样结束
        ADC_EndFlag = false;                            //清除 ADC 采样结束标志
        ADCSequDataGet(ADC_BASE, 3, &ulValue);          //读取 ADC 转换结果
        return(ulValue);
}
// 显示芯片温度值
void tmpDisplay(unsigned long ulValue)
{
        unsigned long ulTmp;
        char cBuf[40];
        ulTmp = 151040UL - 225 * ulValue;
        sprintf(cBuf, "%ld.", ulTmp / 1024);
        uartPuts(cBuf);
        sprintf(cBuf, "%ld", (ulTmp % 1024) / 102);
        uartPuts(cBuf);
        uartPuts("℃\r\n");
}
int main(void)
{
        unsigned long ulValue;
        jtagWait();                                     //防止 JTAG 失效,重要!
        clockInit();                                    //时钟初始化:PLL,12.5MHz
        uartInit();                                     //UART 初始化
        adcInit();                                      //ADC 初始化
        SysTickInit();                                  //系统节拍定时器初始化
        for (;;)
        {
                SysCtlSleep();                          //睡眠,减少耗电以降低温度
                ulValue = adcSample();                  //唤醒后 ADC 温度采样
                tmpDisplay(ulValue);                    //通过 UART 显示芯片温度值
        }
}
// SysTick 计数器的中断服务函数
void SysTick_ISR(void)
{
        // 仅用于唤醒 CPU,而不需要做其他事情
}
// ADC 采样序列 3 的中断
void ADC_Sequence_3_ISR(void)
{
        unsigned long ulStatus;
        ulStatus = ADCIntStatus(ADC_BASE, 3, true);     //读取中断状态
```

```
        ADCIntClear(ADC_BASE, 3);                    //清除中断状态,重要
        if (ulStatus != 0)                           //如果中断状态有效
        {
            ADC_EndFlag = true;                      //置位 ADC 采样结束标志
        }
    }
```

24.5　下载验证

　　温度结果通过开发板 USART1 输出,单位是℃。摄氏温度值 T 与 ADC 采样结果 N 之间的换算关系已在前面给出。程序中还用到了睡眠模式(Sleep－Mode),尽量降低功耗,使芯片温度更接近于环境温度。通过串口调试助手监测 USART1 的数据,如图 24.2 所示。

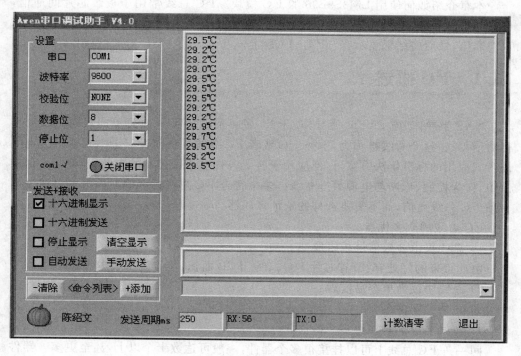

图 24.2　内部温度传感器实验测试图

第 **25** 章

I²C 实验

本章介绍如何使用 LM3S9B96 的 I²C 模块。I²C 总线常用于板级芯片间通信，例如与铁电存储器、外扩 EEPROM 芯片、LCD 模块等通信。例程实现和 24C02 的双向通信，最后将结果显示在 TFT－LCD 上。

25.1   I²C 概述

NXP 半导体（原 Philips 半导体）于 20 多年前发明了一种简单的双向二线制串行通信总线，这个总线被称为 Inter－IC 或者 I²C 总线。目前，I²C 总线已经成为业界嵌入式应用的标准解决方案，广泛应用于各式各样基于微控器的专业、消费与电信产品中，作为控制、诊断与电源管理总线。多个符合 I²C 总线标准的器件都可以通过同一条 I²C 总线通信，而不需要额外的地址译码器。

I²C 总线的众多优点：

1）总线仅由 2 根信号线组成

由此带来的好处有：节省芯片 I/O、节省 PCB 面积、节省线材成本等。

2）总线协议简单容易实现

3）支持的器件多

4）总线上可同时挂接多个器件

同一条 I²C 总线上可以挂接很多个器件，一般可达数十个以上，甚至更多。器件之间是靠不同的编址来区分的，而不需要附加的 I/O 线或地址译码部件。

5）总线可裁减性好

在原有总线连接的基础上可以随时新增或者删除器件。用软件可以很容易实现 I²C 总线的自检功能，能够及时发现总线上的变动。

6）总线电气兼容性好

I²C 总线规定器件之间以开漏 I/O 相连接，这样，只要选取适当的上拉电阻就能轻易实现不同逻辑电平之间的互联通信,而不需要额外的转换。

7）支持多种通信方式

一主多从是最常见的通信方式。此外还支持多主机通信以及广播模式等。

8）通信速率高并兼顾低速通信

I²C 总线标准传输速率为 100 kbps。在快速模式下为 400 kbps。按照后来修订的版本,位速率可高达 3.4 Mbps。

I²C 总线的通信速率也可以低至几 kbps 以下,用以支持低速器件(比如软件模拟的实现)或者用来延长通信距离。从机也可以在接收和响应一个字节后使 SCL 线保持低电平,迫使主机进入等待状态直到从机准备好下一个要传输的字节。

9）有一定的通信距离

一般情况下,I²C 总线通信距离有几米到十几米。通过降低传输速率、屏蔽、中继等办法,通信距离可延长到数十米乃至数百米以上。

25.2　I²C 协议

1. 信号线与连接

I²C 总线仅使用两个信号:SDA 和 SCL。 SDA 是双向串行数据线,SCL 是双向串行时钟线。当 SDA 和 SCL 线为高电平时,总线为空闲状态。总线连接形式如图 25.1 所示。

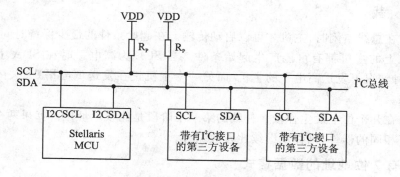

图 25.1　I²C 总线连接形式

注意主机和各个从机之间要共地,而且要在信号线 SCL 和 SDA 上接有适当的上拉电阻 R_P。上拉电阻一般取值 3～10 kΩ(低功耗时可以取得更大一些,快速通信时可以取得小一些)。

2. 起始位和停止位

I²C 总线的协议定义了两种状态:起始和停止。当 SCL 为高电平时,在 SDA 线上从高到低的跳变被定义为起始条件;而当 SCL 为高电平时,在 SDA 线上从低到高的跳变则被定义为停止条件。总线在起始条件之后被看作为忙状态。总线在停止条件之后被看作为空闲。总线起始条件和停止条件如图 25.2 所示。

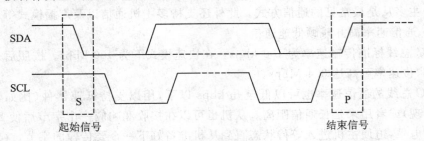

图 25.2　I²C 总线起始条件和停止条件

3．字节格式

SDA 线上的每个字节必须为 8 位长。不限制每次传输的字节数。每个字节后面必须带有一个应答位。数据传输时 MSB 在前。

4．应　答

数据传输必须带有应答。与应答相关的时钟脉冲由主机产生。发送器在应答时钟脉冲期间释放 SDA 线。

接收器必须在应答时钟脉冲期间拉低 SDA,使得它在应答时钟脉冲的高电平期间保持稳定(低电平)。

5．仲　裁

只有在总线空闲时,主机才可以启动传输。在起始条件的最少保持时间内,两个或两个以上的主机都有可能产生起始条件。当 SCL 为高电平时在 SDA 上发生仲裁,在这种情况下发送高电平的主机(而另一个主机正在发送低电平)会关闭其数据输出状态。

可以在几个位上发生仲裁。仲裁的第一个阶段是比较地址位。如果两个主机都试图寻址相同的器件,则仲裁继续比较数据位。

6．带有 7 位地址的数据格式

从机地址在起始条件之后发送。该地址为 7 位,后面跟的第 8 位是数据方向位,这个数据方向位决定了下一个操作是接收(高电平)还是发送(低电平),0 表示传输(发送),1 表示请求数据(接收)。

数据传输始终由主机产生的停止条件来中止。然而,通过产生重复的起始条件和寻址另一个从机(而无需先产生停止条件),主机仍然可以在总线上通信。因此,在这种传输过程中可能会有接收/发送格式的不同组合。数据传输的格式如图 25.3 所示。

首字节的前面 7 位组成了从机地址。第 8 位决定了消息的方向。首字节的 R/S

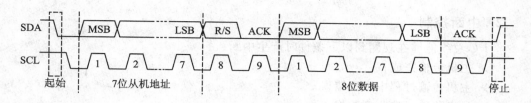

图 25.3 带 7 位地址的完整数据传输

位为 0 表示主机将向所选择的从机写(发送)信息,该位为 1 表示主机将接收来自从机的信息,如图 25.4 所示。

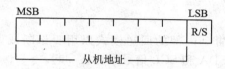

图 25.4 在第一个字节的 R/S 位

带有 I²C 总线的器件除了有从机地址外,还有数据地址。从机地址是指该器件在 I²C 总线上被主机寻址的地址,而数据地址是指该器件内部不同部件或存储单元的编址。

数据地址实际上也是像普通数据那样进行传输的,传输格式仍然是与数据相统一的,区分传输的到底是地址还是数据要靠收发双方具体的逻辑约定。数据地址的长度必须由整数个字节组成,可能是单字节,也可能是双字节,还可能是 4 字节,这要看具体器件的规定。

25.3 I²C 功能

1. I²C 总线时钟速率

I²C 总线时钟速率由以下参数决定:

➤ CLK_PRD:系统时钟周期;

➤ SCL_LP:SCL 低电平时间(固定为 6);

➤ SCL_HP:SCL 高电平时间(固定为 4);

➤ TIMER_PRD:位于寄存器 I2CMTPR(I2C Master Timer Period)里的可编程值。

I²C 时钟周期的计算方法如下:

$$SCL\_PERIOD = 2 \times (1 + TIMER\_PRD) \times (SCL\_LP + SCL\_HP) \times CLK\_PRD$$

例如:CLK_PRD=50 ns(系统时钟为 20 MHz),TIMER_PRD=2,SCL_LP=6,SCL_HP=4,则 SCL_PERIOD 为 3 μs,即 333 kHz。

2. 中断控制

I²C 总线能够在观测到以下条件时产生中断：

➤ 主机传输完成；

➤ 主机传输过程中出现错误；

➤ 从机传输时接收到数据；

➤ 从机传输时收到主机的请求。

对 I²C 主机模块和从机模块来说，这是独立的中断信号。但两个模块都能产生多个中断时，仅有单个中断信号被送到中断控制器。

3. 回环测试

I²C 模块能够被设置到内部的回送模式以用于诊断或调试工作。在回送模式中，主机和从机模块的 SDA 和 SCL 信号结合在一起。

25.4 I²C 的 API 函数

本实验中涉及 I2CMasterInitExpClk（）、I2CMasterSlaveAddrSet（）、I2CMasterControl()、I2CMasterDataPut()、I2CMasterBusy()函数，下面将详细介绍各函数功能。

1. I²C 主机模块初始化

函数 I2CMasterInitExpClk()用来初始化 I²C 模块为主机模式，并选择通信速率为 100 kbps 的标准模式还是 400 kbps 的快模式，但实际编程时常常以更方便的宏函数 I2CMasterInit()来代替。为了能够在实际应用中支持更低或更高的通信速率，这里还补充了一个实用函数 I2CMasterSpeedSet()，详见表 25.1 的描述。

表 25.1 函数 I2CMasterInitExpClk()

功　　能	I²C 主机模块初始化（要求提供明确的时钟速率）
原　　型	void I2CMasterInitExpClk(unsigned long ulBase, unsigned long ulI2CClk, tBoolean bFast)
参　　数	ulBase：I²C 主机模块的基址，取值下列值之一 　　I2C0_MASTER_BASE　　//I2C0 主机模块的基址 　　I2C1_MASTER_BASE　　//I2C1 主机模块的基址 　　I2C_MASTER_BASE　　//I2C 主机模块的基址（等同于 I2C0） ulI2CClk：提供给 I²C 模块的时钟速率，即系统时钟频率 bFast：取值 false 以 100 kbps 标准位速率传输数据，取值 true 以 400 kbps 快模式传输数据
返　　回	无

2. 设置从机地址

函数 I2CMasterSlaveAddrSet()用来设置器件地址和读写控制位，详见表 25.2

的描述。

表 25.2　函数 I2CMasterSlaveAddrSet( )

功　能	设置 I²C 主机将要放到总线上的从机地址
原　型	void I2CMasterSlaveAddrSet(unsigned long ulBase, unsigned char ucSlaveAddr, tBoolean bReceive)
参　数	ulBase：I²C 主机模块的基址 ucSlaveAddr：7 位从机地址（这是纯地址，不含读/写控制位） bReceive：取值 false 表示主机将要写数据到从机，取值 true 表示主机将要从从机读取数据
返　回	无
说　明	本函数仅仅是设置将要发送到总线上的从机地址，而并不会真正在总线上产生任何动作

3. 控制总线上动作

函数 I2CMasterControl( )用来控制 I²C 总线在主模式下收发数据的各种总线动作，详见表 25.3 的描述。

表 25.3　函数 I2CMasterControl( )

功　能	控制主机模块在总线上的动作	
原　型	void I2CMasterControl(unsigned long ulBase, unsigned long ulCmd)	

参　数	ulBase：I²C 主机模块的基址
	ulCmd：向主机发出的命令，取下列值之一
	　　　I2C_MASTER_CMD_SINGLE_SEND
	　　　I2C_MASTER_CMD_SINGLE_RECEIVE
	　　　I2C_MASTER_CMD_BURST_SEND_START
	　　　I2C_MASTER_CMD_BURST_SEND_CONT
	　　　I2C_MASTER_CMD_BURST_SEND_FINISH
	　　　I2C_MASTER_CMD_BURST_SEND_ERROR_STOP
	　　　I2C_MASTER_CMD_BURST_RECEIVE_START
	　　　I2C_MASTER_CMD_BURST_RECEIVE_CONT
	　　　I2C_MASTER_CMD_BURST_RECEIVE_FINISH
	　　　I2C_MASTER_CMD_BURST_RECEIVE_ERROR_STOP
		//单次发送
		//单次接收
		//突发发送起始
		//突发发送继续
		//突发发送完成
		//突发发送遇错误停止
		//突发接收起始
		//突发接收继续
		//突发接收完成
		//突发接收遇错误停止

返　回	无	

4. 从主机发送一个字节

函数 I2CMasterDataPut( )用来设置首先发送的数据字节（应当是数据地址），详见表 25.4 的描述。

5. I²C 主机是否忙

函数 I2CMasterBusy( )用来查询主机当前的状态是否忙，而 I2CMasterBusBusy( )用

来确认在多机通信当中是否有其他主机正在占用总线,详见表 25.5 的描述。

表 25.4　函数 I2CMasterDataPut( )

功　能	从主机发送一个字节
原　型	void I2CMasterDataPut(unsigned long ulBase, unsigned char ucData)
参　数	ulBase:I²C 主机模块的基址 ucData:要发送的数据
返　回	无
说　明	本函数实际上并不会真正发送数据到总线上,而是将待发送的数据存放在一个数据寄存器里

表 25.5　函数 I2CMasterBusy( )

功　能	确认 I²C 主机是否忙
原　型	tBoolean I2CMasterBusy(unsigned long ulBase)
参　数	ulBase:I²C 主机模块的基址
返　回	忙返回 true,不忙返回 false
说　明	本函数用来确认 I²C 主机是否正在忙于发送或接收数据

25.5　硬件设计

图 25.5 为 EEPROM 部分电路图。AT24C02 的 SCL、SDA 分别连接 LM3S9B96 的 PA6、PA7 引脚。

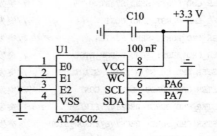

图 25.5　硬件设计

25.6　软件设计

```
//#define IS_WRITE      true        //控制编译器编译为向 AT24C02 写数据的模式
#define IS_WRITE       false        //控制编译器编译为从 AT24C02 读数据的模式
// 定义 AT24C02 的地址,和在 AT24C02 中读写的地址
#define SLAVE_ADDRESS 0x50
```

```
// 定义在 AT24C02 中读写的地址
# if IS_WRITE
# define WRITE_ADDRESS 0x40
# else
# define READ_ADDRESS 0x40
# endif
// 定义读写的数目
# if IS_WRITE
# define WRITE_DATA_NUM 0x04
# else
# define READ_DATA_NUM 0x18
# endif
// 定义读写的数组
# if IS_WRITE
unsigned char ucDataTx[WRITE_DATA_NUM + 1];
# else
unsigned char ucDataRx[READ_DATA_NUM + 1];
# endif
// 定义数组的下标
unsigned char ucIndex = 0;
unsigned char INC_DATA_NUM = 0;
// 主函数
int main(void)
{
    // 定义屏幕的区域
    tContext sContext;
    tRectangle sRect;
    // 运行在外部晶振 16 MHz
    SysCtlClockSet(SYSCTL_SYSDIV_1 | SYSCTL_USE_OSC | SYSCTL_XTAL_16MHZ |
                    SYSCTL_OSC_MAIN);
    // 初始化引脚
    PinoutSet();
    // 初始化屏幕
    Lcd240x320x16_8bitInit();
    // 初始化图形环境
    GrContextInit(&sContext, &g_sLcd240x320x16_8bit);
    // 初始化图形界面
    sRect.sXMin = 0;
    sRect.sYMin = 0;
    sRect.sXMax = GrContextDpyWidthGet(&sContext) - 1;
    sRect.sYMax = 23;
    GrContextForegroundSet(&sContext, ClrDarkBlue);
```

```
        GrRectFill(&sContext, &sRect);
        // 绘制标题栏
        GrContextForegroundSet(&sContext, ClrWhite);
        GrRectDraw(&sContext, &sRect);
        // 初始化标题栏的标题
#if IS_WRITE
        GrContextFontSet(&sContext, &g_sFontCm20);
        GrStringDrawCentered(&sContext, "I2CDemos - Master Write Data", -1,
                        GrContextDpyWidthGet(&sContext) / 2, 10, 0);
#else
        GrContextFontSet(&sContext, &g_sFontCm20);
        GrStringDrawCentered(&sContext, "I2CDemos - Master Read Data", -1,
                        GrContextDpyWidthGet(&sContext) / 2, 10, 0);
#endif
        // 使能 I2C1 的时钟
        SysCtlPeripheralEnable(SYSCTL_PERIPH_I2C1);
        // 使能 I2C1 相应的引脚时钟
        SysCtlPeripheralEnable(SYSCTL_PERIPH_GPIOA);
        // 配置 PA6 和 PA7 为 SCL 和 SDA
        GPIOPinConfigure(GPIO_PA6_I2C1SCL);//bule
        GPIOPinConfigure(GPIO_PA7_I2C1SDA);//yellow
        // 配置 PA6 和 PA7 引脚的类型
        GPIOPinTypeI2C(GPIO_PORTA_BASE, GPIO_PIN_6 | GPIO_PIN_7);
#if    IS_WRITE
        // 初始化要发送的数据
        ucDataTx[WRITE_DATA_NUM] = 0;
        for(ucIndex = 0; ucIndex < WRITE_DATA_NUM ; ucIndex ++){
            ucDataTx[ucIndex] = (ucIndex % 61) + 65;
        }
#else
        // 清除接收数据区域
        for(ucIndex = 0; ucIndex <= READ_DATA_NUM; ucIndex ++){
            ucDataRx[ucIndex] = 0;
        }
#endif
        // 给 I2C 主机设定正确的速率
        I2CMasterInitExpClk(I2C1_MASTER_BASE, SysCtlClockGet(), false);
#if    IS_WRITE
        // 指定从机地址
        I2CMasterSlaveAddrSet(I2C1_MASTER_BASE, SLAVE_ADDRESS, 0);
        // 发送子地址
        I2CMasterDataPut(I2C1_MASTER_BASE, WRITE_ADDRESS);
```

```
// 发送数据命令
I2CMasterControl(I2C1_MASTER_BASE,
I2C_MASTER_CMD_BURST_SEND_START);
// 等待数据发送结束
while(I2CMasterBusy(I2C1_MASTER_BASE));
// 发送数据
for(ucIndex = 0; ucIndex < WRITE_DATA_NUM; ucIndex ++){
    // 将要发送的数据放到数据寄存器
    I2CMasterDataPut(I2C1_MASTER_BASE, ucDataTx[ucIndex]);
    // 发送数据命令
    ucIndex == WRITE_DATA_NUM - 1 ?
        I2CMasterControl(I2C1_MASTER_BASE, I2C_MASTER_CMD_BURST_SEND_FINISH):
        I2CMasterControl(I2C1_MASTER_BASE, I2C_MASTER_CMD_BURST_SEND_CONT);
    // 等待数据发送结束
    while(I2CMasterBusy(I2C1_MASTER_BASE));
}
// 设置要显示的字体
GrContextFontSet(&sContext, &g_sFontCm20);
// 显示写到 AT24C02 中的数据
GrStringDrawCentered(&sContext, (char * )ucDataTx, - 1,
                    GrContextDpyWidthGet(&sContext) / 2,
                    ((GrContextDpyHeightGet(&sContext) - 24) / 2) + 35,
                    0);
GrStringDrawCentered(&sContext, "Write Complete", - 1,
                    GrContextDpyWidthGet(&sContext) / 2,
                    ((GrContextDpyHeightGet(&sContext) - 24) / 2),
                    0);
// 刷新操作中的缓存
GrFlush(&sContext);
// 死循环
while(1);
#else
    for(ucIndex = 0; ucIndex < READ_DATA_NUM; ucIndex ++){
        // 指定从机地址
        I2CMasterSlaveAddrSet(I2C1_MASTER_BASE, SLAVE_ADDRESS, 0);
        // 发送子地址
        I2CMasterDataPut(I2C1_MASTER_BASE, READ_ADDRESS + ucIndex);
        // 发送数据命令
        I2CMasterControl(I2C1_MASTER_BASE, I2C_MASTER_CMD_BURST_SEND_START);
        // 等待数据发送结束
        while(I2CMasterBusy(I2C1_MASTER_BASE));
        // 指定从机地址
```

```
I2CMasterSlaveAddrSet(I2C1_MASTER_BASE, SLAVE_ADDRESS, 1);

    // 读取数据命令
    I2CMasterControl(I2C1_MASTER_BASE, I2C_MASTER_CMD_SINGLE_RECEIVE);
    // 等待数据接收结束
    while(I2CMasterBusy(I2C1_MASTER_BASE));
    // 读取接收到的数据
    ucDataRx[ucIndex] = I2CMasterDataGet(I2C1_MASTER_BASE);
}
// 设置屏幕显示字体
GrContextFontSet(&sContext, &g_sFontCm20);
// 显示数据
GrStringDrawCentered(&sContext, "Read Data is:", -1,
                     GrContextDpyWidthGet(&sContext) / 2,
                     ((GrContextDpyHeightGet(&sContext) - 24) / 2),
                     0);
GrStringDrawCentered(&sContext, (char *)ucDataRx, -1,
                     GrContextDpyWidthGet(&sContext) / 2,
                     ((GrContextDpyHeightGet(&sContext) - 24) / 2) + 35,
                     0);
// 刷新操作中的缓存
GrFlush(&sContext);
// 死循环
while(1);
#endif
}
```

25.7 下载验证

例程实现了 MCU 作为主机,向 AT24C02 中读写数据。在写的时候是按页写入的,读的时候是随机读的。所谓随机是按给定的地址开始往后读取给定的字节数并显示在屏幕上。因为是例程,所以对显示没有过多的关注,如果读取的内容过多,一行显示不了的话,默认保留中间能显示的一部分。写的时候需要特别注意的是:本程序值实现了只能写入一页,即 8 个字符,若是超过 8 个字符则循环覆盖前面的内容。若是要连续写入多页,则在程序中自行修改。

当需要控制单片机向 AT24C02 写数据的时候,需要进行宏定义 #define IS_WRITE true;当需要单片机从 AT24C02 读数据的模式,需要进行宏定义 #define IS_WRITE false。

图 25.6 为单片机从 AT24C02 读数据。

图 25.6　单片机从 AT24C02 数据为 ABCD

第 **26** 章

SSI 实验

本章介绍 LM3S9B96 的 SSI 模块。例程实现 SPI 主机模式发送字符 'U' 的 ASCII 码。

26.1 SSI 概述

Stellaris 系列 ARM 的 SSI(Synchronous Serial Interface,同步串行接口)是与具有 Freescale SPI(飞思卡尔半导体)、MicroWire(美国国家半导体)、Texas Instruments(德州仪器,TI)同步串行接口的外设器件进行同步串行通信的主机或从机接口。SSI 接口是 Stellaris 系列 ARM 都支持的标准外设,也是流行的外部串行总线之一。SSI 具有以下主要特性:

> 主机或从机操作;
> 时钟位速率和预分频可编程;
> 独立的发送和接收 FIFO,二者均为 16 位宽,8 个单元深;
> 接口操作可编程,以实现 Freescale SPI、MicroWire 或 TI 的串行接口;
> 数据帧大小可编程,范围 4～16 位;
> 内部回环测试模式,可进行诊断/调试测试。

26.2 SSI 通信协议

对于 Freescale SPI、MICROWIRE、Texas Instruments 这 3 种帧格式,当 SSI 空闲时,串行时钟(SSICLK)都保持不活动状态;只有当数据发送或接收时处于活动状态,SSICLK 才在设置好的频率下工作。利用 SSICLK 的空闲状态可提供接收超时指示。如果一个超时周期之后接收 FIFO 仍含有数据,则产生超时指示。

对于 Freescale SPI 和 MICROWIRE 这两种帧格式,串行帧(SSIFss)引脚为低

电平有效,并在整个帧的传输过程中保持有效(被下拉)。

而对于 Texas Instruments 同步串行帧格式,在发送每帧之前,每遇到 SSICLK 的上升沿开始的串行时钟周期时,SSIFss 引脚就跳动一次。在这种帧格式中,SSI 和片外从器件在 SSICLK 的上升沿驱动各自的输出数据,并在下降沿锁存来自另一个器件的数据。

不同于其他两种全双工传输的帧格式,在半双工下工作的 MICROWIRE 格式使用特殊的主-从消息技术。在该模式中,帧开始时向片外从机发送 8 位控制消息。在发送过程中,SSI 没有接收到输入的数据。在消息已发送之后,片外从机对消息进行译码,并在 8 位控制消息的最后一位也已发送出去之后等待一个串行时钟,之后以请求的数据来响应。返回的数据在长度上可以是 4～16 位,使得在任何地方整个帧长度为 13～25 位。

26.3　SPI 帧格式

Freescale SPI 接口是一个 4 线接口,其中 SSIFss 信号用作从机选择。Freescale SPI 格式的主要特性为:SSICLK 信号的不活动状态和相位可以通过 SSISCR0 控制寄存器中的 SPO 和 SPH 位来设置。

(1) SPO 时钟极性位

当 SPO 时钟极性控制位为 0 时,在没有数据传输时 SSICLK 引脚上将产生稳定的低电平。如果 SPO 位为 1,则在没有进行数据传输时在 SSICLK 引脚上产生稳定的高电平。

(2) SPH 相位控制位

SPH 相位控制位选择捕获数据以及允许数据改变状态的时钟边沿。通过在第一个数据捕获边沿之前允许或不允许时钟转换,从而在第一个被传输的位上产生极大的影响。当 SPH 相位控制位为 0 时,在第一个时钟边沿转换时捕获数据。如果 SPH 位为 1,则在第二个时钟边沿转换时捕获数据。

26.3.1　SPO＝0 和 SPH＝0 时的 Freescale SPI 帧格式

SPO＝0 和 SPH＝0 时,Freescale SPI 帧格式的单次和连续传输信号序列,如图 26.1 和图 26.2 所示。

在上述配置中,SSI 处于空闲周期时:

➢ SSICLK 强制为低电平;

➢ SSIFss 强制为高电平;

➢ 发送数据线 SSITx 强制为低电平;

➢ 当 SSI 配置为主机时,使能 SSICLK 端口;

➢ 当 SSI 配置为从机时,禁止 SSICLK 端口。

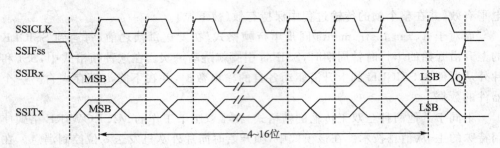

图 26.1 SPO＝0 和 SPH＝0 时的 Freescale SPI 帧格式（单次传输）

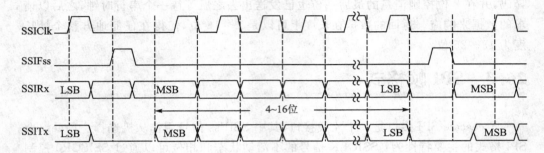

图 26.2 SPO＝0 和 SPH＝0 时的 Freescale SPI 帧格式（连续传输）

如果 SSI 使能并且在发送 FIFO 中含有有效的数据,则通过将 SSIFss 主机信号驱动为低电平表示发送操作开始。这使得从机数据能够放在主机的 SSIRx 输入线上,主机 SSITx 输出端口使能。在半个 SSICLK 周期之后,有效的主机数据传输到 SSITx 引脚。既然主机和从机数据都已设置好,则在下面的半个 SSICLK 周期之后,SSICLK 主机时钟引脚变为高电平。在 SSICLK 的上升沿捕获数据,该操作延续到 SSICLK 信号的下降沿。

如果是传输一个字,则在数据字的所有位都已传输完之后,在捕获到最后一个位之后的一个 SSICLK 周期后,SSIFss 线返回到其空闲的高电平状态。

在连续的背对背传输中,数据字的每次传输之间 SSIFss 信号必须变为高电平。这是因为如果 SPH 位为逻辑 0,则从机选择引脚将其串行外设寄存器中的数据固定,不允许修改。因此,主器件必须在每次数据传输之间将从器件的 SSIFss 引脚拉高,以使能串行外设的数据写操作。当连续传输完成时,在捕获到最后一个位之后的一个 SSICLK 周期后,SSIFss 引脚返回到其空闲状态。

26.3.2 SPO＝0 和 SPH＝1 时的 Freescale SPI 帧格式

SPO＝0 和 SPH＝1 时,Freescale SPI 帧格式的传输信号序列如图 26.3 所示,其中涵盖了单次和连续传输这两种情况。

在该配置中,SSI 处于空闲周期时:

➤ SSICLK 强制为低电平;

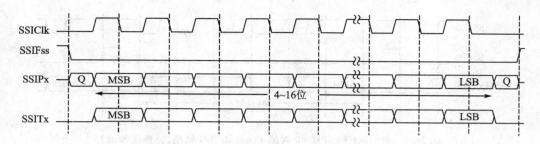

图 26.3　SPO＝0 和 SPH＝1 时的 Freescale SPI 帧格式

➢ SSIFss 强制为高电平；
➢ 发送数据线 SSITx 强制为低电平；
➢ 当 SSI 配置为主机时，使能 SSICLK 端口；
➢ 当 SSI 配置为从机时，禁止 SSICLK 端口。

如果 SSI 使能并且在发送 FIFO 中含有有效的数据，则通过将 SSIFss 主机信号驱动为低电平表示发送操作开始。主机 SSITx 输出使能。在下面的半个 SSICLK 周期之后，主机和从机有效数据能够放在各自的传输线上。同时，利用一个上升沿转换来使能 SSICLK。然后，在 SSICLK 的下降沿捕获数据，该操作一直延续到 SSI-CLK 信号的上升沿。

如果是传输一个字，则在所有位传输完之后，在捕获到最后一个位之后的一个 SSICLK 周期，SSIFss 线返回到其空闲的高电平状态。

如果是背对背（back - to - back）传输，则在两次连续的数据字传输之间 SSIFss 引脚保持低电平，连续传输的结束情况与单个字传输相同。

26.3.3　SPO＝1 和 SPH＝0 时的 Freescale SPI 帧格式

SPO＝1 和 SPH＝0 时，Freescale SPI 帧格式的单次和连续传输信号序列，如图 26.4 和图 26.5 所示。

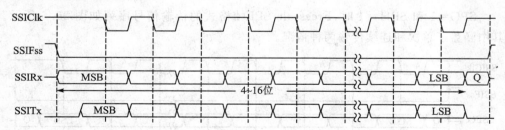

图 26.4　SPO＝1 和 SPH＝0 时的 Freescale SPI 帧格式（单次传输）

在该配置中，SSI 处于空闲周期时：
➢ SSICLK 强制为高电平；
➢ SSIFss 强制为高电平；

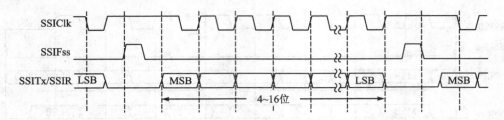

图 26.5　SPO＝1 和 SPH＝0 时的 Freescale SPI 帧格式（连续传输）

> 发送数据线 SSITx 强制为低电平；
> SSI 配置为主机时，使能 SSICLK 引脚；
> SSI 配置为从机时，禁止 SSICLK 引脚。

如果 SSI 使能并且在发送 FIFO 中含有有效的数据，则通过将 SSIFss 主机信号驱动为低电平表示传输操作开始，这可使从机数据立即传输到主机的 SSIRx 线上。主机 SSITx 输出引脚使能。半个周期之后，有效的主机数据传输到 SSITx 线上。既然主机和从机的有效数据都已设置好，则在下面的半个 SSICLK 周期之后，SSICLK 主机时钟引脚变为低电平，这表示数据在下降沿被捕获并且该操作延续到 SSICLK 信号的上升沿。

如果是单个字传输，则在数据字的所有位传输完之后，在最后一个位传输完之后的一个 SSICLK 周期，SSIFss 线返回到其空闲的高电平状态。

而在连续的背对背（back - to - back）传输中，每次数据字传输之间 SSIFss 信号必须变为高电平。这是因为如果 SPH 位为逻辑 0，则从机选择引脚使其串行外设寄存器中的数据固定，不允许修改。因此，每次数据传输之间，主器件必须将从器件的 SSIFss 引脚拉为高电平来使能串行外设的数据写操作。在连续传输完成时，最后一个位被捕获之后的一个 SSICLK 周期，SSIFss 引脚返回其空闲状态。

26.3.4　SPO＝1 和 SPH＝1 时的 Freescale SPI 帧格式

SPO＝1 和 SPH＝1 时，Freescale SPI 帧格式的传输信号序列如图 26.6 所示。其中涵盖了单次和连续传输两种情况。

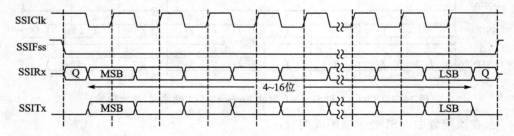

图 26.6　SPO＝1 和 SPH＝1 时的 Freescale SPI 帧格式

在该配置中,SSI 处于空闲周期时:

➤ SSICLK 强制为高电平;

➤ SSIFss 强制为高电平;

➤ 发送数据线 SSIFss 强制为低电平;

➤ 当 SSI 配置为主机时,使能 SSICLK 引脚;

➤ 当 SSI 配置为从机时,禁止 SSICLK 引脚。

如果 SSI 使能并且在发送 FIFO 中含有有效的数据,则通过将 SSIFss 主机信号驱动为低电平表示发送操作开始。主机 SSITx 输出引脚使能。在下面的半个 SSI-CLK 周期之后,主机和从机数据都能够放在各自的传输线上。同时,利用 SSICLK 的下降沿转换来使能 SSICLK。然后在上升沿捕获数据,并且该操作延续到 SSICLK 信号的下降沿。

在所有位传输完之后,如果是单个字传输,则在最后一个位捕获完之后的一个 SSICLK 周期中,SSIFss 线返回到其空闲的高电平状态。

而对于连续的背对背(back - to - back)传输,SSIFss 引脚保持其有效的低电平状态,直至最后一个字的最后一位捕获完,再返回其上述的空闲状态。

而对于连续的背对背(back - to - back)传输,在两次连续的数据字传输之间 SSIFss 引脚保持低电平,连续传输的结束情况与单个字传输相同。

26.4 SSI 功能概述

SSI 对从外设器件接收到的数据执行串行到并行转换。CPU 可以访问 SSI 数据寄存器来发送和获得数据。发送和接收路径利用内部 FIFO 存储单元进行缓冲,以允许最多 8 个 16 位的值在发送和接收模式中独立地存储。

1. 位速率和帧格式

SSI 包含一个可编程的位速率时钟分频器和预分频器来生成串行输出时钟。尽管最大位速率由外设器件决定,但 1.5 MHz 及更高的位速率仍是支持的。

串行位速率是通过对输入的系统时钟进行分频来获得的。虽然理论上 SSICLK 发送时钟可达到 25 MHz,但模块可能不能在该速率下工作。发送操作时,系统时钟速率至少必须是 SSICLK 的两倍。接收操作时,系统时钟速率指导必须是 SSICLK 的 12 倍。

SSI 通信的帧格式有 3 种:Texas Instruments 同步串行数据帧、Freescal SPI 数据帧、MICROWIRE 串行数据帧。

根据已设置的数据大小,每个数据帧长度在 4~16 位之间,并采用 MSB 在前的方式发送。

2. FIFO 操作

对 FIFO 的访问是通过 SSI 数据寄存器（SSIDR）中写入与读出数据来实现的，SSIDR 为 16 位宽的数据寄存器，可以对它进行读写操作。SSIDR 实际对应两个不同的物理地址，以分别完成对发送 FIFO 和接收 FIFO 的操作。

SSIDR 的读操作即是对接收 FIFO 的入口（由当前 FIFO 读指针来指向）进行访问。当 SSI 接收逻辑将数据从输入的数据帧中转移出来后，将它们放入接收 FIFO 的入口（由当前 FIFO 写指针来指向）。

SSIDR 的写操作即是将数据写入发送 FIFO 的入口（由写指针来指向）。每次，发送逻辑将发送 FIFO 中的数值转移出来一个，装入发送串行移位器，然后在设置的位速率下串行溢出到 SSITx 引脚。

3. 中　断

SSI 在满足以下条件时能够产生中断：

➢ 发送 FIFO 服务；
➢ 接收 FIFO 服务；
➢ 接收 FIFO 超时；
➢ 接收 FIFO 溢出。

26.5　SSI 的 API 函数

本实验中涉及 SSIConfigSetExpClk（）、SSIEnable（）、SSIDataGetNonBlocking（）、SSIDataPut（）函数，下面将详细介绍各函数功能。

1. SSI 配置

函数 SSIConfigSetExpClk（）用来配置同步串行接口。它设置 SSI 协议、工作模式、位速率和数据宽度。

参数 ulProtocol 定义了数据帧格式，可以是下面的一个值：SSI_FRF_MOTO_MODE_0 、SSI_FRF_MOTO_MODE_1 、SSI_FRF_MOTO_MODE_2 、SSI_FRF_MOTO_MODE_3、SSI_FRF_TI 或 SSI_FRF_NMW。Motorola 帧格式隐含着以下极性和相位配置：

极性	相位	模式
0	0	SSI_FRF_MOTO_MODE_0
0	1	SSI_FRF_MOTO_MODE_1
1	0	SSI_FRF_MOTO_MODE_2
1	1	SSI_FRF_MOTO_MODE_3

参数 ulMode 定义了 SSI 模块的工作模式。SSI 模块可以用作一个主机或从机；如果用作一个从机，SSI 可以配置成禁止它的串行输出线的输出。参数 ulMode 可以是下面的其中一个值：SSI_MODE_MASTER、SSI_MODE_SLAVE 或 SSI_MODE_SLAVE_OD。

参数 ulBitRate 定义了 SSI 的位速率。这个位速率必须满足下面的时钟比率标准：

$$FSSI >= 2 \times 位速率（主机模式）；$$
$$FSSI >= 12 \times 位速率（从机模式）$$

其中，FSSI 是提供给 SSI 模块的时钟频率。

参数 ulDataWidth 定义了数据传输的宽度，可以在 4~16 之间（包括 4 和 16 在内）的一个值。

外设时钟与处理器的时钟相同。这个时钟就是 SysCtlClockGet() 所返回的值，或该时钟为已知常量时（用来保存调用 SysCtlClockGet() 时的代码/执行体），它可以明确为硬编码。

这个函数将会取代最初的 SSIConfig() API，并可以执行相同的操作。ssi. h 提供一个宏来把最初的 API 映射到这个 API 中，详见表 26.1 的描述。

表 26.1　函数 SSIConfigSetExpClk()

功　能	SSI 配置（需要提供明确的时钟速度）
原　型	void SSIConfigSetExpClk(unsigned long ulBase , 　　　　　　　　　　　unsigned long ulSSIClk , 　　　　　　　　　　　unsigned long ulProtocol , 　　　　　　　　　　　unsigned long ulMode , 　　　　　　　　　　　unsigned long ulBitRate , 　　　　　　　　　　　unsigned long ulDataWidth)
参　数	ulBase：SSI 模块的基址，应当取下列值之一： 　　SSI_BASE　　　　//SSI 模块的基址（用于仅含有 1 个 SSI 模块的芯片） 　　SSI0_BASE　　　//SSI0 模块的基址（等同于 SSI_BASE） 　　SSI1_BASE　　　//SSI1 模块的基址 ulSSIClk：提供给 SSI 模块的时钟速度 ulProtocol：数据传输的协议，应当取下列值之一： 　　SSI_FRF_MOTO_MODE_0　　// Freescale（飞思卡尔半导体）格式，极性 0，相位 0 　　SSI_FRF_MOTO_MODE_1　　// Freescale（飞思卡尔半导体）格式，极性 0，相位 1 　　SSI_FRF_MOTO_MODE_2　　// Freescale（飞思卡尔半导体）格式，极性 1，相位 0 　　SSI_FRF_MOTO_MODE_3　　// Freescale（飞思卡尔半导体）格式，极性 1，相位 1 　　SSI_FRF_TI　　　　　　　// TI（德州仪器）格式 　　SSI_FRF_NMW　　　　　　// National（美国国家半导体）MicroWire 格式

参 数	ulMode：SSI 模块的工作模式，应当取下列值之一： 　　SSI_MODE_MASTER　　　　// SSI 主模式 　　SSI_MODE_SLAVE　　　　　// SSI 从模式 　　SSI_MODE_SLAVE_OD　　　// SSI 从模式（输出禁止） ulBitRate：SSI 的位速率，这个位速率必须满足下面的时钟比率标准： 　　ulBitRate ≤ FSSI/2（主模式） 　　ulBitRate ≤ FSSI/12（从模式） 　其中 FSSI 是提供给 SSI 模块的时钟速率 ulDataWidth：数据宽度，取值 4～16
返 回	无

2. 使能 SSI 发送和接收

函数 SSIEnable()用于使能同步串行接口的操作。同步串行接口必须在使能前配置，详见表 26.2 的描述。

表 26.2　函数 SSIEnable( )

功 能	使能 SSI 发送和接收
原 型	void SSIEnable(unsigned long ulBase)
参 数	ulBase：SSI 模块的基址，取值 SSI_BASE、SSI0_BASE 或 SSI1_BASE
返 回	无

3. 数据收发

函数 SSIDataGetNonBlocking()用于从指定 SSI 模块的接收 FIFO 获取接收到的数据，并将数据放置到 pulData 参数指定的单元中。如果 FIFO 中没有任何数据，则这个函数将返回一个零值。此函数取代了最初的 SSIDataNonBlockingGet( ) API，并执行相同的操作。ssi. h 中提供了一个宏把最初的 API 映射到这个 API 中，详见表 26.3 的描述。

注：只有写入 pulData 的低 N 位值包含有效数据，这里的 N 是 SSIConfigSetExpClk()配置的数据宽度。例如，如果接口配置成 8 位的数据宽度，则只有写入 pulData 的值的低 8 位包含有效数据。

表 26.3　函数 SSIDataGetNonBlocking( )

功 能	从 SSI 的接收 FIFO 里读取一个数据单元（不等待）
原 型	long SSIDataGetNonBlocking(unsigned long ulBase, unsigned long * pulData)
参 数	ulBase：SSI 模块的基址，取值 SSI_BASE、SSI0_BASE 或 SSI1_BASE pulData：指针，指向保存读取到的数据单元地址
返 回	返回从接收 FIFO 里读取到的数据单元数量（如果接收 FIFO 为空，则返回 0）

函数 SSIDataPut()用于把提供的数据放置到特定的 SSI 模块的发送 FIFO 中，详见表 26.4 的描述。

注：ulData 的高 32－N 位会被硬件舍弃，这里的 N 是指由 SSIConfigSetExpClk() 配置的数据宽度。例如，如果该接口被配置为 8 位数据宽度，则 ulData 的高 24 位会被舍弃。

表 26.4　函数 SSIDataPut()

功　能	将一个数据单元放入 SSI 的发送 FIFO 里
原　型	void SSIDataPut(unsigned long ulBase，unsigned long ulData)
参　数	ulBase：SSI 模块的基址，取值 SSI_BASE、SSI0_BASE 或 SSI1_BASE ucData：要发送数据单元(4～16 个有效位)
返　回	无

26.6　硬件设计

硬件设计作为主机时引脚的配置情况如下：

PA2 ─────── CLK
PA3 ─────── Fss
PA4 ─────── RX
PA5 ─────── TX

26.7　软件设计

文件 spi_master_demo.c 如下：

```
int main()
{
    // 运行在外部 16 MHz 模式下
    SysCtlClockSet(SYSCTL_SYSDIV_2_5 | SYSCTL_USE_PLL |
                    SYSCTL_OSC_MAIN |
                    SYSCTL_XTAL_16MHZ);
    // 使能 SSI0 模块
    SysCtlPeripheralEnable(SYSCTL_PERIPH_SSI0);

    // 使能 SSI0 的输入输出引脚 PortA[5..2]
    SysCtlPeripheralEnable(SYSCTL_PERIPH_GPIOA);
```

```
// 配置相关引脚
GPIOPinConfigure(GPIO_PA2_SSI0CLK);
GPIOPinConfigure(GPIO_PA3_SSI0FSS);
GPIOPinConfigure(GPIO_PA4_SSI0RX);
GPIOPinConfigure(GPIO_PA5_SSI0TX);


// 配置引脚相应的类型
GPIOPinTypeSSI(GPIO_PORTA_BASE, GPIO_PIN_5 |GPIO_PIN_4|  GPIO_PIN_3 |
                GPIO_PIN_2);
```

// 设置 SSI 协议、工作模式、位速率和数据宽度

// SSI0_BASE   —   使用 SSI0

// SysCtl'ClockGet()   —   提供到 SSI0 的时钟速率

// SSI_FRF_MOTO_MODE_0   —   数据传输协议,极性:0,相位:0

// SSI_MODE_MASTER   —   模式选择:配置为主机模式

// 1000000   —   设定 SSI 模块位速率为 1M

// 8   —   8 位数据宽度

```
SSIConfigSetExpClk(SSI0_BASE, SysCtlClockGet(), SSI_FRF_TI,
                SSI_MODE_MASTER, 1000000, 8);
```

// 使能 SSI 模块

```
SSIEnable(SSI0_BASE);
```

// 清除缓冲区的数据,确保读到的数据时正确的

```
//while(SSIDataGetNonBlocking(SSI0_BASE, &ulDataRx[0]));
```

// 进入死循环

```
while(1){
        SSIDataPut(SSI0_BASE, temp);
        }
}
```

26.8 下载验证

例程实现 LM3S9B96 的 SSI 作为主机时的使用方法。程序上电后一直发送 'U' 的 ASCII 码,如图 26.7 所示。

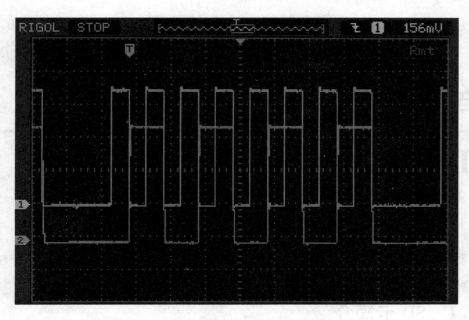

图 26.7　单片机正在发送"U"的 ASCII 码

第 **27** 章

SD 卡实验

本章介绍 LM3S9B96 读取 SD 卡的相关内容。例程实现 LM3S9B96 通过 SPI 模式读取 SD 卡内的文件。

27.1 SD 卡简介

SD 卡是一种基于半导体快闪记忆器的新一代记忆设备,广泛用于便携式装置,例如数码相机、个人数码助理(PDA)和多媒体播放器等。SD 卡由日本松下、东芝及美国 SanDisk 公司于 1999 年 8 月共同开发研制。大小犹如一张邮票的 SD 记忆卡,只有 2 克,但却拥有高记忆容量、快速数据传输率、极大的移动灵活性以及很好的安全性。

SD 卡接口除了保留 MMC 卡的 7 针外,还在两边加多了 2 针,作为数据线。采用了 NAND 型 Flash Memory,基本上和 SmartMedia 的一样,平均数据传输率能达到 2 MB/s。

SD 卡的通信协议包括 SD 和 SPI 两类。SD 卡的外观如图 27.1 所示。SD 卡引脚功能详述如表 27.1 所列。

SD 卡支持两种总线方式:SD 方式与 SPI 方式。其中 SD 方式采用 6 线制,使用 CLK、CMD、DAT0～DAT3 进行数据通信。而 SPI 方式采用 4 线制,使用 CS、CLK、DataIn、DataOut 进行数据通信。SD 方式时的数据传输速度比 SPI 方式要快,采用单片机对 SD 卡进行读写时一般都采用 SPI 模式。采用不同的初始化方式可以使 SD 卡工作于 SD 方式或 SPI 方式。本章只介绍 SPI 方式。

通信模式的切换:先上电延时大于 74 个时钟周期后发送复位命令,复位成功(接收到 0x01 的响应)后,连续发送 CMD55 和 ACMD41,直到响应 0X00 为止,此时 SD

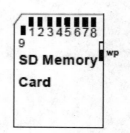

图 27.1 SD 卡外观图

卡已经进入 SPI 模式。

表 27.1　SD 卡引脚功能

引脚编号	SD 模式			SPI 模式		
	名称	类型	描述	名称	类型	描述
1	CD/DAT3	IO 或 PP	卡检测/数据线 3	CS	I	片选
2	CMD	PP	命令/回应	DI	I	数据输入
3	V_{SS1}	S	电源地	V_{SS}	S	电源地
4	V_{DD}	S	电源	V_{DD}	S	电源
5	CLK	I	时钟	SCLK	I	时钟
6	V_{SS2}	S	电源地	V_{SS2}	S	电源地
7	DAT0	IO 或 PP	数据线 0	DO	O 或 PP	数据输出
8	DAT1	IO 或 PP	数据线 1	RSV		
9	DAT2	IO 或 PP	数据线 2	RSV		

注:S 为电源供给,I 为输入,O 为采用推拉驱动的输出,PP 为采用推拉驱动的输入输出。

27.2　SPI 驱动 SD 卡的方法

　　SD 卡的 SPI 通信接口使其可以通过 SPI 通道进行数据读写。从应用的角度来看,采用 SPI 接口的好处在于,很多单片机内部自带 SPI 控制器,不光给开发上带来方便,同时也降低了开发成本。SPI 接口的选用是在上电初始时向其写入第一个命令时进行的。下面介绍 SD 卡的驱动方法,只实现简单的扇区读写。

1. 命令系统

　　SD 卡自身有完备的命令系统以实现各项操作。命令格式如图 27.2 所示。

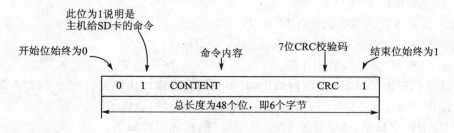

图 27.2　命令格式

(1) SD 卡的命令格式

SD 卡的指令由 6 字节组成,如下:

Byte1:0 1 x x x x x x(命令号,由指令标志定义,如 CMD39 为 100111 即 16 进制 0x27,那么完整的 CMD39 第一字节为 01100111,即 0x27+0x40)。

Byte2～5:Command Arguments,命令参数,有些命令没有参数。

Byte6:前 7 位为 CRC(Cyclic Redundacy Check,循环冗余校验)校验位,最后一位为停止位 0。

SD 卡命令共分为 12 类,分别为 class0～class11,不同的 SD 卡,主控根据其功能,支持不同的命令集。

(2) SPI 模式下的 SD 卡部分命令

➢ CMD0:复位 SD 卡;
➢ CMD9:读取 SD 卡特定数据寄存器;
➢ CMD10:读取 SD 卡标志数据寄存器;
➢ CMD16:设置块的大小;
➢ CMD17:读单块;
➢ CMD24:写单块;
➢ CMD41:引用命令的前命令;
➢ CMD55:开始 SD 卡的初始化;
➢ CMD59:设置 CRC 开启或关闭。

2. SD 卡读写数据

SD 卡的典型初始化过程如下:

① 初始化与 SD 卡连接的硬件(MCU 的 SPI 配置,IO 口配置);
② 上电延时(＞74 个 CLK);
③ 复位 SD 卡(CMD0);
④ 激活 SD 卡,内部初始化并获取卡类型(CMD1(用于 MMC 卡)、CMD55、CMD41);
⑤ 查询 OCR,获取供电状况(CMD58);
⑥ 是否使用 CRC(CMD59);
⑦ 设置读写块数据长度(CMD16);
⑧ 读取 CSD,获取存储卡的其他信息(CMD9);
⑨ 发送 8CLK 后,禁止片选。

这样就完成了对 SD 卡的初始化,其中一般设置读写块数据长度为 512 字节,并禁止使用 CRC。在完成了初始化之后,就可以开始读写数据了。

SD 卡读取数据,这里通过 CMD17 来实现,具体过程如下:

① 发送 CMD17;
② 接收卡响应 R1;
③ 接收数据起始令牌 0XFE;

④ 接收数据；

⑤ 接收 2 个字节的 CRC,如果没有开启 CRC,这 2 个字节在读取后可以丢掉；

⑥ 8CLK 之后禁止片选。

以上就是一个典型的读取 SD 卡数据过程。SD 卡的写与读数据差不多,写数据通过 CMD24 来实现,具体过程如下：

① 发送 CMD24；

② 接收卡响应 R1；

③ 发送写数据起始令牌 0XFE；

④ 发送数据；

⑤ 发送 2 字节的伪 CRC；

⑥ 8CLK 之后禁止片选。

以上就是一个典型的写 SD 卡过程。

27.3　文件系统简介

FatFS 是一种开源的文件系统格式,移植方便,容易使用。下面是关于 FatFS 文件系统移植需要的几个关键文件：

ff.c(不需要修改)	不需要改动文件系统的实现代码,里面主要是 FatFS 文件系统源码。
diskio.h(不需要修改)	声明 diskio.c 中需要的一些接口函数和命令格式。
diskio.c(用户编写)	这个文件是文件系统底层和 SD 驱动的中间接口的实现代码。在移植 FatFS 的时候需要书写在 diskio.h 中声明的那几个函数。代码在 ff.c 中被调用。
integer.h(微改)	这里为 FatFS 用到的数据类型定义,按移植的平台修改即可。
ff.h(不需要修改)	是 FatFS 的文件系统的函数(在 ff.c 中)声明,以及一些选项的配置。具体选项及详细说明在文件中都有。
ffconf.h(按需要修改)	这个在 FatFS 的 0.08a 版本中能看到,0.06 版本中还没有,是关于 FatFS 系统模块的一些配置。

下面介绍 FatFS 的常用 API 函数。

f_mount——登记或注销一个工作领域,详见表 27.2 的描述。

在使用其他文件函数前工作区必须先使用这个函数配置每个卷。指定一个 NULL 到 FileSystemObject,注销一个工作区,然后工作区将被废弃。

不管驱动器处于何种状态,此函数总是返回成功。在此函数中不发生媒体访问,只初始化给定的工作区域并且注册其地址到内部表。在 f_mount 函数执行或者媒体改变后,在第一次文件访问时执行卷安装过程。

表 27.2 函数 f_mount

功　能	主要用来在 FatFS 模块中注册/注销工作区
原　型	FRESULT f_mount(BYTE Drive,FATFS * FileSystemObject)
参　数	Drive:注册/注销工作区域的逻辑驱动器号(0～9) FileSystemObject:被注册的工作区域(文件系统目标)指针
返　回	FR_OK(0):函数执行成功 FR_INVALID_DRIVE:指定的驱动器号非法

f_open——打开或创建文件,详见表 27.3 的描述。

在 f_open 函数执行成功后,文件对象开始有效。文件对象用于随后指定文件的读写函数。使用 f_close 函数来关闭打开的文件对象。如果更改的文件未被关闭,文件数据可能崩溃。

在使用任何文件函数前,必须使用 f_mount 函数在逻辑驱动器上注册一个工作区(文件系统对象)。除 f_fdisk 函数外,所有的 API 函数需在完成此过程后工作。

注意,当_FS_READONLY==1 时,模式标志 FA_WRITE、FA_CREATE_ALWAYS、FA_CREATE_NEW 和 FA_OPEN_ALWAYS 不可用。

表 27.3 函数 f_open

功　能	创建一个将要访问的文件对象
原　型	FRESULT f_open (FIL * FileObject,const TCHAR * FileName,BYTE ModeFlags)
参　数	FileObject:要创建的目标文件结构体指针 FileName:指定创建或打开以空终止的字符串文件名指针 ModeFlags 指定访问或打开文件的模式类型
返　回	FR_OK、FR_DISK_ERR、FR_INT_ERR、FR_NOT_READY、FR_NO_FILE、FR_NO_PATH、FR_INVALID_NAME、FR_DENIED、FR_EXIST、FR_WRITE_PROTECTED、FR_INVALID_DRIVE、FR_NOT_ENABLED、FR_NO_FILESYSTEM、FR_TIMEOUT、FR_LOCKED、FR_NOT_ENOUGH_CORE、FR_TOO_MANY_OPEN_FILES

f_close——关闭一个文件,详见表 27.4 的描述。

如果有任何数据写入到了文件,文件的缓冲区信息被写回到磁盘。在 f_close 函数执行成功后,文件对象不再有效并被丢弃。

表 27.4 函数 f_close

功　能	关闭一个打开的文件
原　型	FRESULT f_close (FIL * FileObject)
参　数	FileObject:将要关闭的已打开文件指针
返　回	FR_OK、FR_DISK_ERR、FR_INT_ERR、FR_NOT_READY、FR_INVALID_OBJECT、FR_TIMEOUT

f_read——读文件,详见表 27.5 的描述。

文件对象的文件指针随着读取字节数的增加而增加。在函数执行成功后,
*ByteRead判断是否检测到了文件结尾。在 *ByteRead < ByteToRead 情况下,意味着在读操作期间,读写指针到达了文件尾。

表 27.5　函数 f_read

功　能	从文件读取数据
原　型	FRESULT f_read (FIL * FileObject,void * Buffer,UINT ByteToRead,UINT * ByteRead)
参　数	FileObject:打开的文件对象指针 Buffer:存储读取数据缓冲区指针 ByteToRead:在 UINT 范围内,读取的字节数 ByteRead:返回读取字节数的无符号整型变量指针。这个值在函数调用后有效,与函数执行结果无关
返　回	FR_OK, FR_DISK_ERR, FR_INT_ERR, FR_NOT_READY, FR_INVALID_OBJECT, FR_TIMEOUT

f_write——写文件,详见表 27.6 的描述。

文件对象的文件指针随着写入字节数的增加而增加。在函数执行成功后,
*ByteWrite判断是否检测到了文件结尾。当 *ByteWrite < ByteToWrite 时,意味着在写操作期间卷满了。当卷满或接近满时,函数可能会花费一些时间。

当_FS_READONLY==0 时,此函数可用。

表 27.6　函数 f_write

功　能	写数据到文件
原　型	FRESULT f_write (FIL * FileObject, const void * Buffer, UINT ByteToWrite, UINT * ByteWritten)
参　数	FileObject:打开的文件对象指针 Buffer:存储写入数据缓冲区指针 ByteToWrite:在 UINT 范围内,写入的字节数 ByteWrite:返回写入字节数的无符号整型变量指针。这个值在函数调用后有效,与函数执行结果无关
返　回	FR_OK, FR_DISK_ERR, FR_INT_ERR, FR_NOT_READY, FR_INVALID_OBJECT, FR_TIMEOUT

f_lseek——移动文件读/写指针,详见表 27.7 的描述。

偏移量可以被设定为唯一源自文件顶部。当一个超过文件大小的偏移量在写模式下被设置时,文件大小增加到偏移量大小但在扩展区域中的数据是不确定的。这适合快速创建一个大文件,快速地写文件。在 f_lseek 函数成功执行后,应该检查文件对象结构体成员变量 fptr,以确定读写指针是否正确地移动。在 fptr 不是预期值

的情况下,可能发生以下两种情况:

① 文件结束。指定的偏移量被限制到文件大小,因为该文件已在只读模式打开。

② 磁盘满。卷上没有足够的空余空间来扩展文件大小。

当_USE_FASTSEEK 置 1 时使能快速搜索模式,并且文件对象结构体中成员 cltbl 不为 NULL。此功能通过访问存储在用户定义表中的簇链接映射表(CLMT)实现了无文件分区表(FAT)快速后退/长搜索操作。它也适用于 f_read/ f_write 函数。在此模式下,文件大小不能被 f_write/f_lseek 函数增加。

在使用快速搜索功能前,CLMT 必须事先创建在用户定义的 DWORD 数组中。创建 CLMT,设置文件对象结构成员 cltbl 指向 DWORD 数组指针,在数组第一个条目中设置以条目为单位的数组大小,并以参数 Offset＝CREATE_LINKMAP 调用 f_lseek函数。在函数成功执行后 CLMT 被创建,随后的 f_read/f_write/f_lseek 函数访问文件无需文件分区表。如果函数执行失败返回 FR_NOT_ENOUGH_CORE,表明给定的数组大小不足以容下该文件,并且将需要的条目数返回到数组的第一个条目中。需要的数组大小是(number of fragments＋1) * 2 条。例如,当文件分为 5 个片段时,CLMT 需要 12 个条目。

此函数当_FS_MINIMIZE ＜＝2 时可用。

表 27.7　函数 f_lseek

功　能	移动一个打开文件的文件读写指针
原　型	FRESULT f_lseek (FIL * FileObject,DWORD Offset)
参　数	FileObject:打开的文件对象指针 Offset:相对文件开头的字节数
返　回	FR_OK, FR_DISK_ERR, FR_INT_ERR, FR_NOT_READY, FR_INVALID_OBJECT, FR_TIMEOUT

f_opendir——打开一个目录,详见表 27.8 的描述。

此函数打开一个已经存在目录并且为随后的调用创建一个目录对象。目录对象结构体可以随时无任何手续被丢弃。

当_FS_MINIMIZE ＜＝1 时,此函数可用。

表 27.8　函数 f_opendir

功　能	打开一个已经存在目录并且为随后的调用创建一个目录对象
原　型	FRESULT f_opendir (DIR * DirObject,const TCHAR * DirName)
参　数	DirObject:目录对象结构体指针 DirName:以空终止的字符串表示的要打开的目录名指针
返　回	FR_OK, FR_DISK_ERR, FR_INT_ERR, FR_NOT_READY, FR_NO_PATH, FR_INVA-LID_NAME, FR_INVALID_DRIVE, FR_NOT_ENABLED, FR_NO_FILESYSTEM, FR_TIMEOUT, FR_NOT_ENOUGH_CORE

f_readdir——阅读目录项目,详见表 27.9 的描述。

反复调用 f_readdir 函数可以读取目录的所有条目。当已读完所有的目录条目并且没有其他条目可读时,函数返回一个空字符串到成员变量 f_name[] 中,并且不返回错误提示。当 FileInfo 指向一个空指针时,读取的目录对象将被倒回。

当 LFN 被打开时,文件信息结构体中的 lfname 和 lfsize 必须在使用 f_readdir 函数前初始化为有效值。lfname 是一个返回长文件名的字符串缓冲区指针。lfsize 表示以 TCHAR 为单位的字符串缓冲区的大小。如果读缓冲区或 LFN 工作缓冲区容量不够存储 LFN 或者对象没有 LFN,则返回一个空字符串到 LFN 读缓冲区。在没有对 Unicode API 配置的情况下,如果 LFN 包含任何不能转换成 OEM 码的字符,则返回一个空字符串。当 lfname 是 NULL 时,LFN 没有任何返回。当对象没有 LFN 时,一些小写字母被包含到 SFN 中。

当相关的路径特征被使能(_FS_RPATH==1),“.”和“..”不被过滤并且将出现在所读条目中。

当_FS_MINIMIZE<=1 时,此函数可用。

表 27.9　函数 f_readdir

功　能	按顺序读取目录条目
原　型	FRESULT f_readdir (DIR * DirObject,FILINFO * FileInfo)
参　数	DirObject:打开的目录对象结构体指针 FileInfo:存储在读条目中的文件信息结构指针
返　回	FR_OK, FR_DISK_ERR, FR_INT_ERR, FR_NOT_READY, FR_INVALID_OBJECT, FR_TIMEOUT,FR_NOT_ENOUGH_CORE

f_stat——获取文件状态,详见表 27.10 的描述。

f_stat 函数用来获取文件或目录信息。对于更详细的信息,请参考 FILINFO 结构体和 f_readdir 函数。

这个函数不支持最小化水平的>=1。

表 27.10　函数 f_stat

功　能	获取文件或目录信息
原　型	FRESULT f_stat (const TCHAR * FileName,FILINFO * FileInfo)
参　数	FileName:要获取信息的以空字符终止的字符串表示的文件或文件目录指针 FileInfo:存储信息的空 FILINFO 结构体指针
返　回	FR_OK, FR_DISK_ERR, FR_INT_ERR, FR_NOT_READY, FR_NO_FILE, FR_NO_PATH, FR_INVALID_NAME, FR_INVALID_DRIVE, FR_NOT_ENABLED, FR_NO_FILESYSTEM, FR_TIMEOUT, FR_NOT_ENOUGH_CORE

f_mkdir ——创建一个目录,详见表 27.11 的描述。

F_mkdir 函数用来创建一个文件夹。

表 27.11 函数 f_mkdir

功 能	创建一个文件夹
原 型	FRESULT f_mkdir (const TCHAR * DirName)
参 数	DirName:以空字符结束的字符串表示的要创建的目录名指针
返 回	FR_OK, FR_DISK_ERR, FR_INT_ERR, FR_NOT_READY, FR_NO_PATH, FR_INVA-LID_NAME, FR_DENIED, FR_EXIST, FR_WRITE_PROTECTED, FR_INVALID_DRIVE, FR_NOT_ENABLED, FR_NO_FILESYSTEM, FR_TIMEOUT, FR_NOT_E-NOUGH_CORE

f_unlink——删除文件或目录,详见表 27.12 的描述。

如果移除对象的条件满足下列条款,函数将运行失败并返回错误。

➤ 对象必须没有只读属性(AM_RDO),否则函数将被拒绝并返回 FR_DENIED。

➤ 文件夹必须是空的并且不是当前文件夹,否则函数将被拒绝并返回 FR_DENIED。

➤ 文件必须不是正被打开的文件,否则 FAT 卷可能崩溃。当文件共享控制被打开,函数可能会被拒绝并返回 FR_LOCKED。

当_FS_READONLY==0 and _FS_MINIMIZE==0 时,此函数可用。

表 27.12 函数 f_unlink

功 能	删除文件或目录
原 型	FRESULT f_unlink (const TCHAR * FileName)
参 数	FileName:以空字符终止的字符串表示的被移除对象名指针
返 回	FR_OK, FR_DISK_ERR, FR_INT_ERR, FR_NOT_READY, FR_NO_FILE, FR_NO_PATH, FR_INVALID_NAME, FR_DENIED, FR_EXIST, FR_WRITE_PROTECTED, FR_INVALID_DRIVE, FR_NOT_ENABLED, FR_NO_FILESYSTEM, FR_TIMEOUT, FR_LOCKED, FR_NOT_ENOUGH_CORE

f_chmod ——更改属性,详见表 27.13 的描述。

当_FS_READONLY==0 and _FS_MINIMIZE==0 时,此函数可用。

表 27.13 函数 f_chmod

功 能	来改变文件或文件夹的属性
原 型	FRESULT f_chmod (const TCHAR * FileName,BYTE Attribute,BYTE AttributeMask)
参 数	FileName:以空字符串终止的字符串表示的文件或文件夹指针 Attribute:设置的属性下列标志的一个或多个组合。设置或者清除指定的属性 AttributeMask:属性掩码指定哪个属性被改变。指定的属性被设置或清除
返 回	FR_OK, FR_DISK_ERR, FR_INT_ERR, FR_NOT_READY, FR_NO_FILE, FR_NO_PATH, FR_INVALID_NAME, FR_WRITE_PROTECTED, FR_INVALID_DRIVE, FR_NOT_ENABLED, FR_NO_FILESYSTEM, FR_TIMEOUT, FR_NOT_ENOUGH_CORE

f_utime——变更时间戳记,详见表 27.14 的描述。

当_FS_READONLY==0 and _FS_MINIMIZE==0 时,此函数可用。

表 27.14 函数 f_utime

功 能	改变文件或者文件夹的时间戳
原 型	FRESULT f_utime (const TCHAR * FileName,const FILINFO * TimeDate)
参 数	FileName:以空字符串终止的字符串表示的文件或文件夹指针 TimeDate:已有时间戳的文件信息结构体被设置成员 fdate 和 ftime 指针。不用关心其他成员
返 回	FR_OK, FR_DISK_ERR, FR_INT_ERR, FR_NOT_READY, FR_NO_FILE, FR_NO_PATH, FR_INVALID_NAME, FR_WRITE_PROTECTED, FR_INVALID_DRIVE, FR_NOT_ENABLED, FR_NO_FILESYSTEM, FR_TIMEOUT, FR_NOT_ENOUGH_CORE

f_rename——重命名/移动文件或目录,详见表 27.15 的描述。

重命名一个文件或文件夹并且可以移动它到其他文件夹。逻辑驱动器号由老名字决定,新名字不必包含逻辑驱动器号。不要重命名正打开的对象。

当_FS_READONLY==0 and _FS_MINIMIZE==0 时,此函数可用。

表 27.15 函数 f_rename

功 能	重命名一个文件或文件夹并且可以移动它到其他文件夹
原 型	FRESULT f_rename (const TCHAR * OldName,const TCHAR * NewName)
参 数	OldName:以空字符串终止的字符串表示的改名旧对象指针 NewName:以空字符串终止的字符串表示的改名新对象指针
返 回	FR_OK, FR_DISK_ERR, FR_INT_ERR, FR_NOT_READY, FR_NO_FILE, FR_NO_PATH, FR_INVALID_NAME, FR_DENIED, FR_EXIST, FR_WRITE_PROTECTED, FR_INVALID_DRIVE, FR_NOT_ENABLED, FR_NO_FILESYSTEM, FR_TIMEOUT, FR_LOCKED, FR_NOT_ENOUGH_CORE

fgets ——读一个字符串,详见表 27.16 的描述。

f_get 函数是 f_read 函数的封装函数。读操作直到一个'\n'被存储、达到文件尾或缓冲区被填充了 size-1 个字符为止。读字符串以'\0'终止。在没有读取字符串或在读操作期间发生错误,f_get()函数返回一个空指针。文件尾和错误状态可以使用宏 f_eof()和 f_error()检查。

当 FatFs 配置为 Unicode API(_LFN_UNICODE==1),文件以 UTF-8 编码读取并以 UCS-2 方式保存到缓冲区。除非如此,文件每个字符一个字节的方式读取,没有任何代码转换。

当_USE_STRFUNC 为 1 或 2 时,此函数可用。当_USE_STRFUN 设置为 2 时,文件中的'\r'字符被去掉。

表 27.16　函数 fgets

功　能	读取一个字符串
原　型	TCHAR ＊ f_gets (TCHAR ＊ Str,int Size,FIL ＊ FileObject)
参　数	Str:存储读取字符串的读缓冲区指针 Size:以字符为单位的读缓冲区大小 FileObject:指向打开目标文件结构体的指针
返　回	当函数执行成功,返回 Str 内容

　　fputs ——写一个字符串,详见表 27.17 的描述。

　　f_puts()函数是 f_put()函数的封装函数。

　　当_FS_READONLY＝＝0 与_USE_STRFUNC 为 1 或 2 时,此函数可用。当_USE_STRFUNC＝＝2 时,'\n'被转换为'\r\n'.

表 27.17　函数 fputs

功　能	写一个字符串
原　型	int f_puts (const TCHAR ＊ Str,FIL ＊ FileObject)
参　数	Str:要写入的以空字符串终止的字符串指针 FileObject:指向打开目标文件结构体的指针
返　回	函数执行成功,返回非负的写入字符数。由于磁盘满或者任意错误导致函数失败,返回 EOF (－1)。当 FatFs 配置为 Unicode API(_LFN_UNICODE＝＝1),UCS-2 字符串以 UTF-8 编码写入到文件。否则,以字节流方式直接写入文件中

　　fputc ——写一个字符,详见表 27.18 的描述。

　　f_put()函数是 f_write()函数的封装函数。

　　当_FS_READONLY＝＝0 与_USE_STRFUNC 为 1 或 2 时,此函数可用。当_USE_STRFUNC＝＝2 时,'\n'被转换为'\r\n'.

表 27.18　函数 fputc

功　能	写一个字符
原　型	int f_putc (TCHAR Chr,FIL ＊ FileObject)
参　数	Chr:放置的一个字符 FileObject:指向打开目标文件结构体的指针
返　回	当字符被成功写入时,函数返回改字符。由于磁盘满或者任意错误导致函数失败,返回 EOF (－1)。当 FatFs 配置为 Unicode API(_LFN_UNICODE＝＝1),UCS-2 字符以 UTF-8 编码写入到文件。否则,以字节方式直接写入文件中

27.3　硬件设计

SDCARD - 2908 的 2 号引脚连接 SD 卡的第 1 脚,所以连接 SDCARD_CSn。3 号引脚连接 SD 卡的第 2 脚,所以连接 SSI0TX。5 号引脚连接 SD 卡的第 5 脚,所以连接 SSI0CLK。7 号引脚连接 SD 卡的第 7 脚,所以连接 SSI0RX。SD 卡原理图如图 27.3 所示。

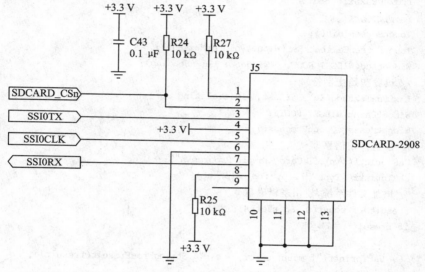

图 27.3　SD 卡原理图

27.4　软件设计

文件 sd_card.c 如下:

```
Int main(void)
{
    int nStatus;
    FRESULT fresult;
    // 时钟配置
    SysCtlClockSet(SYSCTL_SYSDIV_4 | SYSCTL_USE_PLL | SYSCTL_OSC_MAIN |
                    SYSCTL_XTAL_16MHZ);

    // 配置 GPIO
    PinoutSet();
    // 配置 SysTick 100Hz 中断
    SysTickPeriodSet(SysCtlClockGet() / TICKS_PER_SECOND);
    SysTickEnable();
```

```
    SysTickIntEnable();
    // 使能中断
    IntMasterEnable();
    // 配置 A0,A1 为 UART
GPIOPinTypeUART(GPIO_PORTA_BASE, GPIO_PIN_0 | GPIO_PIN_1);
    // 初始化 UART
    UARTStdioInit(0);
    // 液晶显示初始化
    Lcd240x320x16_8bitInit();
    // 初始化触摸屏
    TouchScreenInit();
    TouchScreenCallbackSet(WidgetPointerMessage);
    WidgetAdd(WIDGET_ROOT, (tWidget * )&g_sHeading);
    // 设置初始化字符
    ListBoxTextAdd(&g_sDirList, "Initializing...");
    WidgetPaint(WIDGET_ROOT);
    WidgetMessageQueueProcess();
    // 发送开始信息
    UARTprintf("\n\nSD Card Example Program\n");
    UARTprintf("Type \'help\' for help.\n");
    // 增加文件系统,使用逻辑磁盘 0
    fresult = f_mount(0, &g_sFatFs);
    if(fresult ! = FR_OK)
    {
        UARTprintf("f_mount error: % s\n", StringFromFresult(fresult));
        return(1);
    }
    // 将根目录的内容填充到列表框
    PopulateFileListBox(true);
    // 无限循环读取和处理来自用户的命令
    while(1)
    {
        // 显示提示符到 PC,显示 CWD
        UARTprintf("\n% s> ", g_cCwdBuf);
        // 是否有等待处理的命令
        while(UARTPeek('\r') < 0)
        {
            // 处理消息队列信息
            WidgetMessageQueueProcess();
        }
        // 从用户得到一个文本行
        UARTgets(g_cCmdBuf, sizeof(g_cCmdBuf));
        // 执行命令
        nStatus = CmdLineProcess(g_cCmdBuf);
        // 处理严重的命令
```

```
    if(nStatus == CMDLINE_BAD_CMD)
    {
        UARTprintf("Bad command!\n");
    }
    // 参数太多
    else if(nStatus == CMDLINE_TOO_MANY_ARGS)
    {
        UARTprintf("Too many arguments for command processor!\n");
    }
    // 打印错误代码
    else if(nStatus != 0)
    {
        UARTprintf("Command returned error code % s\n",
                    StringFromFresult((FRESULT)nStatus));
    }
  }
}
```

27.5　下载验证

　　sd_card 例程演示从 SD 卡上读取文件系统,采用 FAT 文件系统驱动的 FatFS, 提供基于 widget 的操作和基于串口的命令行两种方式查看操作 SD 卡上的文件系统。可以在超级终端下键入 help 获取帮助信息,下载运行后如图 27.4 所示。

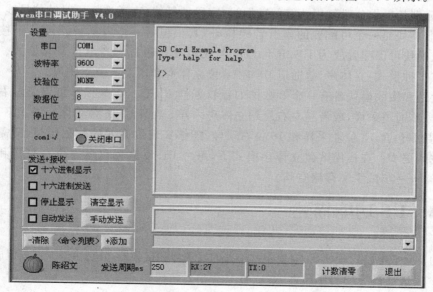

图 27.4　基于串口的命令行方式

第 **28** 章

I²S 实验

本章介绍 LM3S9B96 的 I²S 模块。例程实现使用 I²S 模块播放 SD 卡内的 wav 文件。

28.1 I²S 简介

IIS(Inter‑IC Sound bus)是菲利浦公司提出的串行数字音频总线协议。目前很多音频芯片和 MCU 都提供了对 I²S 的支持。I²S 总线只处理声音数据,其他信号(如控制信号)必须单独传输。为了使芯片的引脚尽可能少,I²S 只使用了 3 根串行总线,分别是提供分时复用功能的数据线、字段选择线(声道选择)、时钟信号线。

I²S 模块是一个可配置的串行音频核心,其中包括一个发送模块和一个接收模块。该模块可以配置成为 I²S,还可以配置成左对齐和右对齐串行音频格式。数据可以有 4 种模式:立体声、单通道、压缩 16 位立体声和压缩 8 位立体声。

发送和接收模块各有一个 8 数据的音频采样 FIFO。音频采样可以是左右立体声采样、单通道采样,或者是左右压缩立体声采样。在压缩 16 位立体声模式下,每个 FIFO 数据包含 16 位左采样和 16 位右采样,能够实现更有效的数据传输,所需要的存储空间更少。在压缩 8 位立体声模式下,每个 FIFO 数据包含 8 位左采样和 8 位右采样,进一步减少了存储空间。

28.2 I²S 功能描述

内部集成电路音频(I²S)模块包含单独的发送器和接收器,分别由以下部分组成:

➢ 发送器具有串行编码器;接收器具有串行解码器;
➢ 8 字节数据 FIFO,用于存储采样数据;
➢ 对所有可编程设置进行单独配置。

1. 发送器

发送器由一个串行编码器、一个 8 数据 FIFO 和控制逻辑组成。发送器具有单独的 MCLK(I2S0TXMCLK,发送主机时钟信号)、SCLK(I2S0TXSCK,发送时钟信号)和字选(I2S0TXWS)信号。

串行编码器从接收 FIFO 中读取音频采样,并将其转换成音频流。串行编码器支持通用 I²S 音频格式、左对齐格式以及右对齐格式。应首先传输最高有效位(MSB)。采样大小和系统数据大小可以分别利用 I²S 发送模块配置寄存器(I2STXCFG)中的 SSZ 和 SDSZ 位。采样大小是传输数据的位数量,系统数据大小是指字选转换之间的 I2S0TXSCK 转换数量。系统数据大小必须足够大,以便能够容纳最大采样数据。在单通道模式下,采样数据在左通道和右通道中重复。当 FIFO 为空时,用户可以选择发送零或者上一个采样数据。通过 I²S 模块配置(I2SCFG)寄存器中的 TXEN 位即可启用串行编码器。

发送 FIFO 可以存储 8 个单通道采样数据或者 8 个立体声数据采样对。通过 I²S 发送 FIFO 数据(I2STXFIFO)寄存器即可访问发送 FIFO。

采样频率计算方法为:

MCLK＝Fs×256

PLL＝400 MHz

计算的结果如下:

ROUND(PLL/MCLK)

其中,Fs 是采样频率,单位是 kHz,具体晶振对应关系请参考数据手册第 16 章介绍。

2. 接收器

接收器包括一个串行解码器、一个 8 数据 FIFO 和控制逻辑。接收器有独立的 MCLK (I2S0RXMCLK)、SCLK (I2S0RXSCK)和字选(I2S0RXWS)信号。

串行解码器用于接收入站音频流数据,并将采样数据放入接收 FIFO 中。串行解码器支持通用音频格式 I²S、左对齐格式以及右对齐格式。应首先发送最高有效位(MSB)。采样大小和系统数据大小可以利用 I²S 接收模式配置(I2SRXCFG)寄存器中的 SSZ 和 SDSZ 位进行配置。采样大小是接收数据的位数量,系统数据大小是指字选转换之间的 I2S0RXSCK 转换数量。系统数据大小必须足够大,以便能够容纳最大采样数据。最低有效位(LSB)后面接收的数据位都是 0。如果 FIFO 已满,入站采样(单通道模式)或者采样对(立体声模式)都会被丢弃,直到 FIFO 腾出空间。通过 I2SCFG 寄存器中的 RXEN 位可以启用串行解码器。

接收 FIFO 可以存储 8 个单通道采样数据或者 8 个立体声数据采样对。通过 I²S 接收 FIFO 数据(I2SRXFIFO) 寄存器即可访问发送 FIFO。

28.3 I²S 的 API 函数

本实验中涉及 I2STxFIFOLimitSet( )、I2STxEnable( )、I2SRxEnable( )、I2SIntClear()函数,下面将详细介绍各函数功能。

函数 I2STxFIFOLimitSet()用于设置发送 FIFO 服务请求,用于生成中断或 DMA 传输请求。当中的数量小于 ulLevel 的参数时,则产生一个发送 FIFO 服务请求。例如,如果 ulLevel 是 8,然后生成服务请求时有不少于 8 个数据存在发送 FIFO,详见表 28.1 的描述。

表 28.1   函数 I2STxFIFOLimitSet( )

功　能	设置 FIFO 请求
原　型	void I2STxFIFOLimitSet(unsigned long ulBase, unsigned long ulLevel)
参　数	ulBase:IIS 模块基地址 ulLevel:FIFO 请求限制
返　回	无

函数 I2STxEnable()用于操作发送模块。该模块应配置后启用。当该模块被禁止时,没有数据或时钟将产生 I²S 信号,详见表 28.2 的描述。

函数 I2SRxEnable()用于操作接收模块。该模块应配置后启用。当该模块被禁止,则没有数据被接收,详见表 28.3 的描述。

表 28.2   函数 I2STxEnable( )

功　能	启用 I²S 操作传输
原　型	void I2STxEnable (unsigned long ulBase)
参　数	ulBase:I²S 模块基地址
返　回	无

表 28.3   函数 I2SRxEnable ( )

功　能	启用 I²S 操作发送
原　型	void I2SRxEnable (unsigned long ulBase)
参　数	ulBase:I²S 模块基地址
返　回	无

函数 I2SIntClear()用于清除指定挂起的 I²S 中断,详见表 28.4 的描述。

表 28.4   函数 I2SIntClear( )

功　能	清除挂起的 I²S 中断源
原　型	void I2SIntClear(unsigned long ulBase, unsigned long ulIntFlags)
参　数	ulBase:I²S 模块基地址 ulIntFlags:要清除的中断源,参数可以是以下值: I2S_INT_RXERR,I2S_INT_RXREQ, I2S_INT_TXERR, I2S_INT_TXREQ
返　回	无

28.4　硬件设计

TLV320AIC23 为 TI 的 CODEC 芯片,具有高性能音频播放能力,标准的 3.5 耳机输出插座可直接连接所有标准耳机,而"LINE OUT"输出可连接外部音响。TLV320AIC23 与单片机的连接如图 28.1 所示。

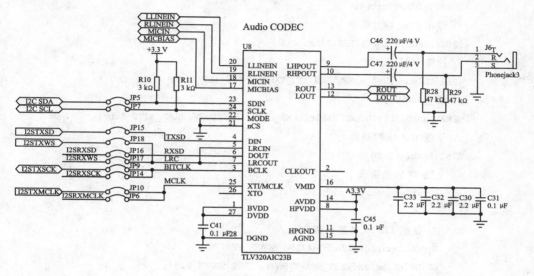

图 28.1　硬件设计

28.5　软件设计

文件 I2S_demo.c 如下:

```
void
SoundInit(unsigned long ulEnableReceive)
{
    // 把当前的缓冲区置为零
    g_ulPlaying = 0;
    g_ulRecording = 0;
    // 使能外设
    SysCtlPeripheralEnable(SYSCTL_PERIPH_I2S0);
    // 使能 I²S 所在引脚
    SysCtlPeripheralEnable(I2S0_SCLKTX_PERIPH);
    GPIOPinTypeI2S(I2S0_SCLKTX_PORT, I2S0_SCLKTX_PIN);
    SysCtlPeripheralEnable(I2S0_MCLKTX_PERIPH);
```

```
GPIOPinTypeI2S(I2S0_MCLKTX_PORT, I2S0_MCLKTX_PIN);
SysCtlPeripheralEnable(I2S0_LRCTX_PERIPH);
GPIOPinTypeI2S(I2S0_LRCTX_PORT, I2S0_LRCTX_PIN);
SysCtlPeripheralEnable(I2S0_SDATX_PERIPH);
GPIOPinTypeI2S(I2S0_SDATX_PORT, I2S0_SDATX_PIN);
// 初始化 DAC
TLV320AIC23BInit();
// 设定 FIFO 触发限制
I2STxFIFOLimitSet(I2S0_BASE, 4);
// 清除中断标志
I2SIntClear(I2S0_BASE, I2S_INT_TXERR | I2S_INT_TXREQ );
// 禁止 uDMA
uDMAChannelAttributeDisable(UDMA_CHANNEL_I2S0TX, UDMA_ATTR_ALL);
// 使能 IIS TX 控制器
I2STxEnable(I2S0_BASE);
// 使能 RX 如果请求
if(ulEnableReceive)
{
    // 使能 IIS RX 数据引脚
    SysCtlPeripheralEnable(I2S0_SDARX_PERIPH);
    GPIOPinTypeI2S(I2S0_SDARX_PORT, I2S0_SDARX_PIN);
    // 设定 FIFO 触发限制
    I2SRxFIFOLimitSet(I2S0_BASE, 4);
    // 使能 IIS RX 控制器
    I2SRxEnable(I2S0_BASE);
    // 禁止 uDMA
        uDMAChannelAttributeDisable(UDMA_CHANNEL_I2S0RX, UDMA_ATTR_ALL);
}
// 使能 IIS 中断
IntEnable(INT_I2S0);
}
```

28.6　下载验证

　　I2S_demo 例程演示从 FAT 格式的 SD 卡上读取一个 wav 格式的文件并播放。此例程只能进入到 SD 卡的根目录并显示根目录的所有文件。只有 PCM 格式（未压缩的）文件才可能被播放。可以选择、播放和停止 wav 格式文件，并且能够通过滑条调节音量大小，如图 28.2 所示。

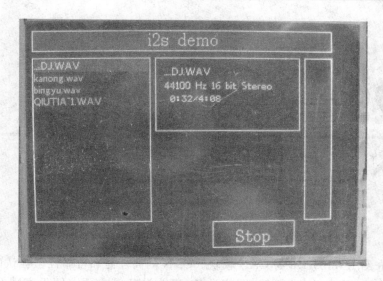

图 28.2　播放 SD 卡中的 wav 文件

第 **29** 章

CAN 通信实验

本章介绍 LM3S9B96 的 CAN 模块。CAN 的高性能和可靠性已被认同,并广泛应用于汽车、工业自动化、船舶、医疗设备、工业设备等方面。例程实现 CAN 信息发送。

29.1　CAN 通信简介

控制器局域网(CAN)是 BOSCH 公司为现代汽车应用领先推出的一种多主机局域网,具备高性能、高可靠性、实时性等优点。

它可以使用像 RS485 这样的平衡差分线或者更稳定可靠的双绞线。当总线长度小于 40 m 时,位速率可高达 1 Mbps。位速率会随着节点之间距离的增加而降低(例如总线长度为 500 m 时,位速率为 125 kbps),传输距离最远可达 10 km。

CAN 信号使用差分电压传送,两条信号线被称为"CAN_H"和"CAN_L",控制器根据两根线上的电位差来判断总线电平。静态时两根线上的电平均是 2.5 V 左右,此时状态表示为逻辑"1",也可以叫"隐性"。当 CAN_H 比 CAN_L 高时表示逻辑"0",称为"显形",此时,通常电压值为"CAN_H＝3.5 V"和"CAN_L＝1.5 V"。总线电平不是显性电平就是隐性电平。

29.2　CAN 与 RS485 比较

CAN 在访问机制、通信速度、节点容量、通信距离和可靠性上有突出的优势。在自动化各个行业,成本和技术差别较小的情况下 CAN 取代 RS485 将是一种不可逆转的趋势。CAN 与 RS485 比较如表 29.1 所列。

表 29.1　CAN 与 RS485 比较

通信接口 特　性	RS485	CAN 总线
最大通信距离	1.2 km	10 km
单总线最大节点数量	32	110
通信可靠性	无校验	硬件自动校验
实时性	低——只能轮询	高——可主动发送
网络特性	单主节点	不分主从,各节点地位平等
有效通信波特率	300～115.2 kbps	5 kbps～1 Mbps
总线利用率	低	高
总线节点损坏影响	致使总线瘫痪	不影响总线通信
开发难度	低	低
网络成本	网络越大成本增长越高	网络越大成本增长越低
后期维护成本	高	低

29.3　CAN 的特点

CAN 协议具有以下特点:

(1) 多主控制

在总线空闲时,所有的单元都可开始发送消息。最先访问总线的单元可获得发送权。多个单元同时开始发送时,发送高优先级 ID 消息的单元可获得发送权。

(2) 消息的发送

在 CAN 协议中,所有的消息都以固定的格式发送。总线空闲时,所有与总线相连的单元都可以开始发送新消息。两个以上的单元同时开始发送消息时,根据标识符(Identifier 以下称为 ID)决定优先级。ID 并不是表示发送的目的地址,而是表示访问总线的消息的优先级。两个以上的单元同时开始发送消息时,对各消息 ID 的每个位进行逐个仲裁比较。仲裁获胜(被判定为优先级最高)的单元可继续发送消息,仲裁失利的单元则立刻停止发送而进行接收工作。

(3) 系统的柔软性

与总线相连的单元没有类似于"地址"的信息。因此在总线上增加单元时,连接在总线上的其他单元的软硬件及应用层都不需要改变。

(4) 通信速度

根据整个网络的规模,可设定适合的通信速度。在同一网络中,所有单元必须设定成统一的通信速度。即使有一个单元的通信速度与其他的不一样,此单元也会输出错误信号,妨碍整个网络的通信。不同网络间则可以有不同的通信速度。

(5) 远程数据请求

可通过发送"遥控帧"请求其他单元发送数据。

(6) 错误检测功能、错误通知功能、错误恢复功能

所有的单元都可以检测错误(错误检测功能)。检测出错误的单元会立即同时通知其他所有单元(错误通知功能)。正在发送消息的单元一旦检测出错误,则强制结束当前的发送。强制结束发送的单元会不断反复地重新发送此消息直到成功发送为止(错误恢复功能)。

(7) 故障封闭

CAN 可以判断出错误的类型是总线上暂时的数据错误(如外部噪声等)还是持续的数据错误(如单元内部故障、驱动器故障、断线等)。因此,当总线上发生持续数据错误时,可将引起此故障的单元从总线上隔离出去。

(8) 连　接

CAN 总线是可同时连接多个单元的总线。可连接的单元总数理论上是没有限制的,但实际上可连接的单元数受总线上的时间延迟及电气负载的限制。降低通信速度,可连接的单元数增加;提高通信速度,则可连接的单元数减少。

29.4　CAN 协议

29.4.1　帧的种类

通信是通过以下 5 种类型的帧进行的:数据帧、遥控帧、错误帧、过载帧和帧间隔。

另外,数据帧和遥控帧有标准格式和扩展格式两种格式。标准格式有 11 个位的标识符,扩展格式有 29 个位的标示符。帧的种类和用途如表 29.2 所列。

表 29.2　帧的种类及用途

帧	帧用途
数据帧	用于发送单元向接收单元传送数据的帧
遥控帧	用于接收单元向具有相同 ID 的发送单元请求数据的帧
错误帧	用于当检测出错误时向其他单元通知错误的帧
过载帧	用于接收单元通知其尚未做好接收准备的帧
帧间隔	用于将数据帧及遥控帧与前面的帧分离开来的帧

29.4.2　数据帧

数据帧由 7 个段构成:

① 帧起始:表示数据帧开始的段。

② 仲裁段:表示该帧优先级的段。

③ 控制段:表示数据的字节数及保留位的段。

④ 数据段:数据的内容,可发送 0~8 个字节的数据。

⑤ CRC 段:检查帧的传输错误的段。

⑥ ACK 段:表示确认正常接收的段。

⑦ 帧结束:表示数据帧结束的段。

数据帧的构成如图 29.1 所示。

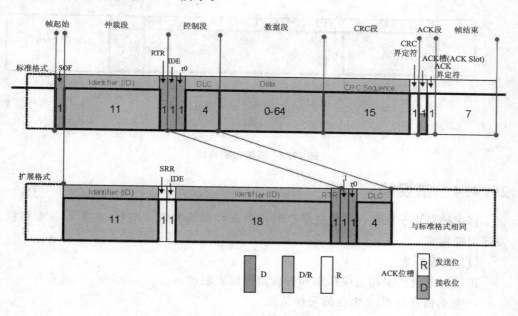

图 29.1　数据帧的构成

29.4.3　遥控帧

遥控帧是接收单元向发送单元请求发送数据所用的帧。遥控帧由 6 个段组成,没有数据帧的数据段。

① 帧起始(SOF):表示帧开始的段。

② 仲裁段:表示该帧优先级的段,可请求具有相同 ID 的数据帧。

③ 控制段:表示数据的字节数及保留位的段。

④ CRC 段:检查帧的传输错误的段。

⑤ ACK 段:表示确认正常接收的段。

⑥ 帧结束:表示遥控帧结束的段。

遥控帧的构成如图 29.2 所示。

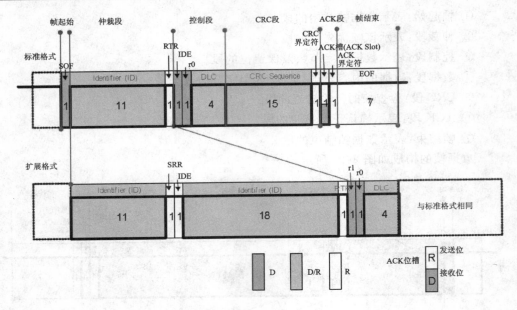

图 29.2　遥控帧的构成

29.4.4　错误帧

错误帧是用于在接收和发送消息时检测出错误通知错误的帧,由错误标志和错误界定符构成。

(1) 错误标志

错误标志包括主动错误标志和被动错误标志两种。

➤ 主动错误标志:6 个位的显性位。

➤ 被动错误标志:6 个位的隐性位。

(2) 错误界定符

错误界定符由 8 个位的隐性位构成。

错误帧的构成如图 29.3 所示。

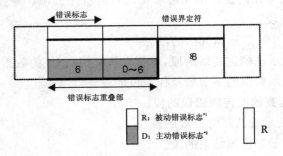

图 29.3　错误帧的构成

29.4.5　过载帧

过载帧是用于接收单元通知其尚未完成接收准备的帧，由过载标志和过载界定符构成。

（1）过载标志

6 个位的显性位。过载标志的构成与主动错误标志的构成相同。

（2）过载界定符

8 个位的隐性位。过载界定符的构成与错误界定符的构成相同。

过载帧的构成如图 29.4 所示。

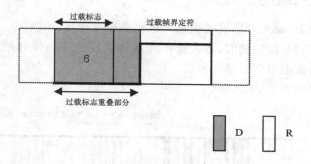

图 29.4　过载帧的构成

29.4.6　帧间隔

帧间隔是用于分隔数据帧和遥控帧的帧。数据帧和遥控帧可通过插入帧间隔将本帧与前面的任何帧（数据帧、遥控帧、错误帧、过载帧）分开。过载帧和错误帧前不能插入帧间隔。帧间隔的构成如图 29.5 所示。

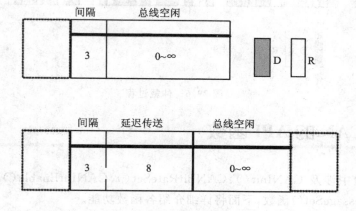

图 29.5　帧间隔的构成

（1）间隔

3 个位的隐性位。

（2）总线空闲

隐性电平,无长度限制(0 亦可)。

本状态下,可视为总线空闲,要发送的单元可开始访问总线。

（3）延迟传送（发送暂时停止）

8 个位的隐性位。

只在处于被动错误状态的单元刚发送一个消息后的帧间隔中包含的段。

29.4.7 优先级的决定

在总线空闲态,最先开始发送消息的单元获得发送权。

多个单元同时开始发送时,各发送单元从仲裁段的第一位开始进行仲裁。连续输出显性电平最多的单元可继续发送。

仲裁的过程如图 29.6 所示。

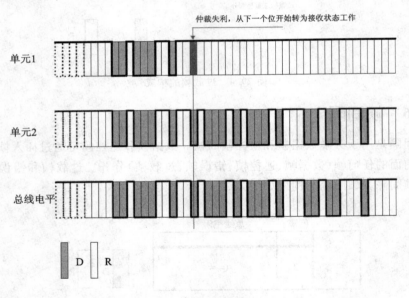

图 29.6 仲裁过程

29.5 CAN 的 API 函数

本实验中涉及 CANInit()、CANBitRateSet()、CANIntEnable()、CANEnable ()、CANMessageSet()函数,下面将详细介绍各函数功能。

默认时,CAN 模块是被禁止的,在调用任何其他的 CAN 函数前,必须要先调用

CANInit()函数。

但是,用于报文对象的内存包含着未定义的值并且在首次使能 CAN 控制器之前必须要将内存清除,从而防止在配置报文对象之前进行不必要的数据传送或接收。必须先调用此函数,然后才能首次使能控制器,详见表 29.3 的描述。

表 29.3　函数 CANInit()

功　能	在复位后初始化 CAN 控制器
原　型	void CANInit(unsigned long ulBase)
参　数	ulBase:CAN 控制器的基址
返　回	无

函数 CANBitRateSet()用于设置 CAN 模块的位速率,详见表 29.4 的描述。

表 29.4　函数 CANBitRateSet()

功　能	设置 CAN 模块的位速率
原　型	unsigned long CANBitRateSet(unsigned long ulBase, 　　　　　　　　　　　　　　unsigned long ulSourceClock, 　　　　　　　　　　　　　　unsigned long ulBitRate);
参　数	ulBase:CAN 控制器的基址 ulSourceClock:为系统时钟的值 ulBitRate:位速率设定,例如 500KHz 时,该值为 500000
返　回	正确设置的比特率或错误

函数 CANIntEnable()用于使能模块中断。只有使能的中断源才能引起一个处理器中断。

ulIntFlags 参数是下列任何值的逻辑或:

CAN_INT_ERROR　　一个控制器错误条件已发生;

CAN_INT_STATUS　　一个报文传送已完成,或检测到一个总线错误;

CAN_INT_MASTER　　允许 CAN 控制器产生中断。

为了产生任何中断,必须使能 CAN_INT_MASTER。另外,为了使一个报文对象的任何特殊传输能产生一个中断,则此报文对象必须要使能中断(请参考 CAN-MessageSet())。如果控制器进入"总线关闭"条件,或错误计数器达到了限值,那么CAN_INT_ERROR 产生一个中断。CAN_INT_STATUS 将会在多个状态条件下产生一个中断,并且能提供的中断比应用需要处理得还要多。当一个中断发生时,使用 CANIntStatus()则可确定中断发生的原因,详见表 29.5 的描述。

函数 CANEnable()用于将 CAN 控制器使能。一旦使能,控制器将自动发送任何挂起的帧,并对任何接收到的帧作出处理。调用 CANDisable()就可停止控制器。在调用 CANEnable()前,应先调用 CANInit()来初始化控制器,并应通过调用 CAN-

BitTimingSet()来对 CAN 总线进行配置,详见表 29.6 的描述。

表 29.5 函数 CANIntEnable()

功 能	使能单独的 CAN 控制器中断源
原 型	void CANIntEnable(unsigned long ulBase,unsigned long ulIntFlags)
参 数	ulBase:CAN 控制器的基址 ulIntFlags:要被使能的中断源的位屏蔽
返 回	无

表 29.6 函数 CANEnable()

功 能	使能 CAN 控制器
原 型	void CANEnable(unsigned long ulBase)
参 数	ulBase:要使能的 CAN 控制器的基址
返 回	无

函数 CANMessageSet()用来设置 32 个报文对象中的其中一个报文对象。一个报文对象能配置成 CAN 报文对象的任何类型和自动发送、接收的几个选项。调用该函数能允许报文对象被配置在接收完或发送完报文时产生中断。报文对象也能配置成具有一个过滤器/屏蔽,所以只有符合某参数的报文在 CAN 总线上被发现时才执行操作。

eMsgType 参数必须是下列值中的一个:

➤ MSG_OBJ_TYPE_TX - CAN 发送报文对象;

➤ MSG_OBJ_TYPE_TX_REMOTE - CAN 发送远程请求报文对象;

➤ MSG_OBJ_TYPE_RX - CAN 接收报文对象;

➤ MSG_OBJ_TYPE_RX_REMOTE - CAN 接收远程请求报文对象;

➤ MSG_OBJ_TYPE_RXTX_REMOTE - CAN 远程帧接收远程,然后发送报文对象。

pMsgObject 所指向的报文对象必须由调用者来定位,如下:

➤ ulMsgID - 包含报文 ID,11 位或 29 位;

➤ ulMsgIDMask - 如果标识符过滤使能,ulMsgID 的位屏蔽必须匹配;

➤ ulFlags;

设置 MSG_OBJ_TX_INT_ENABLE 标志,以使能发送时的中断;

设置 MSG_OBJ_RX_INT_ENABLE 标志,以使能接收时的中断;

设置 MSG_OBJ_USE_ID_FILTER 标志,以使能基于 ulMsgIDMask 所指定的标识符屏蔽的过滤;

➤ ulMsgLen - 报文数据的字节数;对于一个远程帧而言,这应该是一个非零的

偶数;它应该与响应数据帧的期望数据字节匹配;

➢ pucMsgData – 指向一个包(多达 8 个数据字节的数据帧的缓冲区)。

为了直接把一个数据帧或远程帧发送出去,要执行下列步骤:

① 把 tMsgObjType 设置为 MSG_OBJ_TYPE_TX。

② 把 ulMsgID 设为报文 ID。

③ 设置 ulFlags 及 MSG_OBJ_TX_INT_ENABLE,以便在发送报文时获取一个中断。为了禁止基于报文标识符的过滤,一定不要设置 MSG_OBJ_USE_ID_FILTER。

④ 把 ulMsgLen 设置为数据帧的字节数。

⑤ 把 pucMsgData 设置为指向一个包含报文字节的数组(如果是一个数据帧,不适用此操作;如果是一个远程帧,则设置为指向一个有效缓冲区是一个好方法)。

⑥ 调用此函数,并把 ulObjID 设置为 32 个对象缓冲区的其中一个缓冲区。

为了接收一个特定的数据帧,要执行下列步骤:

① 把 tMsgObjType 设置为 MSG_OBJ_TYPE_RX。

② 把 ulMsgID 设为完整报文 ID,或使用部分 ID 匹配的部分屏蔽。

③ 设置 ulMsgIDMask 位,用于在对比过程中的屏蔽。

④ 按如下设置 ulFlags:

设置 MSG_OBJ_TX_INT_ENABLE 标志,以便在接收数据帧时被中断;

设置 MSG_OBJ_USE_ID_FILTER 标志,以便使能基于过滤的标识符。

⑤ 把 ulMsgLen 设置为期望数据帧的字节数。

⑥ 此次调用并不使用 pucMsgData 所指向的缓冲区。

⑦ 调用此函数,并把 ulObjID 设置为 32 个对象缓冲区中的其中一个缓冲区。

一旦已使用 CANMessageSet() 来完成对一个报文对象的配置,那么此函数分配报文对象并继续执行其编程功能,除非通过调用 CANMessageClear() 将其释放。在对报文对象进行新配置前,无须请求应用程序清除报文对象。因此每次调用 CAN-MessageSet() 时,它将会覆盖任何之前被编程的配置,详见表 29.7 的描述。

表 29.7　函数 CANMessageSet( )

功　能	配置 CAN 控制器的一个报文对象
原　型	void CANMessageSet(unsigned long ulBase, unsigned long ulObjID, tCANMsgObject * pMsgObject, tMsgObjType eMsgType)
参　数	ulBase:CAN 控制器的基址 ulObjID:要配置的对象编号(1—32) pMsgObject:指向一个包含报文对象设置的结构的指针 eMsgType:这个对象的报文类型
返　回	无

29.6　硬件设计

SN65HVD1050D 是一个 CAN 收发器芯片,负责 MCU 和 CAN 总线的接口;将 MCU 的数据转换为 CAN 总线的差分信号发送到 CAN 总线上,并把 CAN 总线的差分信号转换为 CPU 可以识别的信息,如图 29.7 所示。注意连接好 JP14、JP15、JP16 跳线帽。

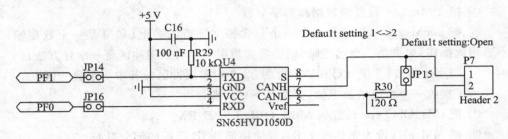

图 29.7　硬件设计

29.7　软件设计

首先介绍一个非常重要的结构体 tCANMsgObject,它封装了 CAN 控制器中与 CAN 消息对象相关的所有的项,结构如下:

```
typedef struct
{
    // CAN 消息的 ID,可以是 11 位或是 29 位
    unsigned long ulMsgID;
    // 当 ID 过滤使能的时候用来屏蔽消息的 ID
    unsigned long ulMsgIDMask;
    // 该值用来保存 tCANObjFlags 声明的各种状态标志
    unsigned long ulFlags;
    // 消息对象中数据字节的个数
    unsigned long ulMsgLen;
    // 指向消息数据的指针
    unsigned char * pucMsgData;
}
tCANMsgObject;
```

这个结构体定义在 driverlib 的 can.h,下面是针对这个结构体的具体介绍:

"unsignedlong ulMsgID;"是要发送或接受消息的报文的 ID,可以是 11 位或是 29 位(扩展标识符),不同于该消息保存的报文对象存储器的编号。我们知道,stellaris 有 32 组报文存储器,每一组都有一个编号(1~32)。ID 和这个编号是没有任何关系的。

"unsigned long ulMsgIDMask;"当启用 ID 过滤使能的时候,这个字段用来屏蔽接收到的消息的 ID。比如发送方发送消息的 ID 是 0x401(标准格式),如果接收方的 ID 是 0x400,而屏蔽 ID 的值为 0x500,那么可接收的报文的 ID 为二进制 0b1x0 xxxx xxxx,则该报文对象存储器在比它优先级高的报文存储器对象中没有匹配的情况下会接收该消息;即便后面有更匹配的报文存储器配置的也不能再接收该消息了,因为它总是从 1 号(优先级最高)开始匹配,确切地说是从(配置有效的存储器)编号最低的到编号最高的报文存储器进行匹配,在找到第一个匹配的配置时接收。

"unsigned long ulFlags;"在发送和接收的时候,配置报文存储器发送或接收的标志,这些标志包括 MSG_OBJ_TX_INT_ENABLE、MSG_OBJ_RX_INT_ENABLE、MSG_OBJ_EXTENDED_ID、MSG_OBJ_USE_ID_FILTER、MSG_OBJ_NEW_DATA、MSG_OBJ_DATA_LOST、MSG_OBJ_USE_DIR_FILTER、MSG_OBJ_USE_EXT_FILTER、MSG_OBJ_REMOTE_FRAME、MSG_OBJ_FIFO、MSG_OBJ_NO_FLAGS,根据不同的情况它们进行"与"操作。这些标志的含义可以参考 can.h 中的定义。

"unsigned long ulMsgLen;"要发送和接收的字节的数目。

"unsigned char * pucMsgData;"一个指针,只想要发送或者接收到要存储的数据位置。

文件 simple_tx.c 如下:

```
Int main(void)
{
    tCANMsgObject sCANMessage;
    unsigned char ucMsgData[4];
    // 配置系统时钟
    SysCtlClockSet(SYSCTL_SYSDIV_1 | SYSCTL_USE_OSC | SYSCTL_OSC_MAIN | SYSCTL_XTAL_
                16MHZ);
    // 配置 UART0
    InitConsole();
    // 使能 PORTF 端口
    SysCtlPeripheralEnable(SYSCTL_PERIPH_GPIOF);
    // 配置端口为 CAN 功能
    GPIOPinConfigure(GPIO_PF0_CAN1RX);
    GPIOPinConfigure(GPIO_PF1_CAN1TX);
    // 将 PF0,PF1 电气类型设置为 CAN 引脚所需功能引脚
    GPIOPinTypeCAN(GPIO_PORTF_BASE, GPIO_PIN_0 | GPIO_PIN_1);
    // 使能 CAN1 模块
    SysCtlPeripheralEnable(SYSCTL_PERIPH_CAN1);
```

```
// 初始化 CAN 控制
CANInit(CAN1_BASE);
// 设置 CAN 模块的位速率为 500K
CANBitRateSet(CAN1_BASE, SysCtlClockGet(), 500000);
// 设置 CAN 的中断类型
CANIntEnable(CAN1_BASE, CAN_INT_MASTER | CAN_INT_ERROR | CAN_INT_STATUS);
// 使能 CAN 的中断
IntEnable(INT_CAN1);
// 使能 CAN 的运行
CANEnable(CAN1_BASE);
// 初始化信息箱
*(unsigned long *)ucMsgData = 0;
sCANMessage.ulMsgID = 1;
sCANMessage.ulMsgIDMask = 0;
sCANMessage.ulFlags = MSG_OBJ_TX_INT_ENABLE;
sCANMessage.ulMsgLen = sizeof(ucMsgData);
sCANMessage.pucMsgData = ucMsgData;
ucMsgData[0] = 0x55;
for(;;)
{
    UARTprintf("Sending msg: 0x%02X %02X %02X %02X",
                ucMsgData[0], ucMsgData[1], ucMsgData[2], ucMsgData[3]);
    // 发送 CAN 信息
    CANMessageSet(CAN1_BASE, 1, &sCANMessage, MSG_OBJ_TYPE_TX);
    // 等待 1 s
    SimpleDelay();
    // 检测错误是否产生
    if(g_bErrFlag)
    {
        UARTprintf(" error - cable connected? \n");
    }
    else
    {
        UARTprintf(" total count = %u\n", g_ulMsgCount);
    }
}
}
```

29.8　下载验证

　　例程实现的是简单的 CAN 信息发送。当连接到另一台 CAN 控制器时,则出现如图 29.8 所示的信息，表示在请求信息发送。

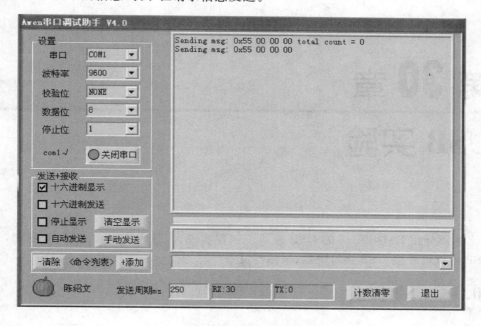

图 29.8　请求信息发送

第 30 章

USB 实验

本章介绍 LM3S9B96 的 USB 模块。例程实现 USB 虚拟键盘、鼠标等功能,及 USB 主机可外接 USB 接口键盘、鼠标等设备。

30.1　USB 简介

USB 是 Universal Serial BUS(通用串行总线)的缩写,是一个外部总线标准,用于规范计算机与外部设备的连接和通信,是应用在 PC 领域的接口技术。USB 接口支持设备的即插即用和热插拔功能。

USB 采用四线电缆,其中两根是用来传送数据的串行通道,另两根为下游设备提供电源。对于高速且需要高带宽的外设,USB 以全速 12 Mbps 传输数据;对于低速外设,USB 则以 1.5 Mbps 的传输速率来传输数据。USB 总线会根据外设情况在两种传输模式中自动动态转换。

30.2　功能描述

LM3S9B96 USB 控制器支持 USB 主机/设备/OTG 功能,在点对点通信过程中可运行在全速和低速模式。

USB 主机(Host):在 USB 系统中,只能有一个主机。USB 和主机系统的接口称作主机控制器,主机控制器可由硬件、固件和软件综合实现。

USB 设备(Device):主机的"下行"设备为系统提供具体功能,并受主机控制的外部 USB 设备。也称作 USB 外设,使用 USB B 型连接器连接。

USB OTG 是 USB On‐The‐Go 的缩写,OTG 技术就是实现在没有 Host 的情况下,实现从设备间的数据传送。例如数码相机直接连接到打印机上,通过 OTG 技术连接两台设备间的 USB 口,将拍出的相片立即打印出来;也可以将数码照相机中

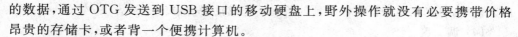

的数据,通过 OTG 发送到 USB 接口的移动硬盘上,野外操作就没有必要携带价格昂贵的存储卡,或者背一个便携计算机。

枚举:USB 主机通过一系列命令要求设备发送描述符信息,从而知道设备具有什么功能、属于哪一类设备、要占用多少带宽、使用哪类传输方式及数据量的大小,只有主机确定了这些信息之后,设备才能真正开始工作。

30.2.1　作为主机

当 USB 控制器运行在主机模式时,可与其他 USB 设备进行点对点通信;也可连接到集线器,与多个设备进行通信。USB 控制器支持全速和低速设备。它自动执行必要的事务传输,允许 USB 2.0 集线器使用低速设备和全速设备。支持控制传输、批量传输、等时传输和中断传输。输入事务由端点的接收接口进行控制;输出事务使用端点的发送端点寄存器。当配置端点的 FIFO 大小时,需要考虑最大数据包大小。

（1）端　点

端点寄存器用于控制 USB 端点接口,通过接口可与设备通信。主机端点由 1 个专用控制输入端点、1 个专用控制输出端点、15 个可配置的输出端点和 15 个可配置的输入端点组成。控制端点只能与设备的端点 0 进行控制传输,用于设备枚举或其他使用设备端点 0 的控制功能。控制端点输入输出事务共享一个 FIFO 存储空间,并在 FIFO 的前 64 字节。其余输入和输出端点可配置为:控制传输端点、批量传输端点、中断传输端点或等时传输端点。输入和输出控制有成对的 3 组寄存器,可以与不同类型的端点以及不同设备的不同端点进行通信。例如,第一对端点可分开控制,输出部分与设备的批量输出端点 1 通信,同时输入部分与设备的中断端点 2 通信。FIFO 的地址和大小可以通过软件设置,并且可以指定用于某一个端点输入或者输出传输。

无论点对点通信还是集线器通信,在访问设备之前,必须设置端点 n 的接收功能地址寄存器 USBRXFUNCADDRn 和端点 n 的发送功能地址寄存器 USBTXFUN-CADDRn。USB 控制器支持通过集线器连接设备。

（2）输入事务

输入事务,相对主机而言是数据输入,与设备输出事务类似,但传输数据必须通过设置寄存器 USBCSRL0 中的 REQPKT 位开始,向事务调度表明此端点存在一个活动的传输。此时事务调度向目标设备发送一个输入令牌包。当主机 RXFIFO 中接收到数据包时,寄存器 USBCSRL0 的 RXRDY 置位,同时产生相应的接收端点中断信号,指示 RXFIFO 中有数据包需要读出。

（3）输出事务

当数据包装载到 TXFIFO 中时,USBTXCSRLn 寄存器中的 TXRDY 位必须置位。如果置位了 USBTXCSRHn 寄存器中的 AUTOSET 位,当最大包长的数据包装载到 TXFIFO 中时,TXRDY 位自动置位。此外,AUTOSET 位与 μDMA 控制器

配合使用,可以在不需要软件干预的情况下完成批量传输。

（4）调　度

调度由 USB 主机控制器自动处理。中断传输可以是每 1 帧进行一次,也可以每 255 帧进行一次,可以在 1～255 帧之间以 1 帧增量调度。批量端点不允许调度参数,但在设备的端点不响应时允许 NAK 超时。等时端点可以在每帧～每 2^{16} 帧之间调度（2 的幂）。

USB 控制器维持帧计数,并发送 SOF 包;SOF 包发送后,USB 主机控制器检查所有配置好的端点,寻找激活的传输事务。REQPKT 位置位的接收端点或 TXRDY 或 FIFONE 位置位的发送端点,被视为存在激活的传输事务。

如果传输建立在一帧的第一个调度周期,而且端点的间隔计数器减到 0,则等时传输和中断传输开始。所以每个端点的中断传输和等时传输每 N 帧才发生一次,N 是通过 USB 主机端点 n 的 USBTXINTERVALn 寄存器或 USB 主机端点 n 的 US-BRXINTERVALn 寄存器设置的间隔。

如果在帧中下一个 SOF 包之前有足够的时间完成传输,则激活的批量传输立即开始。如果传输需要重发（例如收到 NAK 或设备未响应）,则需要在调度器先检查完其他所有端点是否有激活的传输之后,传输才能重传,这保证了一个发送大量 NAK 响应的端点不阻塞总线上的其他传输正常进行。

（5）USB 集线器

以下适用于 USB2.0 集线器的主机。当低速设备或全速设备通过 USB 2.0 集线器连接到 USB 主机时,集线器地址和端口信息必须记录在相应的 USB 端点 n 的 USBRXHUBADDRn 寄存器和 USB 端点 n 的 USBRXHUBPORTn 寄存器或者 USB 端点 n 的 USBTXHUBADDRn 寄存器和 USB 端点 n 的 USBTXHUBPORTn 寄存器。

此外,设备的运行速度（全速或低速）必须记录在 USB 端点 0 的 USBTYPE0 寄存器,和设备访问主机 USB 端点 n 的 USBTXTYPEn 寄存器,或者主机 USB 端点 n 的 USBRXTYPEn 寄存器。

对于集线器通信,这些寄存器的设置记录了 USB 设备当前相应端点的配置。为了支持更多数量的设备,USB 主机控制器允许通过更新这些寄存器配置来实现。

30.2.2　作为设备

当 USB 控制器作为 USB 设备操作时,输入事务通过使用端点的发送端点寄存器,由端点的发送接口进行控制。输出事务通过使用端点的接收端点寄存器,由端点的接收接口进行控制。当配置端点的 FIFO 大小时,需要考虑最大数据包大小。

（1）端　点

USB 控制器作为设备运行时,提供两个专用的控制端点（输入和输出）和用于与主机通信的 30 个可配置的端点（15 个输入和 15 个输出）。端点的端点号、方向与对应的相关寄存器有直接联系。比如,当主机发送到端点 1,所有的配置和数据存在端点 1 发送寄存器接口中。端点 0 是专用的控制端点,用于枚举期间端点 0 的所有控制传输或其他端点 0 的控制请求。端点 0 使用 USB 控制器 FIFO 内存 RAM 的前 64 字节,此内存对于输入事务和输出事务是共享的。其余 30 个端点可配置为控制端点、批量端点、中断端点或等时端点,它们应被作为 15 个可配置的输入端点和 15 个可配置的输出端点来对待。这些成对的端点的输入和输出端点不需要必须配置为相同类型,比如端点对的输出部分可以设置为批量端点,而输入部分可以设置为中断端点。每个端点的 FIFO 的地址和大小可以根据应用需求来修改。

（2）输入事务

输入事务的数据通过发送端点的 FIFO 来处理。15 个可配置输入端点的 FIFO 大小由 USB 发送 FIFO 起始地址寄存器（USBTXFIFOADD）决定,传输时发送端点 FIFO 中的最大数据包大小可编程配置,该大小由写入该端点的 USB 端点 n 最大发送数据寄存器（USBTXMAXPn）中的值决定,USBTXMAXPn 值不能大于 FIFO 的大小。端点的 FIFO 可配置为双包缓存或单包缓存,当双包缓存使能时,FIFO 中可缓冲两个数据包,这需要 FIFO 至少为两个数据包大小。当不使用双包缓存时,即使数据包的大小小于 FIFO 大小的一半,也只能缓冲一个数据包。

单包缓冲:如果发送端点 FIFO 的大小小于该端点最大包长的两倍（由 USB 发送动态 FIFO 大小寄存器 USBTXFIFOSZ 设定）,则只能使用单包缓冲,在 FIFO 中缓冲一个数据包。当数据包已装载到 TXFIFO 中时,USB 端点 n 发送控制和状态低字节寄存器 USBTXCSRLn 中的 TXRDY 位必须被置位,如果 USB 端点 n 发送控制和状态高字节寄存器 USBTXCSRHn 中的 AUTOSET 位被置 1,则 TXRDY 位将在最大包长的包装载到 FIFO 中时自动置位;如果数据包小于最大包长,则 TXRDY 位必须手动置位。当 TXRDY 位被手动或自动置 1 时,表明要发送的数据包已准备好。如果数据包成功发送,TXRDY 位和 FIFONE 位将被清 0,同时产生相应的中断信号,此时下一包数据可装载到 FIFO 中。

双包缓存:如果发送端点 FIFO 的大小至少两倍于该端点最大包长,允许使用双包缓存,FIFO 中可以缓冲两个数据包。当数据包已装载到 TXFIFO 中,USBTXCS-RLn 中的 TXRDY 位必须被置位,如果寄存器 USBTXCSRHn 中的 AUTOSET 位被置 1,则 TXRDY 位将在最大包长的包装载到 FIFO 中时自动置位;如果数据包小于最大包长,位 TXRDY 必须手动置位。当 TXRDY 位被手动或自动置 1 时,表明要发送的数据包已准备好。在装载完第一个包后,TXRDY 位立即清除,同时产生中断信号;此时第二个数据包可装载到 TXFIFO 中,TXRDY 位重新置位（手动或自动）,此时,两个要发送的包都已准备好,如果任一数据包成功发送,TXRDY 位和 FI-FONE 位将被清 0,同时产生相应的发送端点中断信号,下一包数据可装载到 TXFIFO 中。寄存器 USBTXCSRLn 中 FIFONE 位的状态表明此时可以装载几个包,如果 FIFONE 位置 1,表明 FIFO 中还有一个包未发送,只能装载一个数据包;如果 FIFONE 位为 0,表明 FIFO 中没有未发送的包,可以装载两个数据包。

如果 USB 发送双包缓存禁止寄存器 USBTXDPKTBUFDIS 中的 EPn 位置位,相应的端点禁止双包缓存。此位缺省为置 1,需要使能双包缓存时必须清 0 该位。

(3) 输出事务

输出事务的数据通过接收端点的 FIFO 来处理。15 个可配置的输出端点的 FIFO 大小由 USB 接收 FIFO 起始地址寄存器(USBRXFIFOADD)决定,传输时接收端点 FIFO 中的最大数据包大小可编程配置,该大小由写入该端点的 USB 端点 n 最大接收数据寄存器(USBRXMAXPn)中的值决定。端点的 FIFO 可配置为双包缓存或单包缓存,当双包缓存使能时 FIFO 中可缓冲两个数据包。当不使用双包缓存时,即使数据包的大小小于 FIFO 大小的一半,也只能缓冲一个数据包。

单包缓存:如果接收端点 FIFO 的大小小于该端点最大包长的两倍,则只能使用单包缓冲,在 FIFO 中缓冲一个数据包。当数据包已接收到 RXFIFO 中时,USB 端点 n 接收控制和状态低字节寄存器 USBRXCSRLn 中的 RXRDY 和 FULL 位置位,同时发出相应的中断信号,表明接收 FIFO 中有一个数据包需要读出。当数据包从 FIFO 中读出时,RXRDY 位必须被清 0 以允许接收后面的数据包,同时向 USB 主机发送确认信号。如果 USB 端点 n 接收控制和状态高字节寄存器 USBRXCSRHn 中的 AUTOCl 位被置 1,RXRDY 和 FULL 位将在最大包长的包从 FIFO 中读出时自动清 0;如果数据包小于最大包长,位 RXRDY 必须手动清 0。

双包缓存:如果接收端点的 FIFO 大小不小于该端点最大包长的 2 倍时,可以使用双缓冲机制缓存两个数据包。当第一个数据包被接收缓存到 RXFIFO 时,寄存器 USBRXCSRLn 中的 RXRDY 位置位,同时产生相应的接收端点中断信号,指示有一个数据包需要从 RXFIFO 中读出。当第一个数据包被接收时,寄存器 USBRXCS-RLn 的 FULL 位不置位,该位只有在第二个数据包被接收缓存到 FIFO 时才置位。当从 FIFO 从读出一个包时,RXRDY 位必须清 0 以允许接收后面的包。如果 USB 端点 n 接收控制和状态高字节寄存器 USBRXCSRHn 中的 AUTOCl 位被置 1,RXRDY 位将在最大包长的包从 FIFO 中读出时自动清 0;如果数据包小于最大包长,RXRDY 位必须手动清 0。当 RXRDY 位清 0 时,FULL 位为 1,USB 控制器先清除 FULL 位,然后再置位 RXRDY 位,表明 FIFO 中的另一个数据包等待被读出。

如果 USB 接收双包缓存禁止寄存器 USBRXDPKTBUFDIS 中的 EPn 位置位,相应的端点禁止双包缓存。此位缺省为置 1,需要使能双包缓存时必须清 0 该位。

(4) 调　度

传输事务由 Host 主机控制器调度决定,Device 设备无法控制事务调度。设备等待 Host 主控制器发出请求,随时可建立传输事务。当传输事务完成或由于某些原因被终止时,则产生中断信号。当 Host 主控制器发起请求,而 Device 设备还没有准备好时,设备会返回一个 NAK 忙信号。

（5）设备挂起

USB 总线空闲达 3 ms 时，USB 控制器自动进入挂起模式。如果 USB 中断使能寄存器 USBIE 中使能挂起中断，则发出一个中断信号。当 USB 控制器进入挂起模式，USB PHY 也将进入挂起模式。当检测到唤醒信号时，USB 控制器退出挂起模式，同时使 USB PHY 退出挂起模式；此时如果唤醒中断使能，则产生中断信号。设置 USB 电源寄存器 USBPOWER 中的 RESUME 位同样可以强制 USB 控制器退出挂起模式。当此位置位时，USB 控制器退出挂起模式，同时在总线上发出唤醒信号。RESUME 位必须在 10 ms（最大 15 ms）后清 0 来结束唤醒信号。为满足电源功耗需求，USB 控制器可进入深睡眠模式。

（6）帧起始

当 USB 控制器运行在设备模式时，每 1 ms 收到一次主机发出的帧起始包（SOF）。当收到 SOF 包时，包中包含的 11 位帧号写入 USB 帧值寄存器 USB-FRAME 寄存器中，同时发出 SOF 中断信号，由应用程序处理。一旦 USB 控制器开始收到 SOF 包，它将预期每 1 ms 收到 1 次。如果超过 1.003 58 ms 没有收到 SOF 包，则假定此包丢失，寄存器 USBFRAME 也将不更新。当 SOF 包重新成功接收时，USB 控制器继续并重新同步这些脉冲。

（7）USB 复位

当 USB 控制器运行在设备模式时，如果检测到 USB 总线上复位信号，USB 控制将自动清除寄存器 USBFADDR、USB 端点索引寄存器 USBEPIDX、所有端点 FIFO、所有控制及状态寄存器，并使能所有端点中断，产生复位中断信号。

30.2.3　OTG 模式

USB OTG 允许使用时才给 V_{BUS} 上电，不使用 USB 总线时，则关断 V_{BUS}。V_{BUS} 由总线上的 A 设备提供电源。OTG 控制器通过 PHY 采样 ID 输入信号分辨 A 设备和 B 设备。ID 信号拉低时，检测到插入 A 设备（表示 OTG 控制器作为 A 设备角色）；ID 信号为高时，检测到插入 B 设备（表示 OTG 控制器作为 B 设备角色）。当在 OTG A 和 OTG B 之间切换时，控制器保留所有的寄存器内容。

当 USB OTG 控制器准备开始会话时，USBDEVCTL 寄存器中的 SESSION 位必须置位。此时 OTG 控制器启用 ID 脚感应。当检测到 A 类型连接时，ID 输入为低；当检测到 B 类型连接时，ID 输入为高。同时将 USBDEVCTL 寄存器中的 DEV 位置位，表明 USB OTG 控制器用作 A 设备还是 B 设备。该 USB OTG 控制器提供中断信号，表明 ID 脚已完成感应，USBDEVCTL 寄存器中的模式是有效的。此中断通过寄存器 USBIDVIM 启用，可以通过寄存器 USBIDVISC 查看其状态。当 USB 控制器检测到处于线缆的 A 端，必须尽快在 100 ms 内启用 V_{BUS} 电源。

如果 OTG 控制器是 A 设备，则它进入主机模式（A 设备总是默认为主机），打开 V_{BUS} 电源，等待 V_{BUS} 达到有效门限以上（USBDEVCTL 寄存器中的 V_{BUS} 位域值为

0x3)。此时,OTG 控制器等待外设接入。当检测到外设接入,则产生一个连接中断信号,USBDEVCTL 寄存器中的 FSDEV 或 LSDEV 位置位(取决于接入的全速设备还是低速设备)。这时,USB 控制器向接入的设备发送一个复位信号,可以通过将 USBDEVCTL 寄存器中的 SESSION 位清零来结束会话。如果发生超时干扰或 V_{BUS} 掉到会话有效电压以下,OTG 控制器将自动结束会话。

如果 OTG 控制器用作 B 设备,它使用 USB OTG 规范中定义的会话请求协议来请求会话。首先释放 V_{BUS},然后当 V_{BUS} 电平低于会话结束门限时,总线保持单一结束零状态大于 2 ms 时间时,OTG 控制器将向数据线和 VUBS 线发送脉冲。会话结束时,SESSION 位可通过 OTG 控制器或应用软件清零。OTG 控制器使 PHY 切断 D+上的上拉电阻,向 A 设备发送会话结束信号。

30.3 USB 的 API 函数

USB 的 API 提供用来访问 USB 设备控制器或主机控制器的函数集。API 分组如下:USBDev、USBHost、USBOTG、USBEndpoint 和 USBFIFO。USB 设备控制器只使用 USBDev 组 API;USB 主机控制器只使用 USBHost 中 API;OTG 功能使用 USBOTG 组 API。USB OTG 功能一旦配置完,则使用设备或主机 API。其余的 API 均可被 USB 主机和 USB 设备控制器使用,USBEndpoint 组 API 一般用来配置和访问端点,USBFIFO 组 API 则配置 FIFO 大小和位置。

下面介绍 USB 基本操作 API,包含 USBEndpoint 组 API、USBFIFO 组 API 以及其他公用的 API。

端点控制函数:

unsigned long USBEndpointDataAvail(unsigned long ulBase, unsigned long ulEndpoint);

作用:检查接收端点中有多少数据可用。

long USBEndpointDataGet(unsigned long ulBase, unsigned long ulEndpoint,
                        unsigned char * pucData, unsigned long * pulSize);

作用:从 ulEndpoint 的 RXFIFO 中读取 pulSize 指定长度的数据到 pucData 指定数据中。

long USBEndpointDataPut(unsigned long ulBase, unsigned long ulEndpoint,
                        unsigned char * pucData, unsigned long ulSize);

作用:pucData 中的 ulSize 个数据放入 ulEndpoint 的 TXFIFO 中,等待发送。

long USBEndpointDataSend(unsigned long ulBase, unsigned long ulEndpoint,
                        unsigned long ulTransType);

作用:触发 ulEndpoint 的 TXFIFO 发送数据。

void USBEndpointDataToggleClear(unsigned long ulBase,

unsigned long ulEndpoint,

unsigned long ulFlags);

作用:清除 Toggle。

unsigned long USBEndpointStatus(unsigned long ulBase,

unsigned long ulEndpoint);

作用:获取 ulEndpoint 指定端点的状态。

void USBEndpointDMAChannel(unsigned long ulBase,

unsigned long ulEndpoint,

unsigned long ulChannel);

作用:端点 DMA 控制。

void USBEndpointDMAEnable (unsigned long ulBase, unsigned long ulEnd-

point,unsigned long ulFlags);

作用:端点 DMA 使能。

void USBEndpointDMADisable(unsigned long ulBase,

unsigned long ulEndpoint,

unsigned long ulFlags);

作用:端点 DMA 禁止。

FIFO 控制函数:

unsigned long USBFIFOAddrGet(unsigned long ulBase,

unsigned long ulEndpoint);

作用:通过端点获取端点对应的 FIFO 地址。

void USBFIFOConfigSet(unsigned long ulBase, unsigned long ulEndpoint,

unsigned long ulFIFOAddress,

unsigned long ulFIFOSize, unsigned long ulFlags);

作用:FIFO 配置。

void USBFIFOConfigGet(unsigned long ulBase, unsigned long ulEndpoint,

unsigned long * pulFIFOAddress,

unsigned long * pulFIFOSize,

unsigned long ulFlags);

作用:获取 FIFO 配置。

void USBFIFOFlush(unsigned long ulBase, unsigned long ulEndpoint,

unsigned long ulFlags);

作用:清空 FIFO。

中断控制函数:

void USBIntEnableControl(unsigned long ulBase,

unsigned long ulIntFlags);

作用:使能 USB 通用中断,除端点中断外的所有 USB 外设内部中断。

void USBIntDisableControl(unsigned long ulBase,

unsigned long ulIntFlags);

作用:禁止 USB 通用中断,除端点中断外的所有 USB 外设内部中断。

unsigned long USBIntStatusControl(unsigned long ulBase);

作用:获取中断标志。

void USBIntEnableEndpoint(unsigned long ulBase,

unsigned long ulIntFlags);

作用:使能 USB 端点中断。

void USBIntDisableEndpoint(unsigned long ulBase,

unsigned long ulIntFlags);

作用:禁止 USB 端点中断。

unsigned long USBIntStatusEndpoint(unsigned long ulBase);

作用:获取 USB 端点中断标志。

void USBIntEnable(unsigned long ulBase, unsigned long ulIntFlags);

作用:使能 USB 中断,包括端点中断。

void USBIntDisable(unsigned long ulBase, unsigned long ulIntFlags);

作用:禁止 USB 通用中断,包括端点中断。

unsigned long USBIntStatus(unsigned long ulBase);

作用:获取中断标志。

其他控制函数:

unsigned long USBFrameNumberGet(unsigned long ulBase);

作用:获取当前帧编号。

void USBOTGSessionRequest(unsigned long ulBase, tBoolean bStart);

作用:OTG 启动会话。

unsigned long USBModeGet(unsigned long ulBase);

作用:获取 USB 工作模式。

在 USB 通信中,实际是端点与端点间通信,掌握端点控制函数是非常必要的。例如,在枚举过程中,会大量使用端点 0 与主机进行数据传输。

函数 USBIntEnableControl()、USBIntDisableControl()、USBIntStatusControl()控制除端点外的 USB 通用中断;USBIntEnableEndpoint()、USBIntDisableEndpoint()、USBIntStatusEndpoint()控制 USB 端点中断,端点数量可达 16 个,包括端点 0;USBIntEnable()、USBIntDisable()、USBIntStatus()控制 USB 中断,包括通用中断和端点中断,但是端点中断只可以控制 4 个,端点 0~3。

设备库函数 API 只包含设备能够使用的 API 函数。要开发 USB 设备还需要与前面章节介绍的 API 结合,才能完成 USB 设备功能。详细函数使用方法可以参照

USB 库函数使用说明。

　　主机库函数 API 同样只包含主机能够使用的 API 函数。要开发 USB 主机还需要与前面章节介绍的 API 结合,才能完成 USB 主机功能。

30.4　硬件设计

　　开发板的全速 USB 支持 Host、Device、OTG 这 3 种模式,5 脚的 MINI－AB USB OTG 插座可支持这 3 种模式,电路图如图 30.1 所示。

　　SRV05－4 为 ESD 保护元件,可防护高达 15 kV ESD。

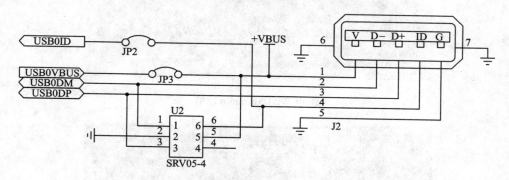

图 30.1　硬件设计

30.5　软件设计

　　由于 USB 工程众多,无法一一列出。详细代码,请查看光盘内 USB 实验例程的内容。

30.6　下载验证

　　usb_dev_audio 例程使评估板作为一个支持 48 kHz 的立体声 16 位音频流的 USB 音频设备。此例程同样支持音量控制、静音设置并应用到音响驱动,不过,这只会改变耳机的声音大小,而不改变 LINE OUT 的声音大小,因为此板的音频 ADC 只支持耳机接口的音量改变,如图 30.2 所示。

　　otg_detect 例程演示了 USB 主机和设备使用 USB OTG 操作。当评估板连接到一个 USB 主机时,则被视作与 BIOS 兼容的 USB 鼠标。如果一个 USB 鼠标连接到了 USB OTG 端口,此时评估板作为一个 USB 主机,当鼠标移动的时候在显示屏上画点,而且鼠标按键的 3 种状态将显示在显示屏的右下角,如图 30.3 所示。

　　usb_dev_keyboard 例程使评估板作为一个支持人机接口的 USB 键盘。在彩色

图 30.2　USB audio 功能

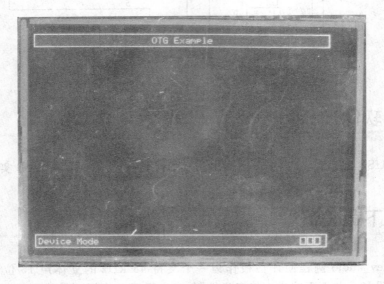

图 30.3　USB OTG 功能

LCD 触摸屏上的虚拟键盘会把相应的键代码发送到 USB 主机。Shift、Ctrl 和 Alt 键的用法与实际键盘稍有不同,板上的 LED 状态灯指示 Caps 的状态,包括其他键盘上的 Caps 敲击后的状态,如图 30.4 所示。

　　usb_dev_mouse 例程使评估板作为一个支持人机接口的 USB 鼠标。可以在触摸屏上相应区域滑动来控制鼠标,这些输入通过向主机发送 HID 报告来达到让评估板虚拟电脑鼠标的目的,如图 30.5 所示。

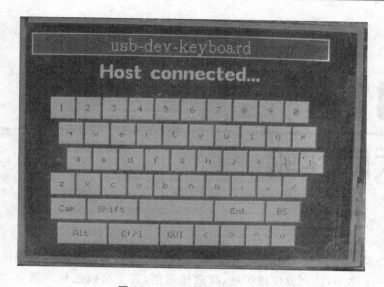

图 30.4　USB 模拟键盘功能

图 30.5　USB 模拟鼠标功能

第 31 章

以太网实验

本章介绍 LM3S9B96 的以太网通信，通过这种方式可以使微控制器成为计算机网络中的一个终端，从而方便地扩展、高速地通信，甚至可以远程更新单片机的自身程序。例程演示了使用以太网控制器和 LwIP TCP/IP 协议栈的基于 Web 的 I/O 控制。

31.1　以太网控制器

LM3S9B96 以太网控制器由一个完全集成的媒体访问控制器（MAC）和网络物理（PHY）接口器件组成。以太网控制器遵循 IEEE 802.3 规范，完全支持 10BASE-T 和 100BASE-TX 标准。

LM3S9B96 以太网控制器具有以下特性：

遵循 IEEE 802.3—2002 规范；

多种工作模式（全双 I 和半双 I、节电和掉电模式等）；

高度可配置（可编程 MAC 地址、LED 活动选择、用户配置中断等）；

物理媒体操作；

IEEE1588 精确时间协议；

利用 μDMA 有效传输数据。

31.2　功能概述

以太网控制器按功能划分为两个层或模块：媒体访问控制器（MAC）层和网络物理（PHY）层。以太网控制器的基本接口是到 MAC 层的一个简单总线接口。MAC 层提供了以太网帧的发送和接收处理，还通过一个内部的媒体独立接口（MII）给 PHY 模块提供接口，如图 31.1 所示。

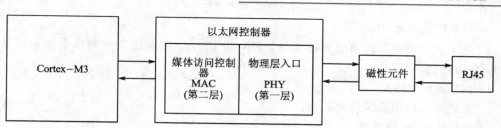

图 31.1　以太网控制器连接图

31.2.1　内部 MII 操作

为了 MII 管理接口的正确工作,MDIO 信号必须通过一个 10 kΩ 的上拉电阻连接到＋3.3 V 的电源;不连接这个上拉电阻将阻止这个内部 MII 上的管理传输起作用。通过 MII 的数据传输可能仍然起作用,因为默认情况下 PHY 层将自协商链路参数。为了使 MII 管理接口正确工作,内部时钟必须向下分频,使频率从系统时钟变为一个不大于 2.5 MHz 的频率。MACMDV 寄存器包含用来下调系统时钟的分频器。

31.2.2　PHY 的配置和操作

以太网控制器中的物理层(PHY)包括集成的 ENDEC、扰码器/解扰器、双速时钟恢复和全功能自协商功能。发送器包含一个片内脉冲整形器和一个线路驱动器。接收器有一个自适应均衡器、一个校准时钟及恢复数据所需的基线恢复电路。在100BASE－TX 应用中,收发器采用 5 类非屏蔽双绞线;在 10BASE－T 应用中,收发器采用 3 类非屏蔽双绞线。以太网控制器通过双路 1:1 隔离变压器连接到线路介质,无需外部滤波器。

31.2.3　以太网帧格式

以太网数据由以太网帧来传送。基本的帧格式如图 31.2 所示。

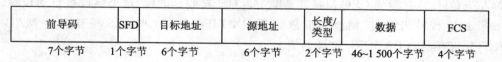

前导码	SFD	目标地址	源地址	长度/类型	数据	FCS
7个字节	1个字节	6个字节	6个字节	2个字节	46~1 500个字节	4个字节

图 31.2　以太网帧格式

帧的 7 个字段从左到右被发送。帧的位按照最低有效位到最高有效位的方向被发送。

(1) 前导码

物理层信号电路使用前导码字段来实现与接收到的帧的时序同步。前导码的长度为 7 个字节。

(2) 起始帧分界符(SFD)

SFD 字段在前导码模式之后,指示帧的开始。其值为 10101011。

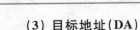

(3) 目标地址(DA)

这个字段指定数据帧的目标地址。DA 的 LSB 决定地址是一个单个地址还是组/多播地址。

(4) 源地址(SA)

源地址字段识别帧启动的站。

(5) 长度/类型字段

这个字段的意义由它的数值来决定。2 个字节中的第 1 个字节是最高有效字节。这个字段可以解释成长度或类型码。数据字段的最大长度为 1 500 字节。如果长度/类型字段的值小于或等于 1 500(十进制),则该字段的值就是 MAC 客户数据的字节数。如果该字段的值大于或等于 1 536(十进制),则字段代表的就是类型。协议标准未定义长度/类型字段的值在 1 500 和 1 536 之间时代表的含义。如果长度/类型字段的值大于 1 500(十进制),MAC 模块就认定该字段代表的是类型。

(6) 数 据

数据字段是一个 0~1 500 字节的序列。由于提供了高度的数据透明度,所以任何值都可以出现在该字段中。最小的帧尺寸必须满足 IEEE 标准的要求。如果必要,可以通过添加一些额外的位来延长数据字段(一次填充)。填充字段的长度可以为 0~46 字节。数据字段和填充字段长度之和的最小值必须为 46 个字节。虽然 MAC 模块自动插入填充的操作可以通过一个寄存器写来禁能,但是,如果需要,操作仍可执行。对于 MAC 模块内核来说,发送/接收的数据可以多于 1 500 字节,不会报告"帧太长"错误。取而代之的是,在接收到的帧太大而不适合以太网控制器的 RAM 时报告 FIFO 溢出错误。

(7) 帧校验序列(FCS)

帧校验序列传送循环冗余校验(CRC)值。这个字段的值使用 CRC - 32 算法通过目标地址、源地址、长度/类型、数据和填充字段计算得到。MAC 模块每次计算半个字节的 FCS 值。对于发送的帧,这个字段由 MAC 层自动插入,除非通过 MACTCTL 寄存器的 CRC 位将其禁能了。对于接收到的帧,这个字段被自动校验。如果 FCS 校验未通过,帧就不能放置到 RX FIFO 中,除非 FCS 校验通过 MAC-RCTL 寄存器的 BADCRC 位被禁能。

31.3 常用嵌入式 TCP/IP 协议栈

TCP/IP 协议是传输控制协议的简称,实际上是一个协议族,包括许多相关协议。其中,最核心的协议是 IP(网际协议)和 TCP(传输控制协议),其他还包括 ARP(地址解析协议)、RARP(逆地址解析协议)、ICMP(Internet 控制报文协议)、UDP(用户数据报协议)、IGMP(Internet 组管理协议)、DNS(域名系统)、TFTP(简单文件传送协议)、BOOTP(引导程序协议)、SNMP(简单网络管理协议)、Telnet(远程控制协议)、FTP(文件传送协议)、SMTP(简单邮件传送协议)等重要协议。并且,随着网络技术的发展,还会不断有新的协议加入到 TCP/IP 协议族。这些协议规范了不同场景下的网络互连,实际应用中可以根据系统的需要使用其中的一些协议。

一些著名的嵌入式操作系统都带有强大的 TCP/IP 功能,如 VxWorks、linux。同时,也涌现了一些源代码公开的免费协议栈,目前较为著名的免费开源协议栈有lwIP、uIP、openTCP、TinyTCP 等。下面介绍在嵌入式系统应用很广泛的 lwIP 和uIP 协议栈。

31.3.1　LwIP 特性

LwIP 是 Light Weight(轻型)IP 协议,有无操作系统的支持都可以运行。LwIP实现的重点是在保持 TCP 协议主要功能的基础上减少对 RAM 的占用。其主要特性如下:

> 支持多网络接口下的 IP 转发;
> 支持 ICMP 协议;
> 包括实验性扩展的 UDP(用户数据报协议);
> 包括阻塞控制、RTT 估算、快速恢复和快速转发的 TCP(传输控制协议);
> 提供专门的内部回调接口(Raw API),用于提高应用程序性能;
> 可选择的 Berkeley 接口 API(在多线程情况下使用)。
> 支持 DHCP 协议,动态分配 IP 地址。

31.3.2　uIP 特性

uIP 协议栈去掉了完整的 TCP/IP 中不常用的功能,简化了通信流程,但保留了网络通信必须使用的协议,设计重点放在了 IP/TCP/ICMP/UDP/ARP 这些网络层和传输层协议上,保证了其代码的通用性和结构的稳定性。

由于 uIP 协议栈专门为嵌入式系统而设计,因此还具有如下优越功能:

① 代码非常少,其协议栈代码不到 6 KB,很方便阅读和移植。

② 占用的内存数非常少,RAM 占用仅几百字节。

③ 硬件处理层、协议栈层和应用层共用一个全局缓存区,不存在数据的拷贝,且发送和接收都是依靠这个缓存区,极大地节省空间和时间。

④ 支持多个主动连接和被动连接并发。

⑤ 源代码中提供一套实例程序:web 服务器,web 客户端,电子邮件发送程序(SMTP 客户端),Telnet 服务器,DNS 主机名解析程序等。通用性强,移植起来基本不用修改就可以通过。

⑥ 对数据的处理采用轮循机制,不需要操作系统的支持。由于 uIP 对资源的需求少且移植容易,大部分的 8 位微控制器都使用过 uIP 协议栈,而且很多著名的嵌入式产品和项目(如卫星、Cisco 路由器、无线传感器网络)中都在使用 uIP 协议栈。

31.4　MAC 和 IP 的设置

在测试网络通信程序时,首先涉及的就是网络的初始化,就是给设备获取 IP 的过程。在移植的 lwip.c 文件里面已经写好了这样的函数,调用函数如下:

```
FlashUserSet(0x00b61a00, 0x00740200);
pucMACArray[0] = ((ulUser0 >>  0) & 0xff);
pucMACArray[1] = ((ulUser0 >>  8) & 0xff);
pucMACArray[2] = ((ulUser0 >> 16) & 0xff);
pucMACArray[3] = ((ulUser1 >>  0) & 0xff);
pucMACArray[4] = ((ulUser1 >>  8) & 0xff);
pucMACArray[5] = ((ulUser1 >> 16) & 0xff);
```

LM3S9B96 出厂时默认的 MAC 是 FF – FF – FF – FF –,所以要首先修改出厂 MAC,FlashUserSet(0x00b61a00,0x00740200)函数就是用来设置芯片 MAC 地址的,除了程序里面可以设置 MAC 地址,还可以用 LMProgrammer 设置,具体操作如下:

① 连接好 RS_LMlink 和开发板,然后打开 LMProgrammer,选择 Other Utilities 选项,界面如图 31.3 所示。

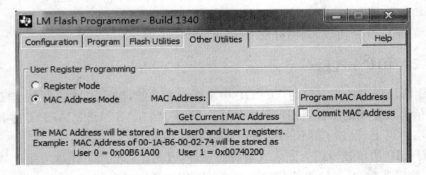

图 31.3　Other Utilities 选项

② 在 MAC Address 文本框里填入设置的 MAC,然后单击 Program MAC Address 即可设置 MAC。需要注意的是下面有一个 Commit MAC Address 勾选框,如果不选中,则芯片断电后 mac 就恢复默认值;选中,则 MAC 会固定死除非解锁芯片,如图 31.4 所示。

设置完 MAC 后就该获取相应的 IP 和网关地址了。IP 可以分为动态和静态 IP,动态 IP 是指由路由器等 DHCP 自动分配的,而静态 IP 是自己直接指定的 ip 地址和网关,程序里面默认的是动态 IP 获取方法,即:

```
IP4_ADDR(&ulIPAddr,IPAddress[3],IPAddress[2],IPAddress[1],IPAddress[0]);
IP4_ADDR(&ulNetMask,NetMaskAddr[3],NetMaskAddr[2],NetMaskAddr[1],NetMaskAddr[0]);
```

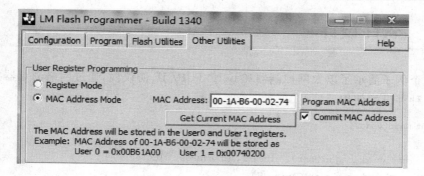

图 31.4　Other Utilities 选项

```
IP4_ADDR(&ulGWAddr,GwWayAddr[3],GwWayAddr[2],GwWayAddr[1],GwWayAddr[0]);
lwIPInit(pucMACArray,ulIPAddr.addr, ulNetMask.addr, ulGWAddr.addr, IPADDR_USE_STATIC);
lwIPInit(pucMACArray, 0, 0, 0, IPADDR_USE_DHCP);
```

注释部分是静态获取 IP 的方法。静态 IP 可以在 main 函数前面定义：

```
#define IP_ID          {192,168,0,103}     // 以太网通信的 IP 地址
#define IP_MARK_ID     {255,255,255,0}     // 255.255.255.0,子网掩码
#define GATEWAY_ID     {192,168,0,1}       // 以太网通信的网关地址
```

31.5　硬件设计

　　LM3S9B96 芯片集成了 MAC 和 PHY 的功能，只需要连接集成变压器的 RJ45 网口和一些阻容器件便可以实现以太网通信功能，如图 31.5 所示。

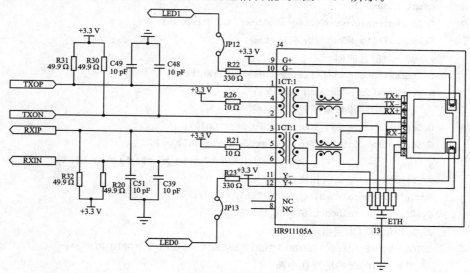

图 31.5　硬件设计

31.6　软件设计

这个例子演示了以太网控制器和 lwIP TCP/IP 协议栈,通过网络浏览器控制板上的各种外设的使用。

```
Int main(void)
{
    unsigned long ulUser0, ulUser1, ulAnimPos, ulColor;
    unsigned char pucMACArray[8];
    struct ip_addr ulIPAddr,ulNetMask,ulGWAddr;
    tRectangle sRect;
    // 系统时钟配置
    SysCtlClockSet(SYSCTL_SYSDIV_4 | SYSCTL_USE_PLL | SYSCTL_OSC_MAIN |
                    SYSCTL_XTAL_16MHZ);
    // GPIO 配置
    PinoutSet();
    // LCD 初始化
    Lcd240x320x16_8bitInit();
    // 初始化图形上下文,找到中间的 X 坐标
    GrContextInit(&g_sContext, &g_sLcd240x320x16_8bit);
    // 用蓝色填补前 24 行屏幕,创建旗帜
    sRect.sXMin = 0;
    sRect.sYMin = 0;
    sRect.sXMax = GrContextDpyWidthGet(&g_sContext) - 1;
    sRect.sYMax = 23;
    GrContextForegroundSet(&g_sContext, ClrDarkBlue);
    GrRectFill(&g_sContext, &sRect);
    // 放一个白色的框
    GrContextForegroundSet(&g_sContext, ClrWhite);
    GrRectDraw(&g_sContext, &sRect);
    // 在旗帜中间添加应用程序的名称
    GrContextFontSet(&g_sContext, &g_sFontCm20);
    GrStringDrawCentered(&g_sContext, "enet - io", - 1,
                    GrContextDpyWidthGet(&g_sContext) / 2, 10, 0);
    // 启用和复位以太网控制器
    SysCtlPeripheralEnable(SYSCTL_PERIPH_ETH);
    SysCtlPeripheralReset(SYSCTL_PERIPH_ETH);
    // 启用端口以太网指示灯
    GPIOPinTypeEthernetLED(GPIO_PORTF_BASE, GPIO_PIN_2 | GPIO_PIN_3);
    // 配置 SysTick 的周期性中断
    SysTickPeriodSet(SysCtlClockGet() / SYSTICKHZ);
```

```
SysTickEnable();
SysTickIntEnable();
// 启用处理器中断
IntMasterEnable();
// 配置硬件的 MAC 地址，过滤传入的数据包
FlashUserGet(&ulUser0, &ulUser1);
if((ulUser0 == 0xffffffff) || (ulUser1 == 0xffffffff))
{
    // 如果 MAC 地址没有编入设备，将产生错误，并退出程序。
    GrStringDrawCentered(&g_sContext, "MAC Address not programmed!", -1,
                    GrContextDpyWidthGet(&g_sContext) / 2,
                    GrContextDpyHeightGet(&g_sContext) / 2, 0);
    while(1);
}
// 等待分配 IP
GrStringDrawCentered(&g_sContext, "Waiting for IP", -1,
                GrContextDpyWidthGet(&g_sContext) / 2,
                STATUS_Y - 22, false);
// 画出一个方块，用于显示从浏览器发送的字符串
sRect.sXMin = 0;
sRect.sXMax = GrContextDpyWidthGet(&g_sContext) - 1;
sRect.sYMin = TEXT_BOX_TOP;
sRect.sYMax = TEXT_BOX_BOTTOM - 1;
GrContextForegroundSet(&g_sContext, ClrWhite);
GrRectDraw(&g_sContext, &sRect);
GrContextFontSet(&g_sContext, &g_sFontCmss18);
GrStringDraw(&g_sContext, " Browser Text：", -1, 6, TEXT_BOX_TOP - 10, true);
// 画的方块内，我们将绘制动画
sRect.sXMin = ANIM_LEFT;
sRect.sXMax = (ANIM_LEFT + ANIM_WIDTH) - 1;
sRect.sYMin = ANIM_TOP;
sRect.sYMax = (ANIM_TOP + ANIM_HEIGHT) - 1;
GrContextForegroundSet(&g_sContext, ClrWhite);
GrRectDraw(&g_sContext, &sRect);
// 初始化动画变量
ulAnimPos = ANIM_LEFT + 1;
ulColor = ClrRed;
// 从 NV RAM 转换 24/24 分割的 MAC 地址成 32/16 分离，然后编程 MAC 地址到以太网控制寄
//存器
pucMACArray[0] = ((ulUser0 >>   0) & 0xff);
pucMACArray[1] = ((ulUser0 >>   8) & 0xff);
pucMACArray[2] = ((ulUser0 >>  16) & 0xff);
```

```
pucMACArray[3] = ((ulUser1 >>  0) & 0xff);
pucMACArray[4] = ((ulUser1 >>  8) & 0xff);
pucMACArray[5] = ((ulUser1 >> 16) & 0xff);
// 初始化 lwIP 的库,使用 DHCP
lwIPInit(pucMACArray, 0, 0, 0, IPADDR_USE_DHCP);
IP4_ADDR(&ulIPAddr,IPAddress[3],IPAddress[2],IPAddress[1],IPAddress[0]);
IP4_ADDR(&ulNetMask,NetMaskAddr[3],NetMaskAddr[2],NetMaskAddr[1],NetMaskAddr[0]);
IP4_ADDR(&ulGWAddr,GwWayAddr[3],GwWayAddr[2],GwWayAddr[1],GwWayAddr[0]);
lwIPInit(pucMACArray,ulIPAddr.addr, ulNetMask.addr, ulGWAddr.addr, IPADDR_USE_
STATIC);
// 安装设备定位服务
LocatorInit();
LocatorMACAddrSet(pucMACArray);
LocatorAppTitleSet("DK - LM3S9B96 enet_io");
// 初始化样本 httpd 服务器
httpd_init();
// 把标签信息传递到 HTTP 服务器
http_set_ssi_handler(SSIHandler, g_pcConfigSSITags,
                     NUM_CONFIG_SSI_TAGS);
// 通过 HTTP 服务器传递 CGI 处理程序
http_set_cgi_handlers(g_psConfigCGIURIs, NUM_CONFIG_CGI_URIS);
// 初始化 IO 控制
io_init();
// 循环
while(1)
{
    // 等待事件产生
    while(!g_ulFlags)
    {
    }
    // 清除标志
    HWREGBITW(&g_ulFlags, FLAG_TICK) = 0;
    // 更新栏的位置,并检查包装
    ulAnimPos ++;
    if(ulAnimPos == ((ANIM_LEFT + ANIM_WIDTH) - 1))
    {
        // 已经达成的右边缘,因此改变颜色和回迁到左
        ulAnimPos = ANIM_LEFT + 1;
        ulColor += COLOR_INCREMENT;
    }
    // 现在绘制新的信息。注意需要暂时禁用以太网中断
    IntDisable(INT_ETH);
```

```
GrContextForegroundSet(&g_sContext, ulColor);
GrLineDrawV(&g_sContext, ulAnimPos, (ANIM_TOP + 1),
            (ANIM_TOP + ANIM_HEIGHT) - 2);
IntEnable(INT_ETH);
    }
}
```

31.7　下载验证

例程演示了使用以太网控制器和 lwIP TCP/IP 协议栈的基于 web 的 I/O 控制。DHCP 用来获取一个以太网地址，如果 DHCP 获取超时，AutoIP 将会被选择来获取一个静态的 IP 地址。IP 地址将被显示在 LCD 屏幕上，通过该地址使用普通的浏览器进入到此例程的网页。

电脑设置网络连接如下：

IP：　　　　192.168.0.100

子网掩码：　255.255.255.0

网关：　　　192.168.0.1

在计算机浏览器中输入 192.168.0.103 就可以打开网页，这时就可以控制开发板上 LED 和 PWM。

在网页左边的导航目录下，通过单击网页标签 IO Control Demo 1（如图 31.6 所示）和 IO Control Demo 2（如图 31.7 所示）展示了通过网页控制开发板外设的两种不同的方法。

Stellaris® LM3S8962 Evaluation Kit

LUMINARYMICRO®

- About Luminary Micro
- About the Stellaris Family
- Block Diagram
- I/O Control Demo 1 (HTTP Requests)
- I/O Control Demo 2 (SSI/CGI)

I/O Control Demo 1

This demonstration shows how to perform control and status reporting using HTTP requests embedded within Javascript code on the web page itself. Using this method, it is possible to update sections of text on the current page without the need to refresh the entire page.

Toggle STATUS LED and report the state of the LED

`Toggle LED`　STATUS LED: OFF

Toggle PWM ON/OFF and report the current state

`PWM ON/OFF`　PWM: OFF

Set PWM frequency (min 200)

Current Freq:　　　440

`Set Frequency`

Set PWM Duty Cycle

图 31.6　IO Control Demo 1

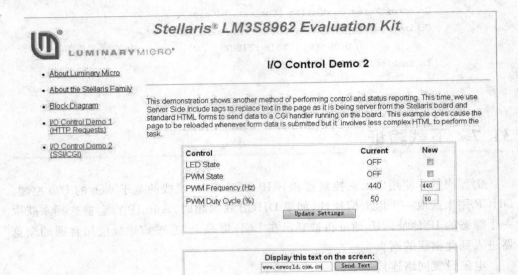

图 31.7　IO Control Demo 2

　　"IO Control Demo 1"使用浏览器上的 JavaScript 来向特定的 URL 发送 HTTP 请求。这些特殊的地址截取自文件系统支持层(lmi_fs.c 文件里),并用来控制 LED 和 PWM 蜂鸣器。来自开发板的回应将被返回到浏览器并通过更多的 JavaScript 代码将其动态插入到网页 HTML 中。

　　"IO Control Demo 2"使用标准的 HTML forms 把参数传递给运行在开发板上的 CGI(通用网关接口)程序。这些程序根据请求来处理 form data 并控制 PWM 和 LED,然后再返回一个网页(这里发回的是最原始的网页)。在例程主程序初始化的时候会向 HTTPD 服务器注册每一个 CGI 的名字和它的处理程序,每当有 CGI URL 请求时,则先解析 URL 参数然后服务器会调用相应的处理程序。

　　使用 SSI 标签(通过 HTTPD 解析)把各种控件(这里可以理解为开发板上的外设)的状态信息插入到 HTML 中。这个例程也在初始化的时候伴随着 CGI 处理程序把 SSI 标签的清单和它的处理程序注册到了 web 服务器。当一个.shtml,.ssi 或者.shtm 的文件被传送到浏览器的时候,并且在文件中找到了任意一个已经注册的 SSI 标签,那么该处理程序就会被调用。

第 **32** 章

μC /OS – II 移植

本章介绍在 LM3S9B96 上移植 μC/OS–II 操作系统。例程是移植好的 μC/OS–II 操作系统,任务是使 LED1 闪烁。

32.1　μC /OS–II 简介

μC/OS–II 是一种可移植的、可植入 ROM 的、可裁减的、抢占式的实时多任务操作系统内核,广泛应用于微处理器、微控制器和数字信号处理器。

严格地说,uC/OS–II 只是一个实时操作系统内核,仅仅包含了任务调度、任务管理、时间管理、内存管理和任务间的通信和同步等基本功能,没有提供输入输出管理、文件系统、网络等额外的服务。但由于 μC/OS–II 良好的可扩展性和源码开放,这些非必须的功能完全可以由用户自己根据需要分别实现。

μC/OS–II 目标是实现一个基于优先级调度的抢占式的实时内核,并在这个内核之上提供最基本的系统服务,如信号量、邮箱、消息队列、内存管理、中断管理等。

(1) 任务管理

μC/OS–II 最多可以支持 64 个任务,分别对应优先级 0～63,其中 0 为最高优先级,63 为最低级,系统保留 4 个最高优先级的任务和 4 个最低优先级的任务,用户可以使用的任务数有 56 个。

μC/OS–II 提供了任务管理的各种函数调用,包括创建任务、删除任务、改变任务的优先级、任务挂起和恢复等。

系统初始化时会自动产生两个任务:一个是空闲任务,它的优先级最低,该任务仅给一个整形变量做累加运算;另一个是系统任务,它的优先级为次低,该任务负责统计当前 CPU 的利用率。

(2) 时间管理

μC/OS–II 的时间管理是通过定时中断来实现的,该定时中断一般为 10 ms 或 100 ms 发生一次,时间频率取决于用户对硬件系统的定时器编程来实现。中断发生的时间间隔是固定不变的,该中断也称为一个时钟节拍。

μC/OS–II 要求用户在定时中断的服务程序中,调用系统提供的与时钟节拍相关的系统函数,例如中断级的任务切换函数、系统时间函数。

(3) 内存管理

在 ANSI C 中是使用 malloc 和 free 两个函数来动态分配和释放内存。但在嵌入式实时系统中,多次这样的操作会导致内存碎片,且由于内存管理算法的原因,malloc 和 free 的执行时间也是不确定。

μC/OS–II 中把连续的大块内存按分区管理。每个分区中包含整数个大小相同的内存块,但不同分区之间的内存块大小可以不同。用户需要动态分配内存时,系统选择一个适当的分区,按块来分配内存。释放内存时将该块放回它以前所属的分区,这样能有效解决碎片问题,同时执行时间也是固定的。

(4) 任务间通信与同步

对一个多任务的操作系统来说,任务间的通信和同步是必不可少的。μC/OS–II 中提供了 4 种同步对象,分别是信号量、邮箱、消息队列和事件。所有这些同步对象都有创建、等待、发送、查询的接口,用于实现进程间的通信和同步。

(5) 任务调度

μC/OS–II 采用的是可剥夺型实时多任务内核。可剥夺型的实时内核在任何时候都运行就绪了的最高优先级的任务。

μC/OS–II 的任务调度是完全基于任务优先级的抢占式调度,也就是最高优先级的任务一旦处于就绪状态,则立即抢占正在运行的低优先级任务的处理器资源。为了简化系统设计,μC/OS–II 规定所有任务的优先级不同,因为任务的优先级也同时唯一标志了该任务本身。

任务调度将在以下情况下发生:

① 高优先级的任务因为需要某种临界资源主动请求挂起,让出处理器,此时将调度就绪状态的低优先级任务获得执行,这种调度也称为任务级的上下文切换。

② 高优先级的任务因为时钟节拍到来,在时钟中断的处理程序中,内核发现高优先级任务获得了执行条件(如休眠的时钟到时),则在中断态直接切换到高优先级任务执行。这种调度也称为中断级的上下文切换。

这两种调度方式在 μC/OS–II 的执行过程中非常普遍,一般来说前者发生在系统服务中,后者发生在时钟中断的服务程序中。

调度工作的内容可以分为两部分:最高优先级任务的寻找和任务切换。其最高优先级任务的寻找是通过建立就绪任务表来实现的。μC/OS–II 中的每一个任务都有独立的堆栈空间,并有一个称为任务控制块 TCB(Task Control Block)的数据结构,其中第一个成员变量就是保存的任务堆栈指针。任务调度模块首先用变量 OS-TCBHighRdy 记录当前最高级就绪任务的 TCB 地址,然后调用 OS_TASK_SW()函数来进行任务切换。

32.2　μC/OS-II 的组成部分

μC/OS-II 可以大致分成核心、任务处理、时间处理、任务同步与通信,CPU 的移植 5 个部分。

(1) 核心部分(OS_Core. c)

核心部分是操作系统的处理核心,包括操作系统初始化、操作系统运行、中断进出的前导、时钟节拍、任务调度、事件处理等多部分。能够维持系统基本工作的部分都在这里。

(2) 任务处理部分(OS_Task. c)

任务处理部分中的内容都是与任务的操作密切相关的,包括任务的建立、删除、挂起、恢复等。因为 μC/OS-II 是以任务为基本单位调度的,所以这部分内容也相当重要。

(3) 时钟部分(OS_Time. c)

μC/OS-II 中的最小时钟单位是 timetick(时钟节拍)。任务延时等操作是在这里完成的。

(4) 任务同步和通信部分

为事件处理部分,包括信号量、邮箱、邮箱队列、事件标志等部分;主要用于任务间的互相联系和对临界资源的访问。

(5) 与 CPU 的接口部分

指 μC/OS-II 针对所使用的 CPU 的移植部分。由于 μC/OS-II 是一个通用性的操作系统,所以对于关键问题上的实现,还是需要根据具体 CPU 的具体内容和要求做相应的移植。这部分内容由于牵涉到 SP 等系统指针,所以通常用汇编语言编写,主要包括中断级任务切换的底层实现、任务级任务切换的底层实现、时钟节拍的产生和处理、中断的相关处理部分等内容。

32.3　μC/OS-II 的移植

32.3.1　运行条件

➢ 处理器的 C 编译器能产生可重入代码。
➢ 用 C 语言就可以打开和关闭中断。
➢ 处理器支持中断,并且能产生定时中断(通常在 10～100 Hz 之间)。
➢ 处理器支持能够容纳一定量数据(可能是几千字节)的硬件堆栈。
➢ 处理器有将堆栈指针和其他 CPU 寄存器读出和存储到堆栈或内存中的指令。

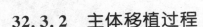
32.3.2 主体移植过程

1. 设置与处理器及编译器相关的代码{OS_cpu.h}

不同的编译器会使用不同的字节长度来表示同一数据类型，所以要定义一系列数据类型以确保移植的正确性。下面是 μC/OS - II 定义的一部分数据类型。

```
typedef    unsigned char    BOOLEAN;
typedef    unsigned char    INT8U;        /* 无符号 8 位 */
typedef    signed char      INT8S;        /* 带符号 8 位 */
typedef    unsigned int     INT16U;       /* 无符号 16 位 */
typedef    signed int       INT16S;       /* 带符号 16 位 */
typedef    unsigned long    INT32U;       /* 无符号 32 位数 */
typedef    signed long      INT32S;       /* 带符号 32 位数 */
typedef    float            FP32;         /* 单精度浮点数 */
typedef    double           FP64;         /* 双精度浮点数 */
typedef    unsigned int     OS_STK;       /* 堆栈入口宽度 */
typedef    unsigned int     OS_CPU_SR;    /* 寄存器宽度 */
```

μC/OS - II 需要先关中断再访问临界区的代码，并且在访问完后重新允许中断。μC/OS - II 定义了两个宏来禁止和允许中断：OS_ENTER_CRITICAL() 和 OS_EX-IT_CRITICAL()。

```
#define  OS_ENTER_CRITICAL()    {cpu_sr = OS_CPU_SR_Save();}
#define  OS_EXIT_CRITICAL()     {OS_CPU_SR_Restore(cpu_sr);}
```

2. 用 C 语言实现与处理器任务相关的函数{OS_cpu_c.c}

```
OSTaskStkInit()           系统任务堆栈初始化函数
OSTaskCreateHook()        任务建立钩子函数
OSTaskDelHook()           任务删除钩子函数
OSTaskSwHook()            任务切换钩子函数
OSTaskStatHook()          任务统计钩子函数
OSTimeTickHook()          时钟节拍钩子函数
```

实际需要修改的只有 OSTaskStkInit() 函数，其他 5 个函数需要声明，但不一定有实际内容。这 5 个函数都是用户定义的，所以 OS_cpu_c.c 中没有给出代码。如果需要使用这些函数，可以将文件 OS_cfg.h 中的 #define constant OS_CPU_HOOKS_EN 设为 1，设为 0 表示不使用这些函数。

OSTaskStkInit() 函数由 OSTaskCreate() 或 OSTaskCreateExt() 调用，需要传递的参数是任务代码的起始地址、参数指针、任务堆栈顶端的地址和任务的优先级，用来初始化任务的堆栈，初始状态的堆栈模拟发生一次中断后的堆栈结构。堆栈初始化工作结束后,OSTaskStkInit()返回新的堆栈栈顶指针,OSTaskCreate()或 OS-TaskCreateExt()将指针保存在任务的 OS_TCB 中。

3. 处理器相关部分汇编实现

整个 μC/OS - II 移植实现中,只需要提供一个汇编语言文件,提供几个必须由汇编才能实现的函数。

(1) OSStartHighRdy()

该函数在 OSStart()多任务启动之后,负责从最高优先级任务的 TCB 控制块中获得该任务的堆栈指针 SP,通过 SP 依次将 CPU 现场恢复,此时系统就将控制权交给用户创建的该任务的进程,直到该任务被阻塞或者被其他更高优先级的任务抢占了 CPU。该函数仅仅在多任务启动时被执行一次,用来启动第一个,也就是最高优先级的任务执行。

(2) OSCtxSw()

该函数是任务级的上下文切换函数,在任务因为被阻塞而主动请求与 CPU 调度时执行,主要工作是先将当前任务的 CPU 现场保存到该任务堆栈中,然后获得最高优先级任务的堆栈指针,从该堆栈中恢复此任务的 CPU 现场,使之继续执行,从而完成一次任务切换。

(3) OSPendSV ()

该函数是软中断级的任务切换函数,在时钟中断 ISR 中发现有高优先级任务在等待时,需要在中断退出后不返回被中断的任务,而是直接调度就绪的高优先级任务执行;目的在于能够尽快让高优先级的任务得到响应,保证系统的实时性能。

OSPendSV 专为用于 Cortex - M3 切换任务,因为 Cortex - M3 的中断可硬件嵌套,它追求的是"中断优先,尽快响应中断"。假设使用 ARM7 的"就地切换"方法,当前任务关中断后把新任务切换好,再重开中断;又假如这时有 3 级的中断嵌套,每级中断都要切换到不同的任务,那么当前任务的 1 次切换+3 级中断的 3 次任务切换,要切换 4 次,最后跑的新任务也只不过是其中的一个。在 Cortex-M3 中,把所有任务切换的事情都放在最低中断优先级的 OSPendSV 中,前面的 4 次切换,只要切换 1 次就行。

(4) OSTickISR()

该函数是时钟中断处理函数,主要任务是负责处理时钟中断,调用系统实现的 OSTimeTick()函数;如果有等待时钟信号的高优先级任务,则需要在中断级别上调度其执行。另外两个相关函数是 OSIntEnter()和 OSIntExit(),都需要在 ISR 中执行。

32.4 使用 μC/OS - II 创建并运行任务

μC/OS - II 的使用过程包括以下 4 个方面:

> ➢ 分配任务堆栈；
> ➢ 编写任务代码；
> ➢ 创建任务；
> ➢ 系统的初始化,启动任务。

32.4.1 创建任务

这里创建一个任务,使 LED1 闪烁任务。

在 app. c 文件里,任务代码：

```
void taskLed(void * p_arg)
{
    (void)p_arg;
    while (1)
    {
        ledOn();                              /* 点亮 LED1 */
        OSTimeDly(OS_TICKS_PER_SEC / 2);  /* 延时 0.5 s */
        ledOff();                             /* 关闭 LED1 */
        OSTimeDly(OS_TICKS_PER_SEC / 2);  /* 延时 0.5 s */
    }
}
```

32.4.2 主程序编写

主程序中须完成使 μC/OS - II 能够运行的函数调用,如硬件初始化函数、操作系统初始化函数、运行操作系统等。

```
int main(void)
{
    SystemInit ();
    Tmr_TickInit();
    ledInt();

    OSInit();
    OSTaskCreate(taskLed,(void * )0,
            &startup_task_stk[ STARTUP_TASK_STK_SIZE - 1],
            STARTUP_TASK_PRIO);
    OSStart();
}
```

从上述代码可以看出,创建一个新任务流程是这样的：首先分配任务的堆栈空间,使用 OS_STK 定义；然后创建传递给任务的参数指针,使用 TASKDATA 定义；最后在主函数中使用 OSTaskCreat()或 OSTaskCreatExt()创建任务。当调用 OS-

Start()函数时,新的任务便可运行。

函数 SystemInit ()实现系统时钟设置:

```
void SystemInit (void)
{
    SysCtlClockSet(SYSCTL_SYSDIV_1 | SYSCTL_USE_OSC | SYSCTL_OSC_MAIN |
                    SYSCTL_XTAL_16MHZ);
}
```

函数 Tmr_TickInit()用于初始化 SysTick:

```
void Tmr_TickInit (void)
{
    SysTickPeriodSet((INT32U)(SysCtlClockGet() / OS_TICKS_PER_SEC) - 1);
    SysTickEnable();
    SysTickIntEnable();
}
```

函数 OSInit()用于系统初始化,详细代码如下:

```
Void OSInit(void)
{
    OSInitHookBegin();          / * 调用特定的端口初始化代码 * /

    OS_InitMisc();              / * 初始化杂项变量 * /

    OS_InitRdyList();           / * 初始化就绪列表 * /

    OS_InitTCBList();           / * 初始化空的 OS_TCB 列表 * /

    OS_InitEventList();         / * 初始化空的 OS_EVENTs 列表 * /

# if(OS_FLAG_EN> 0)&&(OS_MAX_FLAGS>0)
    OS_FlagInit();              / * 初始化事件标志结构 * /
# endif

# if(OS_MEM_EN> 0)&&(OS_MAX_MEM_PART>0)
    OS_MemInit();               / * 初始化内存管理器 * /
# endif

# if(OS_Q_EN> 0)&&(OS_MAX_QS> 0)
    OS_QInit();                 / * 初始化消息队列结构 * /
# endif

    OS_InitTaskIdle();          / * 创建空闲任务 * /
# if OS_TASK_STAT_EN>0
```

```
    OS_InitTaskStat();                /* 创建统计任务 */
# endif


# 如果 OS_TMR_EN > 0
    OSTmr_Init();                     /* 初始化定时器管理器 */
# endif


    OSInitHookEnd();                  /* 调用端口的特定初始化代码 */


# if OS_DEBUG_EN > 0
    OSDebugInit();
# endif
}
```

下面详细介绍一下 OSTaskCreat() 函数。

函数原型：INT8U OSTaskCreate(void (* task)(void * pd),

　　　　　　　　　　　　　void * pdata,

　　　　　　　　　　　　　OS_STK * ptos,

　　　　　　　　　　　　　INT8U prio)

调用：由任务或者是初始化代码。

作用：建立一个新任务，任务的建立可以在多个任务环境启动之前，也可以在正在运行的任务中建立，中断处理程序中不能建立任务，一个任务必须为无限循环结构，且不能有返回点。无论用户程序中是否产生中断，在初始化任务堆栈时，堆栈的结构必须与处理器中断后寄存器入栈的顺序结构相同。

该函数返回一个 8 位的整型数，调用该函数需要 4 个参数：

① 第一个参数：task 是一个指向任务代码的指针，也就是用户代码的首地址，平常使用中把自己创建的任务的名字作为这个参数即可。

② 第二个参数：pdata 指向一个数据结构，该结构用来在建立任务时向任务传递参数。

③ 第三个参数：ptos 是指向任务堆栈栈顶的指针，一般把创建的任务的堆栈数组首地址赋给它。任务堆栈用来保存局部变量、函数参数、返回地址以及任务被中断时处理器寄存器的内容，其大小决定于任务的需要以及预计的中断嵌套层数。计算堆栈的大小需要知道任务的局部变量所占的空间，可能产生嵌套调用的函数及中断嵌套所需的空间，如果初始化常量 OS_STK_GROWTH 设为 1，则堆栈设为从内存高地址向低地址增长，此时 ptos 应该指向任务堆栈空间的最高地址，反之，如果 OS_STK_GROWTH 设为 0，堆栈将从内存的低地址向高地址增长。

④ 第四个参数：prio 是任务的优先级。每个任务必须有一个唯一的优先级作为标识，数字越小，优先级越高。

返回值：

OSTaskCreate()的返回值为下述之一:

\# OS_NO_ERR:　　　　　　　函数调用成功。

\# OS_PRIO_EXIST:　　　　　具有该优先级的任务已经存在。

\# OS_PRIO_INVALID:　　　 参数指定的优先级大于 OS_LOWEST_PRIO

\# OS_NO_MORE_TCB:　　　 系统中没有 OS_TCB 可以分配给任务了。

函数 OSStart()用于启动多任务的过程,让 μC/OS－II 管理已创建的任务。调用 OSStart()之前,必须调用 OSInit(),必须创建至少一个任务。

```
void OSStart (void)
{
    if (OSRunning == OS_FALSE) {
        OS_SchedNew();              /* 查找优先级最高的任务 */
        OSPrioCur = OSPrioHighRdy;
        OSTCBHighRdy = OSTCBPrioTbl[OSPrioHighRdy];
                                    /* 指向最高优先级的任务准备运行 */
        OSTCBCur = OSTCBHighRdy;
        OSStartHighRdy();           /* 执行启动任务目标的特定代码 */
    }
}
```

32.5　下载验证

例程实现基于 μC/OS－II 操作系统下运行 LED1 闪烁的任务,效果如图 32.1 所示。

图 32.1　μC/OS－II 操作系统下运行

第 **33** 章

IQmath 实验

IQmath 库实现在定点 LM3S9B96 上进行精确的浮点运算,方便开发人员采用 C/C++编写浮点运算程序,节省设计和调试时间。IQmath 库主要应用于高速度和高精度的实时计算,与直接采用 ANSI C 语言相比效率更高,这对设计实时性要求很高的控制系统尤其重要。

33.1 IQmath 简介

单片机运算分为定点和浮点两种基本类型,最大差异在于浮点 MCU 比定点 MCU 具有更强大的计算能力和更大范围的动态精度。浮点 MCU 内部设有专门支持浮点运算的硬件单元,对浮点格式的数据可以直接通过代码加入硬件运算中,因此运算速度很高。而定点 MCU 没有定点运算单元,对浮点格式的运算必须通过软件才能实现,这样就增加了指令代码,间接地使得定点 MCU 运算速度低于浮点 MCU,典型的浮点处理器(如 TI 公司的 C6000 系列)几乎所有的嵌入式微控制器都为定点处理器。因为浮点 MCU 的价格更加昂贵,所以定点 MCU 仍然有其巨大的优势。但是任何算法都需要进行浮点运算,因此如何提高在定点 MCU 上进行的浮点运算的速度和精度,就成为了用户开发时必须要考虑的关键问题。

定点 MCU 不能直接处理小数,编程时处理小数有 3 种方法:

① 把变量定义成 float 类型。该方法编程量最小,但编译出来的代码最大。

② 把整数变量放大来表示小数,这是许多开发定点 MCU 的程序员经常使用的方法,但程序不具有可移植性。

③ 采用整数定标的方法来确定小数,即采用 Q 格式来表示小数。对于定点处理器而言,不管定义哪种类型的数据最终都采用整型数据进行具体的运算。

整数定标的实质就是通过确定小数点位于哪一位,从而确定小数的精度,通常用 Q 格式表示。一个 32 位有符号定点数的 Q 格式如下:

$$\begin{matrix} 31 & & 0 \\ \text{S} & \text{IIIIIIIII.} & \text{fffffffffffffffffffffff} \end{matrix}$$

其中,S 是符号位,I 是整数部分,f 是小数部分。定点数的大小按下式计算:

$$-2^{I}+2^{I-1}+\cdots+2^{0}+2^{0}*2^{-1}+2^{-1}+\cdots+2^{-Q}$$

比如 Q15 定点数的小数点位于第 15 位的右侧,小数 0.25 用 Q15 表示则为 2000H。这样很简单地用一个整数来表示了一个小数,对于定点 MCU 来说 处理小数就与处理整数完全相同了。

33.2　IQmath 库

IQmath 库是高度优化和具有高精度的数学函数库集合,里面包含的函数都是采用 Q 格式定点数作为输入/输出,允许程序设计人员在定点 MCU 上进行浮点算法设计,从而提高运算速度。

33.2.1　IQmath 库组成

IQmath 库可以在 C/C++程序设计中使用,它包含 4 个部分:

IQmath 头文件	IQmathLib.h
包含所有函数和数值表的目标文件	IQmath.lib
命令连接文件	IQmath.cmd
调试用的 GEL 文件	IQmath.Gel

33.2.2　IQmath 库函数

IQmath 库中主要包括以下常用函数(用户在程序设计开发时可以直接调用)。

1. 格式转化函数

```
float _IQtoF(A)          // _iq 浮点转成正常浮点
float _IQNtoF(A)
int _IQtoQN(A)           //iq 和 q(16bit)的转化
long _IQint(A)           //提取 iq 的整数部分
_IQ(float F)             //浮点转化成 iq
_IQN(float F)
_atoIQ(char * s)         //字符串转化成 iq
_IQfrac(A)               //提取 iq 的小数部分
_IQtoIQN(A)              //全局 iq 和普通 iq 的转化
_IQNtoIQ(A)
_QNtoIQ(int A)
```

2. 算术函数

```
long _IQmpyI32int(A, B)       //N * long IQ 乘 long 返回整数部分
long _IQmpyI32frac(A, B)      //N * long IQ 乘 long 返回小数部分
_IQmpy(A, B)                  //N * N 乘法
_IQrmpy(A, B)                 //N * N 四舍五入的乘法最后保存结果前(四舍五入)
_IQrsmpy(A, B)               //N * N 四舍五入的饱和处理乘法(如果 Q26[－32，＋32]
                             //如果相乘结果超过也会限制到这个范围)
_IQmpyI32(A, B)              //N * long IQ 乘 long
_IQmpyIQX(A, A1, B, B1)      //N1 * N2 两个不同的 Q 格式乘法，返回全局 Q 格式
_IQdiv(A, B)                 //N/N iq 除法
```

3. 三角函数

```
_IQsin(A)
_IQsinPU(A)                  //正弦函数(标幺值)，你占这个圆周的几分之几为单位如果
                            //sin((0.25 * PI)/(2 * PI))
_IQcos(A)
_IQcosPU(A)
_IQatan2(A, B)              //第四象限反正切 tan－1(sin, cos)
_IQatan2PU(A, B)           //第四象限反正切 tan－1(sin, cos)
_IQatan(A, B)              //定点反正切 tan－1(1),,1 = sin/cos
_IQNsin(A)
_IQNsinPU(A)               //正弦函数(标幺值)，你占这个圆周的几分之几为单位如果
                          //sin((0.25 * PI)/(2 * PI))
_IQNcos(A)
_IQNcosPU(A)
_IQNatan2(_iqA, B)        //第四象限反正切 tan－1(sin, cos)
_IQNatan2PU(_iqA, B)     //第四象限反正切 tan－1(sin, cos)
_IQNatan(A, B)           //定点反正切 tan－1(1),,1 = sin/cos
```

4. 数学函数

```
_IQNsqrt(A)               //平方根 a^0.5
_IQNisqrt(A)              //平方根倒数 1/a^0.5
_IQNmag(A, B)             //求模运算(sqrt(A^2 + B^2)
_IQsqrt(A)                //平方根 a^0.5
_IQisqrt(A)               //平方根倒数 1/a^0.5
_IQmag(A, B)              //求模运算(sqrt(A^2 + B^2)
```

5. 其他函数

```
_IQsat(A, long P, long N)    //IQ 数值的限幅函数 把 A 限制到[N P]之间
```

```
_IQNabs(A)              //IQ 数据的绝对值|A|
_IQabs(A)               //IQ 数据的绝对值|A|
```

33.3 IQmath 应用

下面说明如何在一个 C 程序中使用 IQmath 库。首先要安装 IQmath 库,可以从 TI 公司的网站下载得到。然后新建一个工程,将 IQmath.lib 及 IQmath.cmd 添加到工程。同时,还要把 IQmath.gel 添加到工程中,因为 IQ 变量的变换和调整都是通过 GEL 函数来实现的。按以上步骤设置完以后,就可以在 C 语言程序中使用 IQmath 库里面的函数了。

如何计算 arcsin 与 arccos? 函数表里面为什么没有提供 arccos() 和 arcsin() 函数呢? 怎样才能计算这两个函数呢? 这是因为 arccos() 和 arcsin() 可以通过反正切函数 atan() 间接求得,而函数表里面恰好提供了反正切函数,请参见以下两个公式:

$arcsin(X) = atan(X/sqr(-X*X+1))$　　　　　　　　反正弦

$arccos(X) = atan(-X/sqr(-X*X+1)) + 2*atan(1)$　　　　反余弦

$arcsec(X) = atan(X/sqr(X*X-1)) + sgn((X)-1)*(2*atan(1))$　反正割

$arccosec(X) = atan(X/sqr(X*X-1)) + (sgn(X)-1)*(2*atan(1))$　反余割

33.4 软件设计

本例程描绘了在 3 维空间旋转的模型,使用 IQmath 或软件浮点运算可以很容易地比较两者的性能。

LM3S9B96 芯片内部独立集成了 ROM 存储器(如图 33.1 所示),还创新性地将 Stellaris 外设驱动库固化在 ROM 中,这样就把更多的 Flash 空间留给用户使用。由于固化驱动库到 ROM 中节省了 Flash 的成本,芯片的整体成本也将降低,从而提高了单片机的市场竞争力。用户编程时,只需要调用 ROM 中的 API 函数就可以操作外设,非常简便。

那么用 C 语言编写应用程序时,如何使用 ROM 库函数呢?

在程序的开头做如下定义:

```
#include <rom.h>        //包含<rom.h>以使用 ROM 库,若注释掉本行则不使用 ROM 库
#include <rom_map.h>    //包含<rom_map.h>,以后每个库函数都可以前缀 MAP_
```

所以在工程中有 #include "driverlib/rom.h" 语句,意思是使用 ROM 库。

在每个库函数名字上前缀"ROM_"。但是,前缀"MAP_"要比前缀"ROM_"可移植性好:用户包含<rom.h>时使用 ROM 库,不包含<rom.h>则自动改用原来的库函数。

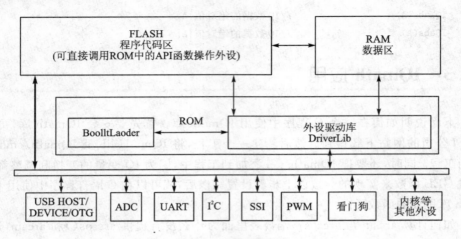

图 33.1　ROM 结构图

文件 IQmath_demo.c 如下：

```
Int main(void)
{
    unsigned long ulIdx, ulBump;
    tContext sContext;
    tRectangle sRect;
    // 系统时钟配置
    ROM_SysCtlClockSet(SYSCTL_SYSDIV_2_5 | SYSCTL_USE_PLL |
                        SYSCTL_XTAL_16MHZ | SYSCTL_OSC_MAIN);
    // GPIO 初始化
    PinoutSet();
    // LCD 初始化
     Lcd240x320x16_8bitInit();
    // 初始化图形上下文
    GrContextInit(&sContext, &g_sLcd240x320x16_8bit);
    // 用蓝色填充屏幕上方的 24 行创建的旗帜
    sRect.sXMin = 0;
    sRect.sYMin = 0;
    sRect.sXMax = GrContextDpyWidthGet(&sContext) - 1;
    sRect.sYMax = 23;
    GrContextForegroundSet(&sContext, ClrDarkBlue);
    GrRectFill(&sContext, &sRect);
    // 放一个白色的框在旗帜周围
    GrContextForegroundSet(&sContext, ClrWhite);
    GrRectDraw(&sContext, &sRect);
    // 在旗帜上显示应用程序名字
    GrContextFontSet(&sContext, &g_sFontCm20);
```

```
GrStringDrawCentered(&sContext, "IQmath - demo", - 1,
                    GrContextDpyWidthGet(&sContext) / 2, 10, 0);
// 蓝色屏幕底部创建状态行占 12 行
sRect.sYMin = GrContextDpyHeightGet(&sContext) - 12;
sRect.sYMax = GrContextDpyHeightGet(&sContext) - 1;
GrContextForegroundSet(&sContext, ClrDarkBlue);
GrRectFill(&sContext, &sRect);
// 放一个白色的框在状态行周围
GrContextForegroundSet(&sContext, ClrWhite);
GrRectDraw(&sContext, &sRect);
// 把初始状态显示在状态行中
GrContextFontSet(&sContext, &g_sFontFixed6x8);
GrStringDrawCentered(&sContext, "Using IQmath", - 1,
                    GrContextDpyWidthGet(&sContext) / 2,
                    GrContextDpyHeightGet(&sContext) - 6, 0);
// 刷新绘图操作的缓存
GrFlush(&sContext);
// 配置 SysTick 以每 10 毫秒产生一个中断
ROM_SysTickPeriodSet(ROM_SysCtlClockGet() / 100);
ROM_SysTickIntEnable();
ROM_SysTickEnable();
// 配置 GPIO 连接到用户开关
ROM_GPIOPinTypeGPIOInput(GPIO_PORTJ_BASE, GPIO_PIN_7);
// 设置初始值的随机种子
g_ulRandomSeed = 0xf61e2e60;
// 设置该模型的初始旋转
g_lRotate[0] = - 58;
g_lRotate[1] = 0;
g_lRotate[2] = 0;
// 设置该模型的初始位置
g_lPosition[0] = 0;
g_lPosition[1] = 0;
g_lPosition[2] = Z_MIN;
// 设置初始旋转三角洲
g_lRotateDelta[0] = 0;
g_lRotateDelta[1] = 0;
g_lRotateDelta[2] = 0;
// 设置初始位置三角洲
g_lPositionDelta[0] = 6;
g_lPositionDelta[1] = 4;
g_lPositionDelta[2] = 50;
// 设置初始颜色
g_pucColors[0] = g_ppucColorTargets[0][0];
```

```
        g_pucColors[1] = g_ppucColorTargets[0][1];
        g_pucColors[2] = g_ppucColorTargets[0][2];
        // 设置初始目标色
        g_ulColorTarget = 1;
        g_pucColorTarget[0] = g_ppucColorTargets[1][0];
        g_pucColorTarget[1] = g_ppucColorTargets[1][1];
        g_pucColorTarget[2] = g_ppucColorTargets[1][2];
        // 使用默认 IQmath
        HWREGBITW(&g_ulFlags, FLAG_USE_IQMATH) = 1;
        // 循环,移动和重绘模型
        while(1)
        {
            // 判断是否需要更新状态行
            if(HWREGBITW(&g_ulFlags, FLAG_UPDATE_STATUS) == 1)
            {
                // 设置用于绘制状态行的前景和背景颜色。
                GrContextForegroundSet(&sContext, ClrWhite);
                GrContextBackgroundSet(&sContext, ClrDarkBlue);
                // 判断 IQmath 或浮点是否被使用
                if(HWREGBITW(&g_ulFlags, FLAG_USE_IQMATH) == 1)
                {
                    // IQmath 正在使用
                    GrStringDrawCentered(&sContext,
                                "Using IQmath", -1,
                                GrContextDpyWidthGet(&sContext)/2,
                                GrContextDpyHeightGet(&sContext) - 6, 1);
                }
                else
                {
                    // 浮点被使用
                    GrStringDrawCentered(&sContext,
                                "Using Software Floating Point", -1,
                                GrContextDpyWidthGet(&sContext)/2,
                                GrContextDpyHeightGet(&sContext) - 6, 1);
                }
                // 状态行被更新
                HWREGBITW(&g_ulFlags, FLAG_UPDATE_STATUS) = 0;
            }
            // 判断 IQmath 或浮点是否被使用
            if(HWREGBITW(&g_ulFlags, FLAG_USE_IQMATH) == 1)
            {
                // 变换模型的顶点
                IQTransformModel(g_lRotate, g_lPosition);
```

```
    // 执行项目
    IQProjectModel();
    // 模型可见的表面
    IQFindVisible();
}
else
{
    // 变换模型的顶点
    FloatTransformModel(g_lRotate, g_lPosition);
    // 执行项目
    FloatProjectModel();
    // 模型可见的表面
    FloatFindVisible();
}
// 绘制模型到屏幕外的缓冲区
DrawModel();
// 关闭屏幕缓冲区
GrContextForegroundSet(&sContext, ((g_pucColors[0] << 16) |
                                  (g_pucColors[1] << 8) |
                                  g_pucColors[2]));
GrContextBackgroundSet(&sContext, ClrBlack);
GrImageDraw(&sContext, g_pucBuffer, 0, 24);
// 更新旋转
for(ulIdx = 0; ulIdx < 3; ulIdx++)
{
    g_lRotate[ulIdx] += g_lRotateDelta[ulIdx];
    if(g_lRotate[ulIdx]<0)
    {
        g_lRotate[ulIdx] += 360;
    }
    if(g_lRotate[ulIdx]>360)
    {
        g_lRotate[ulIdx] -= 360;
    }
}
// 清除标志,表明该模型碰撞的区域,它被限制在边界
ulBump = 0;
// 更新模型的位置
ulBump |= UpdatePosition(&(g_lPosition[0]), &(g_lPositionDelta[0]),
                         X_MIN, X_MAX) ? 1 : 0;
ulBump |= UpdatePosition(&(g_lPosition[1]), &(g_lPositionDelta[1]),
                         Y_MIN, Y_MAX) ? 2 : 0;
ulBump |= UpdatePosition(&(g_lPosition[2]), &(g_lPositionDelta[2]),
```

```
                                  Z_MIN, Z_MAX) ? 4 : 0;
// 如果模型碰撞在 Z 轴范围,新选定的位置三角洲需要增加一个量级
if(ulBump & 4)
{
    g_lPositionDelta[2] *= 10;
}
// 如果模型碰撞进入新的范围,就选择一个新的旋转速度
if(ulBump)
{
    g_lRotateDelta[0] = (long)(RandomNumber() >> 29) - 4;
    g_lRotateDelta[1] = (long)(RandomNumber() >> 29) - 4;
    g_lRotateDelta[2] = (long)(RandomNumber() >> 29) - 4;
}
// 更新颜色,下一帧使用这个颜色绘制
UpdateColor();
    }
}
```

33.5 下载验证

　　例程演示 IQMath 库的使用,更能表现出浮点运算。图 33.2 和图 33.3 为一个十二面体在三维空间中旋转。

图 33.2 三维空间中的 12 面体

图 33.3　变换了颜色及尺寸的 12 面体

第 **34** 章

Bootloader 实验

本章介绍 Bootloader 的使用方法。对于脱离下载器更新单片机程序的客户来说，Bootloader 是必不可少的，可以通过多种方式来对单片机进行程序更新。例程通过 UART 对单片机进行程序更新。

34.1　Bootloader 简介

Bootloader 是在用户应用程序开始运行之前运行的一段小程序。通过这段小程序，我们可以初始化硬件设备和软件环境，从而将系统的软硬件环境带到一个合适的工作状态，以便执行某些特定的功能。一般来说就是用来升级程序、引导程序或操作系统等。

LM3S 系列的芯片有些具有固化在内部 ROM 的 Bootloader，有些则没有。根据芯片相应的数据手册可以很容易确定这个问题。通过固化在 ROM 中的 Bootloader，可以通过串口（UART0）、SSI（SSI0）、I2C（I2C0）、以太网将程序下载 Flash 中，而不需要使用 JTAG 调试引脚。

34.2　如何使用 Bootloader

对于有内部 Bootloader 的芯片来说，可能会遇到如下的问题：

① 使用内部的 Bootloader 有几种接口可供升级？

② 如何使用内部的 Bootloader？

先回答第一个问题，关于这个问题前面提到了一句，内部 Bootloader 支持串口（UART0）、SSI（SSI0）、I2C（I2C0）、以太网下载程序，但是并不支持 USB DFU 和 CAN 方式。

再回答第二个问题。

要想弄清楚如何使用内部 Bootloader,先说说内部 Bootloader 是如何工作的。在 MCU 复位后读取 0x0000 0000 地址处的数据设置堆栈,再读取 0x0000 0004 地址的数据设置 PC 值,然后用户程序开始执行了。但是,其实在上电后任何复位内核的复位操作中,MCU 内部还悄悄执行了一些其他的操作,具体来说就是:

　　① 先判断 ROM 控制寄存器(RMCTL)的 BA 位(初始状态为 1)的值。如果为 1,则将 0x0100 0000(内部 ROM 的地址)映射到 0x0000 0000 地址,如果为 0 则将 Flash 映射到 0x0000 0000 地址。

　　② 因为复位后 RMCTL 的 BA 位为 1,所以此时是将 ROM 空间映射到 0 地址,执行 ROM 启动序列。而 ROM 启动序列的第一步是将 BA 位清零,将 ROM 映射到 0x0000 0000 地址处,将 Flash 映射到 0 地址处。

　　③ 设置好 ROM 和 Flash 的映射关系后就开始读取启动配置寄存器(BOOTCFG)的内容,如果 EN 位被置位,那么就判断指定引脚的状态与指定极性相比较。

　　④ 如果指定的引脚与指定的极性相匹配则执行 ROM 中的 Bootloader。

　　⑤ 如果引脚的状态与极性不匹配,则检查 0x0000 0004 地址的内容来判断 Flash 是否已经被编程;如果该地址的数据是 0xFFFF FFFF,则表明 Flash 没有被编程过,那么执行 ROM 中的 Bootloader。

　　⑥ 如果 0x0000 0004 地址的数据是有效的,则表明 Flash 已经被编程了,那么就从 0x0000 0000 处读取堆栈指针,从 0x0000 0004 处读取 PC 值,开始执行用户程序。

　　看了上述启动序列以后明白了如下几个问题:

　　① 当给 MCU 上电以后总是要执行 ROM 中的启动序列的。

　　② ROM 的启动序列可以引导 ROM 中的 Bootloader。

　　③ 执行内部 Bootloader 是有两个条件的,一个是检测到了指定引脚上的指定电平状态,另一个是内部 Flash 没有被编过程。

　　④ 如果没有设定 BOOTCFG 寄存器来检测指定引脚的电平,而 Flash 已经被编程了则内部 ROM 的 Bootloader 是不会再执行了,除非用 JTAG 等调试接口将芯片"解锁"。

　　因此,要想让内部 ROM 里的 Bootloader 总是执行,那么唯一的方法就是给 BOOTCFG 寄存器写入特定的内容来检测某个引脚的电平极性。通过这个引脚的电平极性匹配关系来决定是否用内部 ROM 中的 Bootloader 来升级程序还是引导用户程序。

　　认真看一下芯片的数据手册,就可以得出如下的方法来给 BOOTCFG 编程。以 LM3S9B96 芯片为例,第一步是将 BOOTCFG 的地址写入到 FMA 寄存器,然后将对 ROM 内的 Bootloader 的配置(也就是要写入 BOOTCFG 的值)写入 FMD 寄存器,最后给 FMC 寄存器写入相应的密钥(LM3S9B96 的密钥为 0xA442)和确认位。相应的例程为:

```
//写 BOOTCFG 闪存寄存器,PA1 为 0,上电后从内部 ROM 中的 Bootloader 启动
unsigned long regVal;
regVal = HWREG(0x400FE000 + 0x1D0);      //BOOTCFG
if (regVal & 0x80000000)//是否被配置
{
HWREG(0x400FD000 + 0x000) = 0x75100000;      //FMA = BOOTCFG "address"
HWREG(0x400FD000 + 0x004) = FLASH_BOOTCFG_PORT_A|
FLASH_BOOTCFG_PIN_1 | FLASH_BOOTCFG_DBG1;
                //FMD = BOOTCFG value (PB5 low/DBG enabled)
HWREG(0x400FD000 + 0x008) = 0xA4420008;      //FMC = key + commit
SysCtlDelay(100 * SysCtlClockGet() / (3 * 1000));
}
```

在第一次给芯片写程序的时候将这段代码加到程序的开始部分,当程序运行的时候会首先开启内部的 Bootloader,这样以后下载程序的时候就可以不需要调试接口来下载程序了,当然相关的头文件还是要包含进来的。

下面对程序做一下简要的说明:

首先定义一个 unsigned long 型的变量,然后读取当前 BOOTCFG 寄存器的值,并判读它的最高位是否为 1;如果为 1 则表明 BOOTCFG 没有被提交过,也就是说,还没有设定好每次都从内部 ROM 中的 Bootloader 启动,那么就要对 BOOTCFG 配置,否则就是已经配置好了 BOOTCFG,则不需要重新配置了。

对 BOOTCFG 寄存器内容提交的过程是这样的:首先要将 FMA 寄存器的值放入提交 BOOTCFG 寄存器的地址,即 0x7510 0000。有人可能会对 0x7510 0000 这个地址有疑惑,为什么不是 0x400FE1D0 这个地址呢,根据数据手册中内部存储器那一章的非易失性存储器的编程那一句里所讲,里面列出了一个表格,指出如果要提交 BOOTCFG 寄存器,那么 FMA 寄存器里的值应该是 0x7510 0000,而它的数据源则是 FMD,也就是说把要写入 BOOTCFG 寄存器的值放到 FMD 寄存器中。

If 语句的第二句就是配置 FMD 的值,采用了很直观的方式配置,最后就是写入对 BOOTCFG 编程的密钥和确认信息了。

至此,对内部 Bootloader 的配置已经完成了,应用的时候,首先给指定的引脚加上指定的电平极性,然后启动就会进入 Bootloader,此时通过串口连接计算机就可以用 LM Flash Programmer 来对 MCU 进行下载程序了。

当使用 ROM 中的 Bootloader 时,系统时钟使用的是内部的振荡器,频率是 $16(\pm 1\%)$ MHz。之所以要提这个问题,是因为以串行方式烧写程序的时候(包括 UART、I^2C、SSI),它们通信都是要一定的速率的;如果超过了可能没有办法正确执行。

使用 UART 接口的时候,系统时钟不能低于 UART 速率的 32 倍,也就是 UART 的速率不能超过 500 kbps(16 MHz/32)$^{-1}$。使用 SSI 接口的时候系统时钟

不能低于 SSI 的 12 倍,也就是 SSI 的速率不能超过 1.3 Mbps$(16 \text{ MHz}/12)^{-1}$。I^2C 稍微有点特殊,根据数据手册可知,它可以运行在 100 kbps 和 400 kbps 的速率模式下,因此,它的最高速率是 400 kbps。使用串行方式的时候一般都有类似主从的概念,Bootloader 通常都运行在从机模式下,I^2C 在从机模式下使用的默认地址是 0x42。

34.3　通过串口方式升级程序

　　无论是放在 ROM 中还是 Flash 的 Bootloader 都支持以串口的方式下载程序。无论是执行内部 ROM 中的 Bootloader 还是执行 Flash 中的 Bootloader 用串口来升级程序,它们执行的原理都是差不多的,都是先检查预先定义好的引脚电平(ROM 中的 Bootloader 也可能是检查空片),然后确定是否需要升级应用程序。当检测到了升级的条件就会设置串口及其他的外设,然后等待计算机的串口发送命令或数据。

　　无论计算机上用的是自带的串口还是 USB 转的串口,只要有就可以用 LM Flash Programmer 下载应用程序。首先打开 LM Flash Programmer,在 configuration 选项卡里的 Interface 一栏里选择 Serial(UART),单击后面的 Device Manager 按钮,在弹出的设备管理器里查看要使用的串口是哪一个,比如 USB 转的串口,如图 34.1 所示。

图 34.1　电脑上的串口

　　所以在端口配置的时候 COM 端口应该选择 COM1,波特率应该选择用户芯片上实际配置串口的波特率;如果 Bootloader 里面配置了自动适应波特率,则去掉 Disable Auto Band Support 前面的复选项。如果波特率是定死的,则应该选中该项,然后再在 Band Rate 项里选择相应的波特率。如果芯片是空片,而且 BOOTCFG 寄存器没有修改过,则执行内部 Bootloader 的时候波特率是自动适应的。最后一个 Transfer Size 采用默认的即可。例如这里的串口配置情况是这样的,如图 34.2 所示。

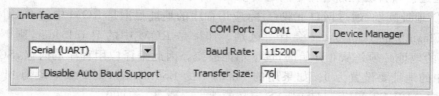

图 34.2　串口配置情况

配置好串口后就可以在 Program 选项卡里选择要下载的程序和要下载程序的地址了,如图 34.3 所示。

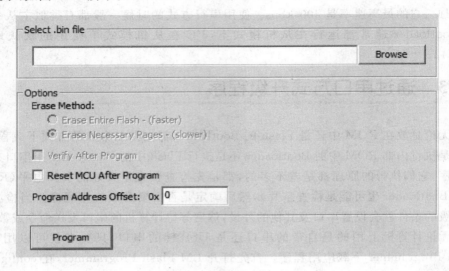

图 34.3 下载程序界面

通过 ROM 或 Flash 下载程序的时候,这个下载地址是不一样的。在 ROM 中运行 Bootloader 的时候可以视 Flash 是空的,下载地址应该是 0x0(要是这个地址上放了别的东西如 boot_usb,就另当别论了);如果用的是 Flash 里的 Bootloader,因为 Bootloader 已经在 0x0 地址上了,若不想把这个 Bootloader 覆盖掉(更新 Boot Loader 除外),那么就应该把这个地址设定为 bl_config.h 中 APP_START_ADDRESS 设定的程序起始地址,比如 0x1800。这个要根据实际情况灵活运用,一般来说如果用 ROM 中的 Bootloader,则该地址为 0;如果是 Flash 里的 Bootloader,则该地址为 bl_config.h 中设定的值。

34.4 通过以太网接口升级程序

ROM 中的 Bootloader 也支持以太网接口的方式升级程序,当然 Flash 中的也支持。下面就来说一说如何通过网口来升级程序。

通过网口升级程序有两个问题要说明一下:

① 地址问题:通过网口下载程序,应用程序的地址根据是 ROM 中的 Bootloader 还是 Flash 中的 Bootloader 会有所区别。如果是 ROM 中的 Bootloader,则下载到 Flash 的地址必须是从 0 开始的,这个不能改变。因此编译应用程序的时候,SCT 或 ICR 中的地址要设置为 0。如果用的 Flash 中的 Bootloader,则下载地址为 bl_config.h 中 APP_START_ADDRESS 定义的地址一般是 0x1800。

② 还是地址问题,不过和第一个的地址不是同一类型的地址,这个地址问题指

的是芯片的 MAC 地址。我们知道,以太网通信有两个重要的地址 IP 地址和 MAC 地址。MAC 地址指的就是网卡的物理地址。如果使用内部 ROM 中的 Bootloader,则这个 MAC 地址是放在 USER0/USER1 中的,格式是 U0B0 - U0B1 - U0B2 - U1B0 - U1B1 - U1B2。这里的 U0B0 指的是 USER0 的 7:0 位,也可以说是 Byte 0;U0B1 指的是 USER0 的 15:8 位,也可以说是 Byte 1,其他的依此类推。如果没有设置 USER0/USER1,则 MAC 地址的默认值为 00 - 1a - b6 - 00 - 64 - 00,这个一定要记住。也就是说,使用 ROM 中的 Bootloader 下载程序的时候是不能把芯片 MAC 地址设为 FF - FF - FF - FF - FF - FF 的。而如果使用的是 Flash 中的 Bootloader,则芯片的 MAC 地址可以是全 F,也可以是 bl_config. h 中指定的地址。

下面就来看看如何使用 LM Flash Programmer 通过网口来下载程序:

首先,将计算机和开发板的网口连接,然后打开开发板电源。

接着打开 LM Flash Programmer,在第一个选项卡 configuration 里的 Interface 里面选择 Ethernet,在 Ethernet Adapter 里面选择和开发板相连的网口,然后在 Client IP Address 里面填写和该网卡的 IP 地址在同一个网段内的其他 IP 地址,在 Client MAC Address 里面填写相应的 MAC 地址:如果用的是 ROM 中的 Bootloader,而且之前没有对 USER0/USER1 修改过,则此处填写芯片默认的 MAC 地址 00 - 1a - b6 - 00 - 64 - 00,否则填写修改过的 MAC 地址,如图 34.4 所示。

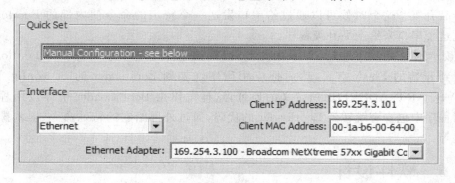

图 34.4 ROM 中运行 Bootloader 的配置方法

如果用的是 Flash 里的 Bootloader 而且在 bl_config. h 中没有设置 MAC 地址,此处可填写全 F,格式同前面的格式,如图 34.5 所示。

在第二个选项卡 Program 里选择要下载的 BIN 文件,我们注意到,这里的 Options 是灰色的,下载程序的地址是无法修改的。在写应用程序的时候注意连接地址下载就没有问题。

当使用以太网接口下载或升级程序的时候,LM Flash 会用到 BOOTP 和 TFTP 协议,它们和正常的以太网环境共存不会造成任何问题(当然会占用一点点的带宽),使用的都是标准的协议。BOOTP 协议用来确定服务器端、客户端的 IP 地址,以及固件的映像名称,它使用 UDP/IP 数据包在服务器和客户端通信。TFTP 也使用

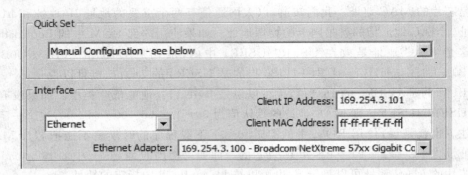

图 34.5　Flash 中运行 Bootloader 的配置方法

UDP/IP 数据包在服务器和客户端通信,它将固件的映像传递给客户端。这里的客户端指的就是 Bootloader。

34.5　从应用程序进入 Bootloader

如果在应用程序中可以随时调用一个函数进入到 Bootloader,那将是很方便的事。比如产品外面只有一个串口接出来,其他的都封装起来了,但是还想日后可能会给产品升级。这个时候可以通过给串口发送一个特定的命令使内部的 Bootloader 通过这个串口来给产品升级程序。

如何使应用程序进入 Flash 中的 Bootloader 执行程序呢? 首先要将 Bootloader 烧录到开始的 Flash 空间,然后把应用程序烧如到 Bootloader 的 bl_config.h 中 APP_START_ADDRESS 所定义的地址,这样可以由 Boot Loader 引导应用程序。应用程序中包含有跳转到 Bootloader 的代码,通过外部给它的特殊命令、屏幕操作、按键等。

34.6　软件设计

由于 Bootloader 工程众多,无法一一列出。详细代码,请查看光盘内 Bootloader 实验文件夹的内容。

以下是对含有引导加载程序的源代码的结构的概述。

bl_autobaud.c: 　　　用来在 UART 端口执行自动波特率操作的代码。这是从 UART 余下来的代码中分离出来的,因此当不需要用到这源代码时,链接器能将它移除。

bl_check.c: 　　　用来检测是否需要更新固件或用户是否正在请求更新固件的代码。

bl_check.h: 　　　更新检查代码的函数原型。

bl_commands.h：　　　　　　命令和引导加载程序支持的返回报文的列表。

bl_config.c：　　　　　　　　仿真信号源(dummy source)文件，用来把 bl_config.h C 头文件转换成能被包含在汇编代码中的头文件。Keil 工具链需要用到这个文件，因为其不能通过 C 预编译器来汇编源代码。

bl_config.h.tmpl：　　　　　引导加载程序配置文件的模板。它包含全部可能性的配置值。

bl_decrypt.c：　　　　　　　用来对所下载的固件镜像执行内置译码的一种代码。其实在这个文件中并没有执行任何译码；它只是一个能被扩展来执行要求的译码的存根。

bl_decrypt.h：　　　　　　　内置译码程序的原型。

bl_enet.c：　　　　　　　　　通过以太网端口来执行固件更新的函数。

bl_i2c.c：　　　　　　　　　通过 I2C0 端口来传输数据的函数。

bl_i2c.h：　　　　　　　　　I2C0 传输函数的原型。

bl_link.ld：　　　　　　　　使用 codered、gcc 或 sourcerygxx 编译器对引导加载程序进行编译时所使用的链接器脚本。

bl_link.sct：　　　　　　　使用 rvmdk 编译器对引导加载程序进行编译时所使用的链接器脚本。

bl_link.xcl：　　　　　　　使用 ewarm 编译器对引导加载程序进行编译时所使用的链接器脚本。

bl_main.c：　　　　　　　　引导加载程序的主控制循环。

bl_packet.c：　　　　　　　用于处理命令和响应的包操作的函数。

bl_packet.h：　　　　　　　包处理函数的原型。

bl_ssi.c：　　　　　　　　　通过 SSI0 端口来传输数据的函数。

bl_ssi.h：　　　　　　　　　SSI0 传输函数的原型。

bl_startup_codered.S：　　使用 codered 编译器对引导加载程序进行编译时所使用的启动代码。

bl_startup_ewarm.S：　　　使用 ewarm 编译器对引导加载程序进行编译时所使用的启动代码。

bl_startup_gcc.S：　　　　使用 gcc 编译器对引导加载程序进行编译时所使用的启动代码。

bl_startup_rvmdk.S：　　　使用 rvmdk 编译器对引导加载程序进行编译时所使用的启动代码。

bl_startup_sourcerygxx.S：使用 sourcerygxx 编译器对引导加载程序进行编译时所使用的启动代码。

bl_uart.c：　　　　　　　　通过 UART0 端口传输数据的函数。

bl_uart. h：   UART0 传输函数的原型。

34.7　下载验证

　　boot_demo_eth 例程演示通过以太网 bootloader 远程升级程序的使用。此例程配置以太网控制器获取一个 IP 地址，并与 MAC 地址一起显示在屏幕上。然后监听 magic packet 传达固件升级请求，当这个包被收到之后，把控制权交给 bootloader 并处理升级。

　　boot_serial 例程是通过串口升级的 bootloader。

参考文献

[1] 德州仪器. LM3S9B96 中文数据手册. 德州仪器股份有限公司,2011.

[2] 周立功. Stellaris 外设驱动库(中文版). 广州周立功单片机发展有限公司,2008.

[3] 锐鑫同创. HelloM3 入门教程.北京锐鑫同创科技有限公司,2011.

[4] 王佳勒. LM3S8962_实验指导书. 利尔达科技有限公司,2009.

[5] [英]Joseph Yiu. ARM Cortex-M3 权威指南[M]. 宋岩,译.北京:北京航空航天大学出版社,2009.

[6] 刘军. 例说 STM32[M].北京:北京航空航天大学出版社,2011.

[7] 锐鑫同创. Keil RealView MDK 快速入门.北京锐鑫同创科技有限公司,2011.

[8] 瑞萨科技. CAN 入门手册.瑞萨科技有限公司,2011.